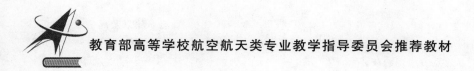

教育部高等学校航空航天类专业教学指导委员会推荐教材

高等学校规划教材·航空、航天与航海科学技术

航空叶片机原理

（第 2 版）

楚武利　刘前智　张皓光　编著

U0382165

西北工业大学出版社

西　安

【内容简介】 本书重点介绍了航空叶片机的工作原理,包括轴流压气机、轴流涡轮以及离心压气机三个主要部分,除基本原理外,还包括内部流动情况分析以及非设计性能分析。另外,根据目前国内外研究的进展,介绍了相关领域的新进展及出现的新技术。

本书可作为高等学校飞行器动力工程专业大专生、本科生和研究生的教材,同时也可供航空宇航推进理论与工程专业、流体机械行业的广大科技人员参考。

图书在版编目(CIP)数据

航空叶片机原理/楚武利,刘前智,张皓光编著
. —2 版. —西安:西北工业大学出版社,2020.8
高等学校规划教材. 航空、航天与航海科学技术
ISBN 978 - 7 - 5612 - 7042 - 4

Ⅰ. ①航⋯ Ⅱ. ①楚⋯ ②刘⋯ ③张⋯ Ⅲ. 航空发动机-叶片-高等学校-教材 Ⅳ. ①V232.4

中国版本图书馆 CIP 数据核字(2020)第 036979 号

HANGKONG YEPIANJI YUANLI
航 空 叶 片 机 原 理

责任编辑:何格夫		策划编辑:何格夫	
责任校对:张 友		装帧设计:李 飞	
出版发行:西北工业大学出版社			
通信地址:西安市友谊西路 127 号		邮编:710072	
电 话:(029)88491757,88493844			
网 址:www.nwpup.com			
印 刷 者:兴平市博闻印务有限公司			
开 本:787 mm×1 092 mm		1/16	
印 张:18.75			
字 数:492 千字			
版 次:2009 年 8 月第 1 版 2020 年 8 月第 2 版 2020 年 8 月第 1 次印刷			
定 价:70.00 元			

第 2 版前言

《航空叶片机原理》(第 1 版)自 2009 年出版以来,承蒙国内同行与读者的厚爱,被用作高等学校本科生教学的教材或者参考书。在这 10 余年中,随着计算流体力学及计算机技术的快速发展,针对叶轮机械稳定性及性能的流动控制技术也有了很大的进步,很有必要对第 1 版的内容进行修订。

在修订本书时,笔者仍将本书定位在学习航空叶片机的一本入门教材,旨在使读者通过本书的学习,能够较好地掌握航空叶片机的基本原理及其研究思路和方法。此外,读者还能了解近年来发展的一些叶轮机械流动控制技术及成果,进一步理解叶轮机械内部的复杂流动机制。

本书的修订内容如下:①对第 1 版中的印刷错误进行修改;②在第三章(轴流压气机工作原理)第十节中增加轴流压气机端壁造型流动控制技术、涡流发生器流动控制技术内容;③对第四章(轴流压气机的特性及防喘振方法)第六节进行修改,进一步介绍缝式机匣处理的内容,同时增加其他形式的机匣处理结构内容;④在第六章(径流式叶轮机械)中增加第八节,介绍离心压气机扩稳技术的内容;⑤增加附录,介绍航空叶片机内部流动控制技术的一些研究结果。

本书共六章,第一章、第二章及第四章由楚武利修订,第三章及第五章由刘前智修订,第三章部分内容由楚武利修订,第六章及附录由张皓光修订。在本书的修订过程中,马姗、陈向艺、迟志东、晏松及郝佩瑶等人参与部分修订并协助整理书稿、插图及校对,西北工业大学 2016 级使用本教材的学生对书中存在的问题进行了归纳、整理。在此,对所有在修订过程中付出辛勤劳动的人表示感谢。

由于知识水平有限,加之时间匆促,书中不妥之处在所难免,敬希专家及读者给予指正。

编著者
2020 年 3 月

第 1 版前言

航空发动机技术属于国防重点高科技领域,其发展水平已成为一个国家国防实力的重要标志之一。作为航空发动机关键部件的航空叶片机更是受到各国科技工作者的广泛关注。

随着材料科学、计算流体力学以及计算机技术的快速发展,各种新技术相继出现,大大推动了航空叶片机的发展。

笔者在总结国内外航空叶片机研究成果的基础上,继承以前国内使用的多种教材和讲义的经典部分,又注意吸收近年来本学科发展的前沿成果,融进一些新的研究思路和方法,在讲清概念和理论的基础上,特别注意联系部件设计和使用实践进行讨论。

笔者将本书定位在学习航空叶片机的一本入门教材,旨在使读者通过本书的学习,能够较好地掌握航空叶片机的基本原理及其研究思路和方法。

本书共六章。第一章、第二章及第四章由楚武利编写,第三章及第五章由刘前智编写,第六章由胡春波编写。张皓光博士协助整理书稿插图及校对。

由于知识水平有限,书中错误或不妥之处在所难免,敬希专家及读者给予指正。

编著者
2009 年 6 月

目　录

第一章 绪 论

第一节 叶片机的概念及分类

一、叶片机的概念

叶片机广泛应用于国民经济各个领域,如日常生活中常见的电风扇、水泵及工业生产中应用的鼓风机、水轮机及蒸汽轮机等。通常叶片机是下述两类机器的总称:一类是给工质加入能量(功),使工质的压力升高或使工质流动而产生推动力的机器,属于这一类的机器有压气机、风扇、泵、空气螺旋桨与船舶螺旋桨等;另一类则是从工质中获取能量而得到轴功的机器,属于这一类的机器有涡轮机(如蒸汽涡轮、燃气涡轮和水力涡轮)和风车,这类机器有时也称为原动机。这两类机器中能量的转换都是通过在工质中旋转一定形状和一定数量的叶片来实现的。或者说,在工质中旋转一定形状和一定数量的叶片,通过叶片和工质的相互作用,给工质加入或自工质取得能量的机器统称为叶片机。

二、叶片机的分类

叶片机按其工质流动的方向,可以划分为轴流式、径流式、斜流式和组合式四种。

轴流式叶片机工作时,气流的流动方向与工作轮旋转轴心线的方向一致或近乎一致,其径向速度非常小。轴流式压气机的结构如图 1-1 所示。

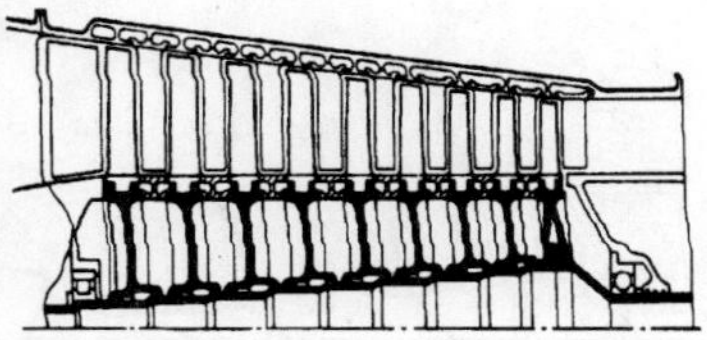

径流式叶片机工作时,气流方向沿着半径方向或接近于半径方向,如图 1-2 和图 1-3 所示。

斜流式叶片机工作时,气流方向和旋转轴构成一倾斜角,如图 1-4 所示。

图 1-1 轴流式压气机结构简图

组合式压气机是指在整个压气机中,一部分为轴流式,而另一部分为径流式(或斜流式)的机器,如图 1-5 所示。

叶片机按其动叶进口相对气流马赫数来说,可以有亚声速、跨声速和超声速之分。

若动叶进口相对气流马赫数沿叶高均小于 1.0,则为亚声速级;均大于 1.0,则为超声速级;若动叶进口相对气流马赫数沿叶高有一部分大于 1.0,而另一部分小于 1.0,则为跨声速级。跨声速级轴流式压气机或风扇,目前在航空发动机上已得到了广泛的应用。

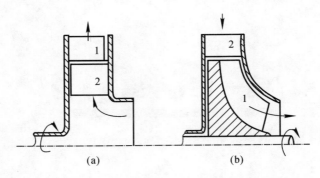

图 1-2　径流式涡轮结构简图

(a)离心式涡轮；　(b)向心式涡轮

1— 动叶轮；2— 静叶

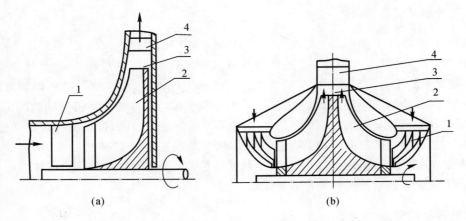

图 1-3　径流式压气机结构简图

(a)单面离心式压气机；　(b)双面离心式压气机

1— 进口导流片；2— 动叶轮；3— 无叶扩压器；4— 叶片扩压器

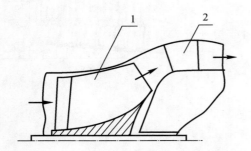

图 1-4　斜流式压气机结构简图

1— 动叶轮；2— 静叶

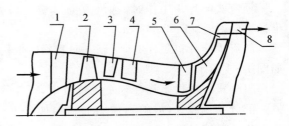

图 1-5　组合式压气机结构简图

1— 进口导流片；2— 动叶；3,4— 双排静叶；5— 导流片；

6— 动叶片；7— 径流扩压器；8— 轴流扩压器

第二节　叶片机在航空发动机上的应用

航空发动机是飞机的心脏,而叶片机在发动机中占有相当重要的地位。叶片机作为能量转换的机器被广泛地用于航空和其他工业领域。在近代航空涡轮发动机上几乎都采用轴流式叶片机:压气机、风扇和涡轮。图1-6～图1-10是轴流压气机(风扇)和涡轮应用在各种涡轮发动机上的原理简图。

图1-6为涡轮喷气发动机,来流经过压气机的压缩,压力升高,在燃烧室中喷油点火燃烧获得能量,然后高温高压燃气在涡轮中膨胀将热能转变为带动压气机和附件旋转的轴功。涡轮后的仍为高温高压的燃气在尾喷管中继续膨胀,以比进口来流高得多的速度喷出,从而产生反作用力,即推力。

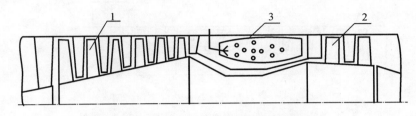

图1-6　涡轮喷气发动机原理简图
1—多级轴流压气机;2—轴流涡轮;3—燃烧室

图1-7为涡轮螺桨发动机,与图1-6不同的是增加了螺旋桨,螺旋桨用来产生发动机的推力。显然,这种情况下涡轮除了带动压气机和附件外,还带动螺旋桨。

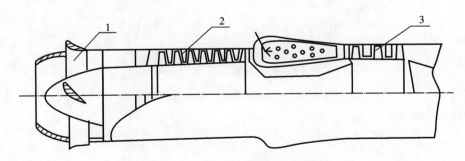

图1-7　涡轮螺桨发动机原理简图
1—螺旋桨;2—轴流式压气机;3—轴流涡轮

图1-8～图1-10为涡轮风扇发动机,均为双轴双涵道。图1-8为前风扇发动机,低压压气机和风扇成一体,由低压涡轮带动,而高压压气机由高压涡轮带动;图1-9为后风扇发动机,后风扇由自由涡轮带动;图1-10为高涵道比(外涵道空气流量和内涵道空气流量的比值)前风扇发动机,风扇和低压压气机由低压涡轮带动。

图1-11为单面进气双级离心式涡轮螺桨发动机,图1-12为双面进气单级离心式涡轮喷气发动机,它们均采用了离心式压气机。

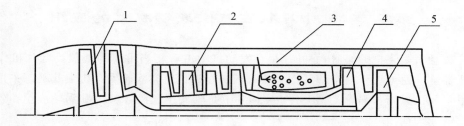

图1-8　涡轮前风扇发动机原理简图

1—前风扇(低压压气机)；2—高压压气机；3—外涵道；4—高压涡轮；5—低压涡轮

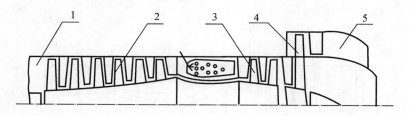

图1-9　涡轮后风扇发动机原理简图

1—内涵道；2—轴流压气机；3—轴流涡轮；4—自由涡轮带动后风扇；5—外涵道

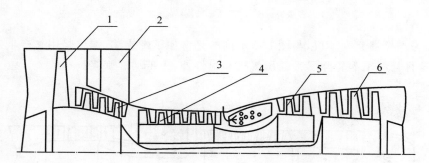

图1-10　高涵道比涡轮前风扇发动机原理简图

1—前风扇；2—外涵道；3—低压压气机；
4—高压压气机；5—高压涡轮；6—低压涡轮

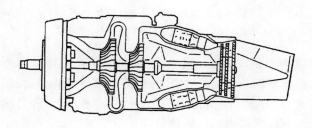

图1-11　单面进气双级离心式涡轮螺桨发动机

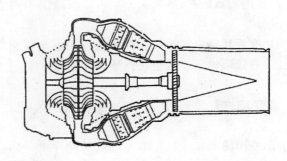

图 1-12　双面进气单级离心式涡轮喷气发动机

　　图 1-13 为三轴前风扇涡轮喷气发动机,目前在带风扇的发动机上有些已采用了三轴系统。涡轮共有三级,一级用来带动风扇,一级用来带动低压压气机,一级用来带动高压压气机,其特点是防喘效果好。多于三轴的系统由于结构十分复杂,在实际应用中还未曾见到。

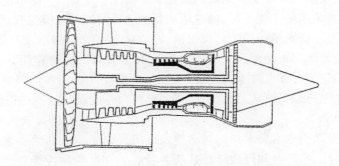

图 1-13　三轴前风扇涡轮喷气发动机(高涵道比)

　　图 1-14 为带对转风扇的发动机,采用对转风扇可以省去一排静子叶片,对减轻质量十分有利。

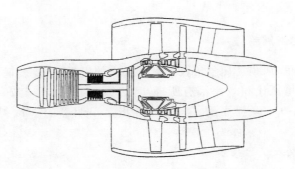

图 1-14　带对转风扇的发动机

　　此外,还有一种直升机上装用的涡轮轴发动机。这种发动机可以是图 1-9 中去掉后风扇而用自由涡轮去带动直升机的旋翼(空气螺旋桨),也可以在图 1-7 中将产生拉力的螺旋桨去掉而另装上旋翼。

在本书中,将重点阐述在近代航空涡轮发动机上广泛采用的轴流式压气机和涡轮的基本工作原理及内部流动现象;对径流式压气机也将作较为详细的介绍。

第三节　　叶片机的发展概况

从原理上讲,人类早期使用的水车和风车都与现代的叶片机一样,但其在功率、转速及其他性能方面都无法与现代的叶片机相比。18 世纪初期出现了蒸汽机,随后相继创造出了内燃机。20 世纪 30 年代,航空发动机都是活塞式的内燃机,为了改进这种发动机在高空时的功率,采用了废气涡轮增压器(离心式压气机),这是叶片机进入航空领域以后成为航空叶片机的开始。随着材料力学、冶金学、气体动力学等学科的发展,解决了叶片机发展中的主要问题。当时又处于第二次世界大战的初期,各国都在投入极大的精力来提高飞机的飞行速度,改善发动机由于整体迎风面大,不适应高速飞行的缺点,于是以叶片机作为主要部件之一的涡轮喷气发动机诞生了,为航空发动机开辟了一条新的道路。

由于航空发动机技术的飞速发展,轴流压缩机的理论与试验研究工作进展很快,并不断取得成果。特别是平面叶栅实验与压缩机模化试验研究工作的开展,以及气体动力学方面等许多理论的突破,对改善叶片机性能和完善设计方法起了极大的促进作用。20 世纪 60 年代以来,测试手段的现代化和计算机技术的发展,又进一步使叶片机的理论研究、试验研究及设计工作不断改善,设计理论也不断从二元设计、三元校核向三元设计过渡。现代叶片机的工作效率可达到 88% ~ 90%。

现代飞机不断提高的战术技术指标对航空发动机提出了非常高的要求,高温、高压、高转速,而且要求高可靠性、长寿命和轻质量是其基本特点。在这些高性能要求的推动下,作为发动机技术支柱的气动热力学、材料学、结构力学和结构设计技术以及工艺技术已发展到了很高的水平。发动机就是建立在这些学科基础上的综合高技术产品。从系统的观点看,发动机以部件技术为基础,通过精确的、能全面协调的总体集成匹配技术才得以设计、研制成功。风扇/压气机是涡轮发动机的一个重要部件,技术含量高,生产工艺难度大,常成为阻碍发动机研制成功的关键部件。

一、风扇/压气机的发展趋势

在过去的四五十年里,风扇/压气机性能有了很大的提高,主要表现为在满足失速裕度的条件下,单级增压比、总增压比和效率都有所提高,级数明显减少。1970—1985 年,风扇绝热效率峰值的平均值约从 0.825 提高到了 0.88,进步是很明显的。取得这些进步的主要原因如下。

1. 改进了设计、研制及试验技术

在 20 世纪 80 年代中期以前,当时气动设计最先进的手段是 S_2 流面的通流程序和 S_1 流面程序,全三维程序尚未大规模投入工程应用,但由于引入了可靠的经验统计数据和试验关联关系,例如扩散因子关联、失速裕度关联和效率关联,使压气机设计已经达到了相当高的水平。对双圆弧和多圆弧叶型的深入研究和成功应用突破了亚声压气机的限制,跨越到超跨声压气

机的技术时代,这对于以后的大幅度提高性能具有极其重要的意义。低速大尺寸实验装置是当时研制核心压气机的重要设备,端弯则是当时发现的提高核心压气机性能的一种有效手段。这些技术进步大大提高了压气机设计、研制水平。

2. 叶尖切线速度不断提高

现役机种的叶尖速度在 440 ～ 490 m/s 之间,而在前期的研究中,叶尖速度高达 630 m/s。提高叶尖速度在气动方面有很大好处,因为对于现在常用的衡量气动负荷水平的三种方式,即扩散因子、加功量系数和静压升系数,当提高叶尖速度时这几种气动负荷水平参数都是下降的。提高叶尖切线速度,有利于降低气动负荷水平,提高单级增压比以及失速裕度。

3. 更低的展弦比

有关统计表明,在过去四五十年内,叶片展弦比一直在降低。压气机的平均展弦比约从 3.5 下降到 1.6,风扇的则由 4.5 下降到 2.0,下降的趋势是非常明显的。低展弦比的主要好处是更好的耐用性,更低的成本,大体相同的轴向长度,更好的抗失速能力,更少的零件数,大体相同的质量,更高的效率。降低展弦比是提高级的负荷能力和抗失速能力的有效措施,这主要是因为降低展弦比可使叶面和端壁的增压梯度减小。

4. 更高的稠度

更高的稠度有利于降低气动负荷。对于现代的高负荷风扇,动叶根部稠度达到 3.0 左右是允许的。

二、美国的综合高性能涡轮发动机技术

美国曾于 1988 年投入 50 亿美元的巨资,实施了“综合高性能涡轮发动机技术”计划(即 IHPTET 计划),希望在 2003 年超越技术上的障碍,使推进系统比现有能力提高 1 倍,即完成第三阶段计划时所具有的能力,可使推重比达到 15 ～ 20,耗油率降低 40%。为达到此目标,在风扇/压气机方面,则要在保持高效率和足够失速裕度的条件下实现以更少的级数达到更高的增压比,例如,整个风扇从现在通常用的 3 ～ 4 级减少为只用 1 ～ 2 级,而核心压气机则只用 3 ～ 4 级。第三阶段的某些目标现已达到,例如,一个单级风扇转子在试验时已达到了 F100 - PW - 200 三级风扇的增压比,且效率很高。在空气动力学方面,对于轴流式风扇/压气机,IHPTET 计划提出的主要研究项目是高通流设计、弯掠叶片和大小叶片。以非定常全三维流场数值模拟为主要研究内容的计算流体力学是达到上述目标的主要技术支持。

1. 计算流体力学(CFD)

在叶片机 CFD 技术中,定常全三维分析技术在叶片机设计中得到了广泛应用,使叶片机的设计能力和水平有了很大的提高。这主要体现在:① 设计与流动更加适应,激波、附面层等流动现象的控制更加自如,提高了叶片机效率和稳定裕度;② 多级压气机各叶排之间更加匹配,改善了压气机性能;③ 一些设计技术得到更好的应用,如叶片端弯、复合弯扭、倾斜叶片、掠形叶片和大小叶片等。叶片机流动是高度的非定常流动,例如进口流场不均匀性、动静叶排之间的相互干扰、各种二次流和涡系等。未来高性能叶片机设计将在非定常分析的基础上进行,考虑动静叶排相互影响,并考虑叶片周向布局,以推迟压气机失速和喘振的发生。同时,可以考虑气固热耦合问题,以评估由于非定常力引起强迫振动和颤振而导致的高周疲劳问题。我国设计的两台高负荷单级风扇正是在没有试验数据支持而靠三维数值优化取得的成功。因此,三维程序的应用大大提高了产品性能,降低了成本,缩短了研制周期,减少了对试验的依赖,同时也减少了盲目性和研制风险。

2. 先进的部件设计技术

风扇/压气机部件的发展目标是以更少的级数达到更高的增压比,具有大的单位迎风面积流量、更高的效率和稳定工作裕度,同时具有更轻的质量和更少的零件数目。风扇采用1~2级达到当前3级的负荷,高压压气机采用3~4级达到当前6~7级的负荷。未来可应用于风扇和压气机设计的先进技术包括:① 叶片弯掠技术。以全三维分析为基础的叶片设计,综合考虑弯、掠、扭的作用,采用掠形设计尤其是前掠叶片的设计以降低转子叶尖激波强度。通过弯曲叶片改善端区流动,使叶片形状与流动更加适应,从而提高负荷能力和性能。② 大小叶片技术。在转子叶片通道的后部加上小叶片,抑制气流分离,使级负荷大大提高。③ 新型结构。如整体叶盘、整体叶环、空心叶片、带冠碳纤维缠绕转子、刷式封严等。

先进发动机对涡轮的主要挑战是涡轮负荷和进口温度越来越高,同时要求质量减轻,零件数减少。主要先进技术包括:① 对转涡轮技术。高、低压涡轮均为单级且对转,以取消高、低压涡轮之间的导向器。② 新型高效冷却技术,如内部强迫对流冷却。

纵观航空发展的历史,可以毫不夸张地说,发动机技术在飞机的发展过程中起着关键性作用。发动机是飞机的心脏,是推动飞机快速发展的原动力,没有好的发动机,就不可能有先进的飞机。人类在航空领域中的每一次重大的革命性进展,无不与航空动力技术的突破和进步密切相关。同时,飞机的需求和发展又促使发动机向更高的水平迈进,两者相得益彰,促进了整个航空事业的蓬勃发展。而叶片机在航空发动机中又占有举足轻重的地位,其设计及制造技术的每一次突破,都会推动航空动力的发展。计算机技术及计算流体力学,先进的测量技术及实验手段的发展都对认识叶片机中的流动现象有巨大的帮助。与航空动力技术一样,叶片机在21世纪也会加速发展,取得更加辉煌的成就。

思考与练习题

1-1 指出下列机械中哪些属于叶片机?哪些属于压气机类?哪些属于涡轮类?为什么?

① 齿轮油泵;② 风车;③ 打气筒;④ 水力发电站的水轮机;⑤ 理发用的吹风机;⑥ 农业灌溉用的水泵。

1-2 简单叙述压气机及涡轮在航空发动机上的应用。

第二章　航空叶片机的气动热力学基础

本章主要介绍有关热力学和气体动力学的基本概念及基本方程,作为后面各章节讨论的基础。

第一节　热力学基本概念

一、气体的热力学性质

在讲述航空叶片机原理之前,先对气体动力学中常用到的有关气体的热力学性质进行简单的介绍。

由热力学知道,气体的状态可以用压强(p)、温度(T)、密度(ρ)等参数来描述,它们之间的关系称为状态方程。如果忽略分子本身的体积和分子之间的相互作用力,即对完全气体而言,状态方程可以写为

$$p = \rho R T \tag{2-1}$$

式中,R 为特定气体的气体常数,对于空气,$R = 287.06 \ \text{J}/(\text{kg} \cdot \text{K})$。

对于实际气体,当温度大大超过临界温度时,只要压强低于临界压强,式(2-1)仍适用。因此,在工程上,一般都可以把气体作为完全气体来处理。

气体的另一个重要性质是它的比热容。通常应用两种比热容,即比定压热容(c_p)和比定容热容(c_V),对于完全气体,它们之间存在下列关系:

$$c_p - c_V = R \tag{2-2}$$

在热力学中,c_p 和 c_V 的比值是一个很重要的参数,称为比热比,以符号 κ 表示,即

$$\kappa = \frac{c_p}{c_V} \tag{2-3}$$

对于完全气体来说,比热容和比热比只是温度的函数。在进行理论分析及近似计算时,常常假设气体的比热容和比热比是常数。

在流动过程中,与功、热相关联的能量项是焓,对于叶片机内部流动过程来说,焓可以表示为温度和压强的函数,即

$$h = f(p, T) \tag{2-4}$$

式中,h 为比焓,单位为 J/kg。

若气体性质符合完全气体,则焓差可以表示为

$$\Delta h = \int_{T_1}^{T_2} c_p \mathrm{d}T \tag{2-5}$$

若用二次多项式表示,则有

$$c_p = a + bT + cT^2$$

则式(2-5)可以积分得出

$$\Delta h = a(T_2 - T_1) + \frac{b}{2}(T_2^2 - T_1^2) + \frac{c}{3}(T_2^3 - T_1^3) \tag{2-6}$$

当假定在温度 T_1 和 T_2 之间比定压热容 c_p 为常数时,式(2-5)变为

$$\Delta h = c_p(T_2 - T_1) \tag{2-7}$$

式(2-7)对单原子气体是很合适的,对于其他气体,c_p 值随温度 T 有明显的变化,但若在一定的温度范围内采用 c_p 的平均值,其误差也不大。

二、等熵过程的状态参数关系式

在叶片机的内部流动过程中,热损失较小,常假设其内部过程为绝热。如果不考虑流动过程的损失,则流动过程可认为等熵,这是一种理想状况。叶片机的内部流动,通常是按等熵过程计算,结合某种效率或损失项来进行修正的。

若气体符合完全气体定律,则对从状态 1 到状态 2 的等熵过程可得

$$\int_{T_1}^{T_2} c_p \frac{\mathrm{d}T}{T} = R\ln\frac{p_2}{p_1} \tag{2-8}$$

若取 $c_p = a + bT + cT^2$,则积分后得

$$R\ln\frac{p_2}{p_1} = a\ln\frac{T_2}{T_1} + b(T_2 - T_1) + \frac{c}{2}(T_2^2 - T_1^2) \tag{2-9}$$

若在温度 T_1 和 T_2 之间 c_p 为常数,则式(2-8)变为

$$c_p\ln\frac{T_2}{T_1} = R\ln\frac{p_2}{p_1} \tag{2-10}$$

则

$$\frac{p_2}{p_1} = \left(\frac{T_2}{T_1}\right)^{\frac{c_p}{R}} \tag{2-11}$$

由热力学可知,对于完全气体,有

$$\frac{c_p}{R} = \frac{\kappa}{\kappa - 1}$$

故

$$\frac{p_2}{p_1} = \left(\frac{T_2}{T_1}\right)^{\frac{\kappa}{\kappa-1}} \tag{2-12}$$

式中,κ 为等熵过程指数,对完全气体来说,即比热比值。

第二节   滞止参数及气体动力学函数

一、滞止参数

如果按一定的过程(等熵)将气流速度滞止到零,此时气流的参数就称为滞止参数。在叶片机中,焓和动能两项之和常出现在方程中,把它们看成一个单一的量使用起来较为方便。

在绝能流动的条件下,气体的焓是随气流速度的减小而增大的。如果把气流的速度(c)绝能地滞止为零,此时所对应的焓值就称为滞止焓,用符号 h^* 表示,则

$$h^* = h + \frac{c^2}{2}$$

对应于滞止焓的温度称为滞止温度,在完全气体和定比热容的情况下,得

$$h^* - h = c_p(T^* - T) \tag{2-13}$$

式(2-13)可写为

$$T^* = T + \frac{c^2}{2c_p} \tag{2-14}$$

式中,T^* 即滞止温度,也称总温。可以将它理解为静温和速度为 c 的气体被绝热滞止后所达到的温度。

滞止压强或总压强(简称"总压")可看成静压强为 p、速度为 c 的气体被等熵地滞止后得到的压强。因 p^* 和 p 之间的变化过程是等熵的,故满足

$$\frac{p^*}{p} = \left(\frac{T^*}{T}\right)^{\frac{\kappa}{\kappa-1}} \tag{2-15}$$

上面定义的滞止焓的概念是普遍适用的,它除了能量平衡关系以外,不包含任何假设条件;滞止温度只在完全气体和定比热容条件下才是严格适用的;滞止压强除与滞止温度有关的假设外,还有一个从静压强到总压强的等熵滞止条件,即滞止的途径应是等熵的。如果气体的流动过程是定常的,且与外界无功和热量交换,则流动过程的滞止焓和滞止温度不变,并且不要求过程是等熵的。但对滞止压强则不同,在此条件下,在完全气体和定比热容的前提下,流动过程的滞止压强变化关系为

$$e^{\frac{\Delta s}{R}} = \frac{p_1^*}{p_2^*} \tag{2-16}$$

式中,角标1、2表示流动过程的初、终态。可见,只有等熵过程($\Delta s = 0$),滞止压强才保持不变;而对有损失的流动($\Delta s > 0$),滞止压强就会降低。

二、声速和速度系数

根据完全气体和等熵过程关系,气体声速 a 可以表示为

$$a = \sqrt{\kappa R T} \tag{2-17}$$

气流速度与当地声速 a 的比值,是确定气体特征的一个重要参数,称为马赫数,以 Ma 表示,即

$$Ma = \frac{c}{a} \tag{2-18}$$

在临界条件下,$Ma = 1$,此时对应的声速称为临界声速,用 a_{cr} 表示,即

$$a_{cr} = \sqrt{\frac{2\kappa}{\kappa+1} R T^*} \tag{2-19}$$

气流速度与临界声速之比,以 λ 表示,称为速度系数,即

$$\lambda = \frac{c}{a_{cr}} \tag{2-20}$$

可以看出,在滞止温度保持不变(定常流动,与外界无热量和功的交换)的流动过程中,临

界声速保持不变,但声速却随静温的变化而变化,因此采用速度系数 λ 比采用马赫数 Ma 更为方便。

三、气体动力学函数

在叶片机的气体动力学计算中,气体动力学函数有着广泛的应用,气体动力学函数将气流总参数与静参数的比值用速度系数或马赫数的函数表示。这些函数关系为

$$\tau(\lambda) = \frac{T}{T^*} = 1 - \frac{\kappa-1}{\kappa+1}\lambda^2 \tag{2-21}$$

$$\pi(\lambda) = \frac{p}{p^*} = \left(1 - \frac{\kappa-1}{\kappa+1}\lambda^2\right)^{\frac{\kappa}{\kappa-1}} \tag{2-22}$$

$$\varepsilon(\lambda) = \frac{\rho}{\rho^*} = \left(1 - \frac{\kappa-1}{\kappa+1}\lambda^2\right)^{\frac{1}{\kappa-1}} \tag{2-23}$$

$$q(\lambda) = \frac{\rho c}{\rho_{cr} c_{cr}} = \left(\frac{\kappa+1}{2}\right)^{\frac{1}{\kappa-1}} \lambda \left(1 - \frac{\kappa-1}{\kappa+1}\lambda^2\right)^{\frac{1}{\kappa-1}} \tag{2-24}$$

$$\tau(Ma) = \frac{T}{T^*} = \frac{1}{1 + \frac{\kappa-1}{2}Ma^2} \tag{2-25}$$

$$\pi(Ma) = \frac{p}{p^*} = \frac{1}{\left(1 + \frac{\kappa-1}{2}Ma^2\right)^{\frac{\kappa}{\kappa-1}}} \tag{2-26}$$

$$\varepsilon(Ma) = \frac{\rho}{\rho^*} = \frac{1}{\left(1 + \frac{\kappa-1}{2}Ma^2\right)^{\frac{1}{\kappa-1}}} \tag{2-27}$$

第三节　　叶片机内部气体运动的基本方程

与一般的管道流动和外部流动相比,叶片机械内部气体的运动更为复杂。这是由于叶片机内部既有静止的叶片排,又有旋转的叶片排,其流道的形状比较复杂,而且有功率的输入(压气机)和输出(涡轮)。

一、叶片机内部气体流动的特点

1. 三维的周期性非定常流动

气体在叶片机中流动时,若在某一瞬间来观察叶片机中的整个流场,可以看到气流参数随空间三个坐标而变化。也就是说,流动是三维的,并且在通道内每隔一个栅距,气流参数的变化重复一次,形成所谓空间周期性的分布规律。此外,由于叶片机内部相间地排列着旋转的叶片排,沿周向气流参数又不均匀,因此流场中每一点的参数还要随时间 t 作周期性的改变,这就构成了一个十分复杂的三维周期性非定常流动。

2. 附面层与主流的相互干扰

由于气体有黏性,所以当气体通过叶片机的流程通道时,在叶片表面和内外壁面上都形成附面层。附面层内的流动对主流的干扰,以及端壁上所出现的二次流现象,都使流动更为复

杂。鉴于叶片机内部气体流动的上述特点,通常对动叶采用相对坐标系,对静叶采用绝对坐标系来描述气体流动。

3. 气流有较大的转折,参数变化梯度大

气体在形状复杂的环形通道中运动的同时,还要在叶片中承受较大的转折,并且随着叶片长度的增加和输入或输出功率的增大,气流参数沿径向和轴向的梯度都很大。

如上所述,叶片机内部气体的实际流动是复杂的三维、非定常、黏性流动。处理这类流动,如果要求严格的准确,那么流动模型不仅应当考虑流动在空间三个分速度的变化,还应当考虑非定常因素和气体黏性的影响。按照这些要求来分析气流的运动,所导出的运动微分方程是Navier-Stokes方程。虽然这一方程在理论上有很大价值,但是在叶片机的设计中,求解这种含黏性项和时间偏导数项的偏微分方程,用以表达通过叶片和内外壁面所形成的复杂通道中的气体流动,将是一项十分复杂的工作,距工程应用仍有较大的距离。作为对叶片机基本工作原理的了解,本章给出一元稳定流动的基本方程。

二、基本方程

1. 连续方程

连续方程是质量守恒定律应用于运动流体时的一种表达形式。在一元稳定的流动中,流过任一截面(A)的流量相等。将流量公式写为以气流总参数和速度系数函数表示的形式会使计算简化,因此在叶片机中广泛应用的连续方程是以气流的滞止参数和气体动力学函数 $q(\lambda)$ 表示的,即

$$m = K \frac{p^*}{\sqrt{T^*}} q(\lambda) A \tag{2-28}$$

式中,p^*,T^* 分别为截面上的滞止压强和温度;$q(\lambda)$ 为截面上的气体动力学函数(无因次密流);K 为取决于气体比热比 κ 和气体常数 R 的综合常数,$K = \sqrt{\frac{\kappa}{R}\left(\frac{2}{\kappa+1}\right)^{\frac{\kappa+1}{\kappa-1}}}$。

对于流过压气机的空气,$\kappa=1.4$,$R=287.06$ J/(kg·K),$K=0.040\ 4$ s·K$^{\frac{1}{2}}$·m^{-1};对于流过涡轮的燃气,$\kappa=1.33$,$R=287.4$ J/(kg·K),$K=0.039\ 7$ s·K$^{\frac{1}{2}}$·m^{-1}。

研究通过旋转叶片排的流动,采用相对坐标系较为方便。在和工作轮一道旋转的相对坐标系中,流量为

$$m = K \frac{p_w^*}{\sqrt{T_w^*}} q(\lambda_w) A \tag{2-29}$$

式中,下标 w 表示相对值。

从式(2-28)和式(2-29)可知,在给定的速度系数下,密流 m/A 与总压成正比,与总温的二次方根成反比。因此,在叶片机的实验数据处理中,往往取 $m\sqrt{T^*}/p^*$ 为流量变数来绘制性能曲线,这样使某一给定的实验结果能够应用于总压和总温不同于原始实验条件的情况。

2. 热焓形式的能量方程

能量方程是热力学第一定律应用于流动流体时所得到的数学表达式,它表达了流体在流动过程中能量转换的关系。在稳定的一元流动中,对单位质量的气体而言,外界对气体所做的机械功加上气体与外界的热量交换,等于单位质量气体的焓增和动能、位能(gz)变化之和。

其表达式为

$$\pm q_e \pm L_u = h_2 - h_1 + \frac{c_2^2 - c_1^2}{2} + g(z_2 - z_1) = h_2^* - h_1^* + g(z_2 - z_1) \quad (2-30)$$

式中，q_e 为外界与流经叶片机单位质量气体交换的热量，吸热为"＋"，放热为"－"；L_u 为外界与流经叶片机单位质量气体交换的机械功，也叫轮缘功，外界对流经叶片机的气体做功为"＋"，流经叶片机的气体对外界做功为"－"；h_1，h_2，h_1^*，h_2^* 分别表示对应截面上的单位质量气体的静焓和滞止焓。

研究气体在叶片机中的流动时，由于气体密度小，可以略去重力的影响，将焓的定义式 $h = c_p T$ 和 $h^* = c_p T^*$ 代入式(2-30)，可得热焓形式的能量方程

$$\pm q_e \pm L_u = c_p(T_2 - T_1) + \frac{c_2^2 - c_1^2}{2} = c_p(T_2^* - T_1^*) \quad (2-31)$$

在能量方程中，并没有涉及控制体内流动过程的具体情况，因此无论是可逆过程或不可逆过程，无论有没有摩擦损失，式(2-31)都适用，其限制条件是一维定常流动。

3. 热力学第一定律方程式

热力学第一定律方程式是能量守恒与转换定律的一种表达方式。由热力学可知，其可表述为加入气体微团的热量，使气体的内能发生变化，并对外做膨胀功。热力学第一定律方程式的微分方程形式为

$$dq = dU + p dV \quad (2-32)$$

因为

$$dU = c_V dT$$

所以

$$p dV = d(pV) - V dp$$
$$c_p = c_V + R$$

经过变换，式(2-32)可以化为

$$dq = c_p dT - V dp = dh - V dp \quad (2-33)$$

式中，dq 为输入气体微团的热量；$V dp$ 为压缩功或膨胀功。

对于理想气体，比热只随温度而变化；而对真实气体，比热则随温度和压力而变化。对式(2-33)积分，可得

$$q = h_2 - h_1 - \int_1^2 \frac{dp}{\rho} \quad (2-34)$$

在此方程中，加给气体的热量 q 由两部分组成，一部分为外界输入到这部分气体的热量 q_e，另一部分为摩擦力做功所产生的热量 q_f，因此方程式(2-34)可以化为

$$\pm q_e + q_f = h_2 - h_1 - \int_1^2 \frac{dp}{\rho} \quad (2-35)$$

4. 机械能形式的能量方程

机械能形式的能量方程可以从热焓形式的能量方程及热力学第一定律推导而来。将方程式(2-30)减去方程式(2-35)，忽略位能变化可得

$$\pm L_u = \frac{c_2^2 - c_1^2}{2} + \int_1^2 \frac{dp}{\rho} + L_f \quad (2-36)$$

该方程就是机械能形式的能量方程，也称为伯努利方程。对压气机而言（L_u 前面取"＋"），

该方程的物理意义为外界传给气体的机械功,用于压缩气体、提高气体动能和克服流动损失。对涡轮而言(L_u前面取"—"),对外输出功。由于存在流阻功,对应于同样的气体膨胀,输出的轮缘功减少。显然,方程式(2-36)既可用于等熵过程,也可用于有摩擦阻力的非等熵过程。

对于静止部件,L_u为零,方程式(2-36)变为

$$\frac{c_2^2 - c_1^2}{2} + \int_1^2 \frac{\mathrm{d}p}{\rho} + L_f = 0 \tag{2-37}$$

它表明在静止元件中,气流压力能和动能之间的转换。压力增加,速度减小;压力减小,速度增加。

式(2-36)中的$\int_1^2 \frac{\mathrm{d}p}{\rho}$项与密度随压力的变化过程有关,下面分别就压气机和涡轮给出有摩擦和与外界有热量交换的情况下该项的表达式。认为气体状态按多变过程变化,对压气机用L_{nk}来表示式(2-36)中的积分,并称其为压气机的多变压缩功。它可表示为

$$L_{nk} = \frac{n}{n-1} R T_1 \left(\frac{T_2}{T_1} - 1\right) = \frac{n}{n-1} R T_1 \left[\left(\frac{p_2}{p_1}\right)^{\frac{n-1}{n}} - 1\right] \tag{2-38}$$

式中,n为多变指数;$\frac{p_2}{p_1}$为增压比。

对等熵过程,则多变指数n等于绝热指数κ,这时积分$\int_1^2 \frac{\mathrm{d}p}{\rho}$就变成等熵压缩功。等熵压缩功用$L_{ad,K}$表示为

$$L_{ad,K} = \frac{\kappa}{\kappa-1} R T_1 \left[\left(\frac{p_2}{p_1}\right)^{\frac{\kappa-1}{\kappa}} - 1\right] \tag{2-39}$$

等熵压缩功是把气体从p_1压到p_2所需的最少的功,因为它对应于没有流动损失的情况。

将式(2-36)中的$\int_1^2 \frac{\mathrm{d}p}{\rho}$用多变功$L_{nk}$表示,则方程式(2-36)可写为

$$L_u = L_{nk} + \frac{c_2^2 - c_1^2}{2} + L_f \tag{2-40}$$

其物理意义为压气机加给气体的功用来完成多变压缩、增加气流动能和克服流动损失。

对于涡轮则有多变膨胀功L_{nt},即

$$L_{nt} = \frac{n}{n-1} R'(T_1 - T_2) = \frac{n}{n-1} R' T_1 \left[1 - \frac{1}{(p_1/p_2)^{\frac{n-1}{n}}}\right] \tag{2-41}$$

式中,$\frac{p_1}{p_2}$为涡轮落压比。

涡轮的等熵膨胀功用$L_{ad,t}$表示为

$$L_{ad,t} = \frac{\kappa'}{\kappa'-1} R' T_1 \left[1 - \frac{1}{(p_1/p_2)^{\frac{\kappa'-1}{\kappa'}}}\right] \tag{2-42}$$

式中,κ'为燃气的比热比;R'为燃气的气体常数。

涡轮的等熵膨胀功比多变膨胀功大。对于涡轮而言,方程式(2-36)可表示为

$$L_{nt} + \frac{c_1^2 - c_2^2}{2} = L_u + L_f \tag{2-43}$$

式(2-43)表明:涡轮中燃气膨胀所做的多变膨胀功以及燃气动能的变化是用来产生涡轮轮缘

功和克服流阻损失的。

最后需要说明的是,热焓形式的能量方程、热力学第一定律方程及机械能形式的能量方程这三个方程之中,仅有两个是独立的,在具体问题的计算过程中,不能同时使用这三个方程。

5. 动量守恒方程(欧拉方程)

动量守恒方程是把牛顿第二定律用到运动流体时所得到的数学关系式,此定律的内容是在某一瞬时,体系的动量对时间的变化率等于该瞬时作用于该体系上的全部外力的合力,而且动量的时间变化率的方向与合力的方向相同。

当分析流体与物体之间的作用力时,常常用到动量定律,下面以平面叶栅为例来分析气流与叶片之间的作用力。

平面叶栅的受力分析如图2-1所示,取控制体如图2-1中的虚线所示。控制体的高度为单位高度。控制面1—1′和2—2′取在离叶栅前后缘很远的地方,认为此处气流参数均匀,不考虑黏性的影响。

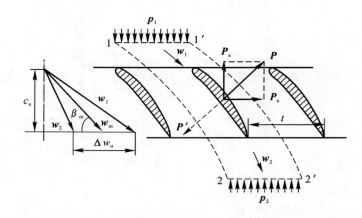

图 2-1 平面叶栅受力分析图

在动叶前方1—1′截面上,作用有静压强p_1;在动叶后方2—2′截面上,作用有静压强p_2;1—2及1′—2′上的压强分布相同,但方向相反,因此可以不予考虑。

列出轴向的动量守恒方程

$$P'_a + (p_1 - p_2)t = m(w_{2a} - w_{1a}) \tag{2-44}$$

从中得出

$$P'_a = m(w_{2a} - w_{1a}) + (p_2 - p_1)t$$

式中,P'_a为叶片作用在气流上的轴向力;m为单位时间内通过截面t的流体质量;w_{1a},w_{2a}为叶栅前后的气流轴向速度。

根据牛顿第三定律,叶片作用在气流上的轴向力P'_a和气流作用在叶片上的轴向力P_a大小相等、方向相反,因此

$$P_a = m(w_{1a} - w_{2a}) + (p_1 - p_2)t \tag{2-45}$$

同样可以列出周向的动量方程,得出气流作用于叶片的周向力为

$$P_u = m(w_{1u} - w_{2u}) \tag{2-46}$$

6. 动量矩方程

动量矩定理:对某一参考点,单位时间内流出控制面的流体的动量矩与流入控制面的流体的动量矩差值,等于作用于控制面内全部外力的合力矩。动量矩方程可以用来计算定常流动的气流作用在叶片上的力和力矩。

在研究叶片机中的气体流动问题时,经常采用圆柱坐标系,而且主要应用对于旋转轴的动量矩方程。现以离心叶轮为例,如图2-2所示为离心叶轮及其进出口速度三角形,对其进出口取控制体,并应用动量矩方程可得

$$M = m(c_{2u}r_2 - c_{1u}r_1) \qquad (2-47)$$

式中,M 为作用于截面1—1和2—2之间的气体上的全部外力对叶轮转轴的力矩总和;c_{1u},c_{2u} 为气流在截面1—1和2—2上的绝对气流速度的切向分速;m 为通过叶轮的质量流量。

式(2-47)在叶片机受力分析和气动计算中得到广泛应用。

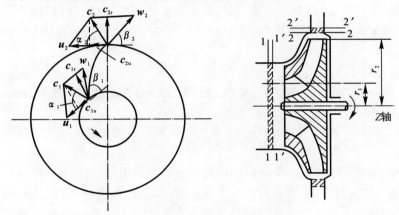

图2-2 离心叶轮动量矩方程引证图

将式(2-47)两端同乘以叶轮旋转的角速度 ω,就可得到外界加给叶轮的功率

$$N = M\omega = m(c_{2u}r_2 - c_{1u}r_1)\omega \qquad (2-48)$$

如果流体不受外力矩,那么动量矩方程变为

$$c_{2u}r_2 = c_{1u}r_1 = c_u r \qquad (2-49)$$

式(2-49)说明,当流体不受外力矩作用时,气流的切向速度与半径成反比,半径越大,气流的切向速度越小。气流在离心压气机无叶扩压器中的流动正是这种情况。

思考与练习题

2-1 分别指出压气机和涡轮热焓形式能量方程中各项的物理意义。

2-2 推导相对坐标系中热焓形式能量方程的表达式。

2-3 判断压气机所受轴向力是向前还是向后,并解释。

2-4 从热焓形式的能量方程及热力学第一定律推导机械能形式的能量方程。

第三章　　轴流压气机工作原理

　　压气机是航空燃气涡轮发动机的一个重要部件,其性能的优劣对发动机的工作和性能具有至关重要的影响。本章介绍轴流压气机的基本工作原理,将着重讲解压气机基元级以及单级压气机的基本工作情况,并对基元级、压气机级和多级压气机的设计问题进行介绍。同时,也将简要地讨论风扇的设计问题,并对航空轴流压气机近年来的发展现状和一些新技术、新方法进行概括性的介绍。

第一节　　轴流压气机组成与气动热力过程

　　在学习压气机的工作原理之前,有必要先对轴流压气机的结构组成有所了解,以建立必要的感性知识。

　　图3-1为某发动机的轴流压气机纵剖面简图。可以看出,压气机有两个基本部分:一个是可以旋转的部分,称为转子(工作轮);另一个是固定的部分,称为静子(整流环)。压气机转子是由8个轮盘和转轴所构成的。各个轮盘外缘开有数目不等的均匀分布的燕尾形斜槽,槽内插入叶片,这些叶片随着轮盘和转轴一同旋转,因此称为转子叶片或工作叶片(或简称为"动叶")。一个轮盘和它上面的工作叶片组成一个工作轮。

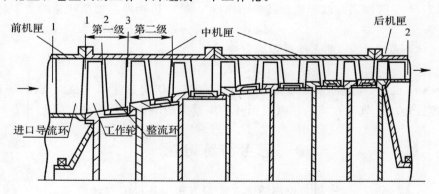

图3-1　多级轴流压气机

　　压气机静子由前、中、后机匣和9排静子叶片所组成。最前面一排叶片称为压气机进口导流环,这些叶片称为进口导流叶片,它的作用是改变进入压气机第一个工作轮前的气流方向。进口导流叶片并不是压气机中不可缺少的部分,有的发动机上没有安装进口导流环,空气沿着发动机旋转轴线方向直接进入第一个工作轮。其后共有8排不转动的静子叶片(又称为整流叶片,也可简称为"静叶"),沿着压气机轴线方向与转动叶片排相互间隔排列。整流叶片固定在机匣上,每一排整流叶片又称为整流器。当压气机工作时,气流流过交替排列的工作轮和整流器,最后流出末排整流器,沿着轴线方向进入燃烧室。

从图3-1中可以看到,除了最左边第一个工作轮前面的进口导流叶片以外,每一排转动叶片之后都紧跟着一个静止的叶片排,构成了一种重复的结构。因此,我们将一排动叶与一排静叶所组成的结构称为压气机的一个"级"。图3-1所示的轴流压气机是由8个级组成的一个多级轴流压气机。在研究航空涡轮发动机的工作时,通常规定压气机的进口截面为"1"截面,压气机出口截面为"2"截面。但在研究压气机的工作时,我们习惯上将工作轮进口截面定义为"1"截面,工作轮出口截面(即整流器进口截面)定义为"2"截面,而整流器出口截面则定义为"3"截面。

因为多级轴流压气机是由单级逐级轴向结合而成的,所以气流在压气机中的增压是逐级进行的,气流经过压气机的压力逐级提高,因而气流密度也逐级加大。为了通过一定的空气流量,在逐级的气流轴向速度基本不变或变化较小的情况下,压气机在子午平面(半径方向与轴向所构成的平面)内的气流通道便呈现收缩形状(见图3-1),即压气机的叶片高度逐级减小,以便与逐渐增大的气体密度相适应。

压气机的作用就是在尽可能低的流阻损失条件下对流过压气机的气流进行加功,以便提高压气机出口的气流压力。从发动机热力循环的角度来说,在一定的条件下,流过压气机的气流压强提高得越多,发动机的有效功和热效率也就越高。当然,气流流动的损失越小,发动机的热效率也越高。为了提高发动机的热效率,近几十年来,压气机的增压比有了很大提高。20世纪40年代的早期涡轮喷气发动机的增压比不过在3.0左右,而目前民用的高涵道比涡轮风扇发动机的压气机总增压比为35～40,军用发动机的压气机总增压比也在20～30之间。

在建立了轴流式压气机的感性认识以后,我们会产生下面两个问题:

(1) 为什么压气机上要有转子和静子?而它们为什么交替地排列?

(2) 空气流过这样的压气机,压力为什么会增高?

对于问题(1),我们可以简单地说明其原因:压气机中的动叶旋转将机械功(能量)传给了流过压气机的气流,并将一部分能量转变为气流的压力升高;静叶的作用则是将动叶加给气流的剩余能量继续转变为压力升高,并将气流导引至下一级动叶要求的进口方向。因此,压气机的动叶后面总是配置有静叶。当然,学过后面的知识以后,对这个问题将有更深入的理解。

相比较而言,问题(2)则更为重要,在学习了空气流过轴流式压气机的增压原理以后,自然就可以正确地回答该问题了。

当气流流过压气机时,其状态参数和自身所具有的能量均发生了变化,应该采用哪些参数来描述气流所经历的这样一种气动热力过程呢?怎样来评价这个过程的完善程度呢?

图3-2为一台多级轴流压气机的简图。为了方便分析,我们规定压气机进口处的截面为1-1截面,出口处为K-K截面,这两个截面上的参数分别以下标"1"和"K"来表示。气流流过压气机的气动热力过程可以用图3-3所示的焓熵图来表示,其中的上标"＊"表示对应于物理状态的滞止状态,下标"ad"表示等熵过程对应的状态,虚线所表示的为等熵过程。从图3-3中可以看出,气体流过压气机后,其压力从 p_1 提高到 p_K,为此压气机消耗了机械功。如果压缩过程是无损失的等熵过程,压气机消耗的机械功最少;反之,流动损失越大,熵增也越大,压气机消耗的机械功也就越多。因此,利用气流压力升高的幅度,以及实际消耗的功与等熵功的

差别，就可以了解气体流过压气机的气动热力过程及其完善程度。

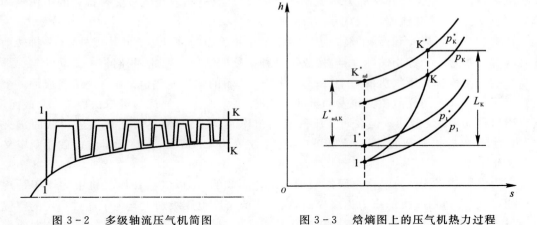

图 3-2 多级轴流压气机简图　　　　图 3-3 焓熵图上的压气机热力过程

　　因为滞止压强和滞止温度在工程实际中易于测量，而且使用方便，在气动热力计算和压气机实验研究中，所以人们常常采用滞止参数来定义和计算增压比、功和效率等参数。

　　设压气机进口和出口处的总压分别为 p_1^* 和 p_K^*，则压气机的增压比定义为

$$\pi_K^* = \frac{p_K^*}{p_1^*} \tag{3-1}$$

　　通常，压气机加给每千克气体的功用 L_K 表示（单位为 J/kg），压气机的流量用 m_a 来表示（单位为 kg/s），压气机消耗的功率 N_K 可由下式求出：

$$N_K = m_a L_K / 1\,000 \tag{3-2}$$

式中，N_K 的单位为 kW。

　　由于流阻损失的存在，压气机加给气体的机械功并没有全部用于增加气流的压力，图 3-3 所示的焓熵图清晰地表示了气体流经压气机时的压缩过程。若气流的压缩过程是等熵的，即流动损失为零，则气流总压由进口截面 p_1^* 增至出口的 p_K^* 所需的压缩功最小，称为等熵功（用 $L_{ad,K}^*$ 表示）。这时，压气机对气流所加的功全部用于气流总压的增加。在图 3-3 中还给出了有熵增的实际过程，实际过程的加功量 L_K 线段比 $L_{ad,K}^*$ 线段长。对比焓熵图上理想等熵过程和实际过程的线段长度，就可以衡量出压气机中实际压缩过程的完善程度。正因为如此，压气机效率定义为在进口滞止温度及增压比相同的条件下，压气机的等熵压缩功 $L_{ad,K}^*$ 与实际加功量 L_K 之比，即

$$\eta_K^* = \frac{L_{ad,K}^*}{L_K} \tag{3-3}$$

　　由气动热力学可知，滞止参数的等熵压缩功可表示为

$$L_{ad,K}^* = \frac{\kappa}{\kappa-1} R T_1^* (\pi_K^{*\frac{\kappa-1}{\kappa}} - 1) \tag{3-4}$$

压气机对气流的实际加功量 L_K 即为轮缘功 L_u，由能量方程可得

$$L_K = c_p (T_K^* - T_1^*) = \frac{\kappa}{\kappa-1} R T_1^* \left(\frac{T_K^*}{T_1^*} - 1 \right) \tag{3-5}$$

　　将式（3-4）和式（3-5）代入式（3-3）中，则得

$$\eta_K^* = \frac{\pi_K^{*\frac{\kappa-1}{\kappa}} - 1}{\frac{T_K^*}{T_1^*} - 1} \tag{3-6a}$$

按照类似的定义，也可以根据转子的增压比 π_R^* 定义压气机的转子（动叶）效率为

$$\eta_R^* = \frac{\pi_R^{*\frac{\kappa-1}{\kappa}} - 1}{\frac{T_K^*}{T_1^*} - 1} \tag{3-6b}$$

显然，气流流过静叶的总压恢复系数为 $\sigma_{23}^* = p_3^*/p_2^*$，则可以由级增压比 π_K^* 计算出转子的增压比 $\pi_R^* = \pi_K^*/\sigma_{23}^*$。

上述的压气机效率的定义和计算式既可用于分析全台压气机效率，也可用于分析和计算压气机级与基元级的效率。

第二节　轴流压气机的基元级

为了得到较高的循环热效率，发动机要求压气机有足够高的增压比。但是，轴流压气机每一级的增压能力是有一定限度的，要得到较高的增压比，轴流压气机就必须做成多级的。图 3-1 所示的多级轴流压气机是一个非常复杂的机械。它由很多排的叶片组成，既有静止不动的叶片排，也有不断转动的叶片排，如果现在就直接研究这样一个压气机内部的气体流动，其难度是可想而知的。但是，一个复杂的事物往往都是由许多的简单事物所构成的。一个多级轴流压气机是由很多单个的"级"沿压气机轴线方向叠加起来的，每级压气机的结构是类似的，其基本的工作原理也是大致相同的。于是，为了研究多级轴流压气机对气流的加功和增压原理，可以先对一个"级"来进行分析。如果我们了解了单级压气机的增压原理，那么整个多级压气机的增压原理自然就迎刃而解了。

图 3-4 所示为一个"级"的示意图。为了说明在级中气流参数的变化，在动叶和静叶的前后各取一个与回转轴相垂直的截面。人们习惯地规定动叶前的截面为 1-1 截面，动叶后静叶前的截面为 2-2 截面，静叶后的截面为 3-3 截面。对这些截面上的气流参数分别用下标"1""2""3"来表示。

对于级增压比不高的压气机或多级轴流压气机的后面级而言，外径和内径沿轴向变化不大，如图 3-4 所示。在每个级中，流线基本上都各在一个圆柱面上。然而，即使是在这样一个单级中的气体流动也是复杂的，例如工作轮的根部和尖部，圆周速度大小不相同，气体在叶片所组成的槽道中流动，不同半径上的情况也各有差异。但是，共性包含于一切个性之中。沿叶高不同半径处的流动情况虽不完全相同，但其工作原理大体相仿。这样，我们只需要研究某一个半径处的增压原理，就可以了解单级乃至整个多级压气机增压原理的本质了。

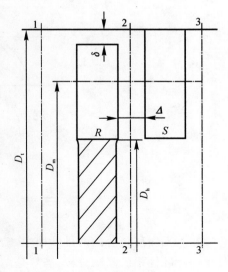

图 3-4　单级轴流压气机

　　用一个与压气机同轴的圆柱面对压气机的一个级进行剖切,就可以得到一个基元级,如图3-5所示。每个基元级沿叶高的厚度都是很薄的,因此,每一个级可看成是很多基元级沿径向叠加而成的,每个基元级的工作原理大体相同。于是,可以把基元级的流动过程看作是压气机工作的缩影,取其中的某一个基元级作为代表来分析压气机的基本工作原理。

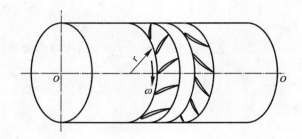

图 3-5　压气机基元级示意图

　　由图3-5可见,基元级是在一个圆柱面上。为便于分析,把图3-5所示的圆柱面展开成为一个平面,如图3-6所示。由图3-6可见,在展开成平面的基元级中包括两排平面叶栅,上面的一排是动叶叶栅,下面的一排是静叶叶栅。平面叶栅常被作为研究压气机工作的基本单元。

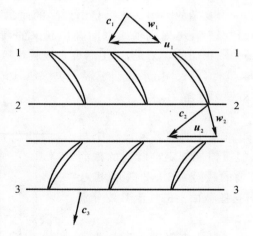

图 3-6　基元级平面叶栅的流动

第三节　　基元级的气体流动

　　在基元级所包含的两排叶栅中,动叶叶栅以圆周速度 u 运动,静叶叶栅则是静止不动的。对于静叶叶栅中的流动分析,当然是站在静止的坐标系(即绝对坐标系)上来观察最为便利。然而,在研究动叶叶栅中的流动时,则必须分析气流相对于动叶的运动,这时,仍使用绝对坐标系就不便于分析,而必须采用随动叶一起运动的相对坐标系。如图3-6所示,图中 c_1,c_2,c_3 表示站在静止坐标系上观察到的绝对气流速度,w_1,w_2 表示站在动叶上观察到的相对速度,u_1,u_2

表示动叶叶栅转动的圆周速度(即转动的线速度),也就是力学中的牵连速度。在力学中我们知道,绝对运动等于牵连运动与相对运动的向量和,即

$$c = w + u \tag{3-7}$$

为了说明气流与叶栅之间的关系,先分析一下气体是如何流入动叶和静叶叶栅的。

压气机动叶转动后,其前面的气流不断地被抽吸进来,这时,气流流入动叶的绝对速度为 c_1。由于动叶本身也在以圆周速度 u 运动,所以,当我们站在动叶上随叶片一同转动时(在相对坐标系上),看到的气流不是以绝对速度 c_1 流入动叶的,而是以相对速度 w_1 的大小和方向流入动叶的,因此,动叶叶栅应当安装得大致对准相对流速 w_1 而不是 c_1,如图 3-6 所示。动叶出口相对速度为 w_2,它影响静叶叶栅的进口气流速度,然而,气流并不是以 w_2 而是以 c_2 流入静叶叶栅的。为此,静叶叶栅应安装得大体对准绝对气流速度 c_2。

以上的简单分析表明:研究动叶中的流动必须使用相对速度 w,对于静叶中的流动分析则必须使用绝对速度 c,所以,相对坐标系和绝对坐标系之间参数的相互转换就成为经常遇到的问题。同样,根据力学的知识,式(3-7)的向量和可以用三角形来表示,于是联系着 w 和 c 的速度三角形,就成为经常使用的工具,必须熟练掌握与应用。

在分析气体流经动叶和静叶叶栅时,经常要变换坐标系,必须清楚哪些物理量与坐标系有关,哪些物理量与坐标系无关。

状态参数或称静参数 (p, ρ, T) 所表示的是分子热运动的结果,与涉及宏观运动的绝对坐标系与相对坐标系变换无关。不管采用相对坐标系还是绝对坐标系,并不影响任一点处的静参数。

滞止参数或总参数 (p^*, ρ^*, T^*, h^*) 与静参数不同,它与所选用的坐标系有关。以滞止焓为例,其物理意义是代表气流所具有的总能量 —— 静焓与动能之和。而动能与速度直接有关,选用的坐标系不同,动能不同,因而滞止焓不同。绝对总焓的表达式为

$$h^* = h + \frac{c^2}{2} \tag{3-8}$$

相对总焓则为

$$h_w^* = h + \frac{w^2}{2} \tag{3-9}$$

于是,对于流场中同一点来讲,对应于两套坐标系就有两套总参数。对应于绝对坐标系为 (p^*, ρ^*, T^*, h^*),对应于相对坐标系为 $(p_w^*, \rho_w^*, T_w^*, h_w^*)$。

为了便于分析和计算基元级速度三角形中的各个参数,有必要以标量的形式来表达速度三角形诸参数之间的关系,将基元级中的气流速度向量 w 和 c 分解成轴向和周向两个方向的分速度,并分别加以注脚 a 和 u。人们还习惯地规定 c 与 u 之间的夹角为 α,w 与 u 之间的夹角为 β。

在分析气体流过动叶和静叶的过程时,通常把动叶和静叶的进口和出口速度三角形画在一起,如图 3-7 所示,称为基元级速度三角形,即一般情况下的速度三角形。

一般来说,当气流流过一个基元级时,w 和 c 的周向分速有很大变化,而轴向分速的变化相对较小,尤其是那些级增压比不高的亚声速级。由于进口和出口轴向分速差别不大,这样,可近似地认为 $c_{1a} = c_{2a} = c_{3a}$,这时的速度三角形如图 3-8 所示,称为简化的基元级速度三角形。

对于图 3-8 所示的简化速度三角形,只要确定了其中 4 个参数,则基元级的速度三角形就

可以确定了。由于基元级叶栅的叶片设计成进口大致对准来流方向、出口大致对准气流流出的方向,设计基元级叶栅的叶片首先需要知道基元级速度三角形。因此,通常选取与压气机设计要求相关联的 4 个参数来确定基元级速度三角形。

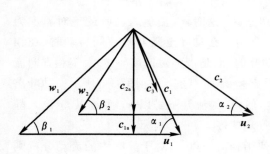 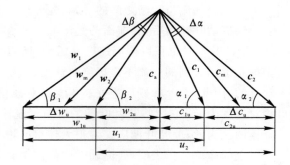

图 3-7 基元级速度三角形   图 3-8 简化的基元级速度三角形

（1）动叶进口处绝对速度的轴向分速度 c_{1a}。第一级压气机的 c_{1a} 值选取很重要,它决定了发动机迎风面积的大小,并影响压气机效率等关键参数。如一台用于民用发动机的十级压气机,进口处选取 $c_{1a}=120$ m/s。而另一台用于歼击机的九级压气机,进口处 $c_{1a}=202$ m/s。前者追求效率高,后者追求迎风面积小。

（2）动叶进口绝对速度的周向分速度 c_{1u}。当气流进入动叶之前在圆周方向就有绝对分速度时,就说明气流有了预先旋转（对于第一级压气机而言,c_{1u} 是由进口导流叶片提供的）。预先旋转的多少用周向分速度 c_{1u} 来表示。若 c_{1u} 与圆周速度 u 的方向相同,则称为正预旋,图 3-7 和图 3-8 所示 c_{1u} 均为正预旋;若 c_{1u} 的方向与 u 相反,则称为反预旋。在压气机设计中,可以根据不同的设计要求选取无预旋设计（$c_{1u}=0$）、正预旋设计或反预旋设计。

（3）圆周速度 u（又称切线速度）。这个量直接影响叶片对气流加功量的大小。在其他条件相同的情况下,u 越大则对气流加功越多。几十年来,高性能压气机的发展特征之一就是切线速度不断提高。

（4）动叶前后气流相对速度或绝对速度在周向的变化量 Δw_u（或 Δc_u）。它标志着气流在周向的扭转量,又称为扭速,扭速愈大则加功量愈大。

$$\Delta w_u = w_{1u} - w_{2u} \qquad (3-10)$$

在 $u_1 = u_2$ 的情况下

$$\Delta w_u = \Delta c_u = c_{2u} - c_{1u} \qquad (3-11)$$

有了 c_1 和 u 就可决定 w_1,已知 w_1 和 Δw_u 后可以确定出 w_2,由 w_2 和 u 可确定出 c_2,从而就得到了动叶出口的速度三角形。

第四节   基元级的增压原理

一、动叶对气流的加功

前面提到,气流流过压气机动叶时,叶片对气流产生了作用力 P',如图 3-9 所示,而且动叶的运动方向 u 与作用力 P' 的周向分力 P'_u 方向是一致的,所以,旋转的压气机动叶对气流做了功,实现了压气机与气流之间的能量传递。

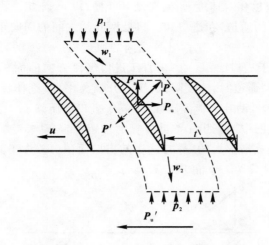

图 3-9 动叶对气流的加功

由于动叶只有周向旋转运动,无轴向运动,因而可以利用动叶对气体作用力推导出动叶对气体做功的计算公式。

气体作用于叶片的周向分力为

$$P_u = m_a(w_{1u} - w_{2u}) \tag{3-11}$$

在 1 s 内动叶沿周向移动的距离为 u,因而动叶在 1 s 内对流量为 m_a 的气流做的功(即功率)为

$$N' = m_a(w_{1u} - w_{2u})u \tag{3-12}$$

由式(3-12)可知动叶对单位质量气体所做的功为

$$L_u = u(w_{1u} - w_{2u}) = u\Delta w_u \tag{3-13}$$

式中,L_u 称为轮缘功,它的常用单位为 J/kg。

当 $r_1 \neq r_2$ 时,采用动量矩定理来推导轮缘功公式,这时的轮缘功表达式为

$$L_u = u_2 c_{2u} - u_1 c_{1u} \tag{3-14}$$

式(3-13)表明:动叶以圆周速度 u 旋转,而且动叶进、出口的相对速度的扭速 Δw_u 大于零,则动叶与气流之间就实现了能量的传递和交换,动叶旋转的机械功加给了气体,变成了气流的能量增加。气体流过压气机后压力提高的幅度越大,说明气流从旋转的动叶获得的能量就越多。增加动叶对气体做功的途径有两条,一是增加动叶圆周速度 u,二是提高扭速 Δw_u。压气机的发展正是沿着这个方向前进的,动叶叶尖圆周速度已由 20 世纪 50 年代前的低于300 m/s 发展到今天的 500 m/s 左右,而超跨声速压气机级的采用也使扭速 Δw_u 有了显著的提高。

通常,若动叶进口速度 w_1 和静叶进口速度 c_2 都分别低于当地声速,则称为亚声速基元级;若 w_1 和 c_2 中的一个或 w_1 和 c_2 同时高于当地声速,则称为超声速基元级。在目前实际使用的超声速基元级中,多数是 w_1 高于当地声速,而 c_2 不超过当地声速。

二、亚声速基元级的扩压流动

由式(3-13)可知,当扭速 Δw_u 大于零时动叶对气流加了功,那么,在亚声速基元级中如何

将这些能量转变为压力升高呢？

如图 3-10 所示，气流以相对速度 w_1 流入动叶叶栅，以 w_2 流出。由图可以看出，两相邻的弯曲叶片组成一个曲线形的通道，在进口和出口处两叶片之间的周向距离相同。由于 w_1 更偏向于圆周方向，而 w_2 更偏向于轴向，则两叶片之间的通道是扩张型的，其出口面积 A_{2R}（垂直于出口气流方向的面积）大于进口面积 A_{1R}（垂直于进口气流方向的面积）。根据气体动力学知识，亚声速气流流过扩张型通道时，速度降低，压力升高。因此，气体流出动叶叶栅时，相对速度 w_2 小于进口相对速度 w_1，动叶出口静压强 p_2 高于进口静压强 p_1。这就是亚声气流流过动叶叶栅的减速扩压原理。图中还画出了静叶叶栅通道特征；与动叶叶栅类似，由相邻叶片组成的静叶叶栅通道面积也是逐渐扩大的，静叶叶栅的出口面积 A_{3S} 大于其进口面积 A_{2S}，气体流过静叶叶栅，绝对流速降低，$c_3 < c_2$，静压强升高，$p_3 > p_2$。

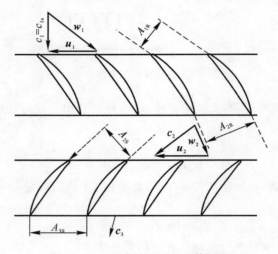

图 3-10　亚声速基元级工作原理

相对坐标系中机械能形式的能量方程为（$u_1 = u_2$）

$$0 = \int_1^2 \frac{\mathrm{d}p}{\rho} + \frac{w_2^2 - w_1^2}{2} + L_f$$

上式说明了气体流过动叶后静压强升高的实质，即气体流过动叶叶栅的扩张型通道，其相对动能减少，减少的动能大部分转化为静压强升高，小部分用于克服摩擦流阻。类似地，用绝对坐标系下的机械能形式的能量方程

$$\int_2^3 \frac{\mathrm{d}p}{\rho} + \frac{c_3^2 - c_2^2}{2} + L_f = 0$$

可以说明气体流经静叶后参数之间变化的关系，即气流绝对动能减少，减少的动能大部分转化为静压强升高，小部分用于克服摩擦流阻。

三、超声速基元级的扩压流动

这里我们仅讨论动叶进口相对速度超声速和静叶进口绝对速度亚声速的超声速基元级。在设计压气机时，为了加大动叶对气流的做功以便减少级数，通常希望加大圆周速度 u；同时，为了减少发动机的迎风面积而加大 c_{1a}。从速度三角形来看，u 和 c_{1a} 加大以后，动叶进口处的

w_1 相应加大,若 w_1 超过当地声速,这个基元级就成为了一个超声速基元级。图 3-11 所示为超声速基元级的示意图。由图可见,这时的动叶叶栅基本上为一个等直通道,气流流过这样的通道后流向基本保持不变,$\beta_2 \approx \beta_1$。既然气流在动叶中不转弯,那么气流流过这样的叶栅能否减速增压,叶栅能否给气体以作用力并对气流加功呢? 回答当然是肯定的! 其条件就是来流必须是超声速。由气体动力学可知,超声速气流如果经过激波,则速度下降,静压强升高。

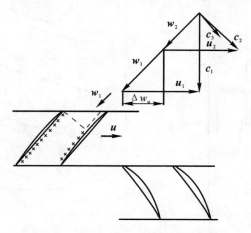

图 3-11　超声速基元级工作原理

如图 3-11 所示,当进口的超声速气流流到动叶进口时,将在叶片头部附近产生一道脱体激波,脱体激波的一部分进入到两叶片之间的气流通道中,如图中的虚线所表示的激波。我们用"+"号代表激波后的高静压强,用"-"号来代表激波前的低静压强。由图可见,气流对动叶的作用力的总合力方向仍然是由叶盆指向叶背,动叶旋转要克服叶片承受的气动力而对气流加功。亚声速叶栅是靠气流转弯来产生扭速的,而超声速叶栅可在气流不转弯的情况下,产生很大的扭速 Δw_u(见图 3-11),而且来流的马赫数越高,产生的扭速就越大。超声速基元级的 u 和 Δw_u 都比亚声速基元级大,所以加功量和级增压比也比亚声速基元级大得多。

综上所述,亚声速基元级和超声速基元级的工作原理可以简单总结如下:在亚声速基元级中,弯曲的动叶叶栅迫使气流转弯减速,从而完成对气流的加功和增压;而在超声速基元级中,动叶叶栅可以采用无弯曲的叶片构成,气流方向改变不多,主要靠激波来产生 Δw_u,完成对气流的加功和增压。对于 w_1 超过当地声速不多的所谓跨声速叶栅而言,动叶中气流的减速扩压以及扭速 Δw_u 的产生是通过激波和弯曲的扩张型通道二者的共同作用实现的。

四、气体流过压气机级的参数变化

运用以上压气机基元级工作原理,不难分析出气体流过压气机动叶和静叶产生的参数变化。

图 3-12 给出了气体流过压气机级发生的参数变化(以平均半径上的基元级参数作为级的代表,并假设进出口平均半径不变)。图中 1-1 代表动叶进口截面,2-2 代表动叶出口和静叶进口截面,3-3 代表静叶出口截面。

现在把基元级中气体流动的热力过程表示在焓熵图上,如图 3-13 所示。图中清楚地给出了气体经过动叶后的总温、总压和总能量均增加,图中也示出了由于流阻的存在,实际过程为熵增过程,与等熵过程相比较,在相同的 p_1^* 和 p_3^* 情况下,实际消耗的功 L_u 大于等熵功 $L_{ad,K}^*$。若实际的压缩流动过程中的流阻损失越大,则过程的熵增就越大,实际消耗的功 L_u 与等熵功 $L_{ad,K}^*$ 之间的差就越大。

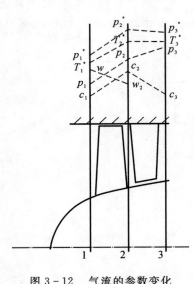

图 3-12　气流的参数变化　　　　图 3-13　基元级流动的焓熵图

五、基元级的反力度

从上述的分析可知,不论对于亚声速基元级还是超声速基元级,气流流过动叶和静叶时静压都将得到提高。若给定基元级的压力升高幅度 p_3/p_1 一定,则为了实现这个总增压比,动叶和静叶的静压升高可以采用不同的分配比例。是否可以随意选取不同的比例值来得到要求的基元级总增压比 p_3/p_1 呢?这里应该指出的是,这个分配比例值对基元级性能(如基元级效率)有很大的影响,因此,对这个分配比例值作深入分析且在设计时知道其值的大小都是非常必要的。这样的分配比例通常采用基元级反力度来表示。

在基元级中动叶对气流的做功量为 L_u,在 $u_1 = u_2$ 情况下

$$L_u = (w_1^2 - w_2^2)/2 + (c_2^2 - c_1^2)/2$$

式中,$(w_1^2 - w_2^2)/2$ 代表了动叶中有多少动能用于压力势能的增加和克服动叶中的流阻,即表示动叶中所发生的压力势能转换的能量大小。如果再假设 $c_3 = c_1$,则式中的 $(c_2^2 - c_1^2)/2 = (c_2^2 - c_3^2)/2$,它代表了静压中绝对动能的减少,用于在静叶中的静压升高和克服静叶中的流阻损失,因而就是静叶中所发生的压力势能转换的能量大小。轮缘功 L_u 则代表了气体流过基元级所产生的压力势能转换的能量总和,于是,反力度 Ω 定义如下:

$$\Omega = \frac{(w_1^2 - w_2^2)/2}{L_u} \tag{3-15}$$

Ω 代表动叶中用于压力势能转换的能量与整个级(即动叶和静叶)用于压力势能转换的能量的比例值。反力度数值过大,说明气流在动叶中减速扩压任务过于艰巨,这会导致动叶叶栅效率下降,因而基元级效率下降;反力度数值过小,则气流在静叶叶栅中减速扩压任务过重,会导致静叶叶栅效率下降,同样也使基元级效率下降。因此,在压气机设计中,反力度是一个很

重要的参数,要慎重地进行选择。

式(3-15)是以能量形式来定义反力度的,称为能量反力度。

能量反力度定义严格,但使用起来稍显不便,我们希望能够建立起反力度与速度三角形的直接对应关系,以便在设计时看到速度三角形就可以大体了解到这个分配比例。下面推导和定义运动反力度,它和速度三角形有直接关系。从能量反力度定义式出发,假设 $u_1 = u_2$ 和 $w_{1a} \approx w_{2a}$,则

$$w_1^2 - w_2^2 = w_{1u}^2 - w_{2u}^2 = (w_{1u} + w_{2u})(w_{1u} - w_{2u})$$

$$L_u = u\Delta w_u = u(w_{1u} - w_{2u})$$

把上述两个式子代入能量反力度 Ω 的定义式(3-15)中,就可得到运动反力度 Ω_K 的表达式如下:

$$\Omega_K = \frac{(w_1^2 - w_2^2)/2}{L_u} = \frac{w_{1u} + w_{2u}}{2u} \tag{3-16}$$

或

$$\Omega_K = \frac{u - c_{1u} + u - c_{2u}}{2u} = 1 - \frac{c_{1u}}{u} - \frac{\Delta c_u}{2u} = 1 - \frac{c_{1u}}{u} - \frac{\Delta w_u}{2u} \tag{3-17}$$

由式(3-17)可知,当 u 和 Δw_u 一定时(因而加功量 L_u 也一定),若增加 c_{1u} 则 Ω_K 降低,若减少 c_{1u},则 Ω_K 增大。在压气机设计中常常需要解决动叶根部反力度过小的问题,因此,增加动叶根部圆周速度或根部选择 $c_{1u} < 0$ 的设计(称为反预旋设计)可以解决根部反力度过小的问题。

六、基元级速度三角形参数的确定

单级轴流压气机可以看成是由无数个基元级沿半径方向叠加而成的,压气机级对气流的加功和增压正是通过这些基元级实现的,基元级中的气体流动过程是轴流压气机流动的基础。轴流压气机基元级的气动设计就是根据给定原始设计条件和要求设计出基元级速度三角形,然后配上合适的动叶和静叶叶栅,以保证实现预期的流动。要想通过一定几何形状的基元级叶栅实现满足设计要求的流动,基元级速度三角形起到了重要的桥梁作用。因此,对基元级速度三角形做进一步分析并就初步设计进行讨论是完全必要的。下面将针对轴流压气机进口级的基元级速度三角形进行分析,探讨基元级速度三角形应该怎样设计以满足压气机设计的主要要求,简单地说,就是满足迎风面积小、质量轻和效率高的要求。应该指出,这些要求之间是相互矛盾和相互制约的,如迎风面积小和质量轻的要求常常与效率高的要求相互对立。

在 $u_1 \approx u_2$ 和 $c_{1a} \approx c_{2a}$ 的假设前提下,压气机的基元级速度三角形就变成简化的速度三角形,决定速度三角形的 4 个主要参数是 c_{1a}, c_{1u}, u 和 Δw_u。现在简单分析应如何选取这四个参数以满足压气机设计要求,以及选取这些参数应该考虑的问题。

1. 进口轴向速度

在基元级速度三角形设计时,通常是先选取压气机进口轴向分速度 c_{1a}。在给定压气机流量的条件下,c_{1a} 选取的数值越大,则压气机的进口迎风面径向尺寸就越小。从满足压气机迎风面积小和质量轻的要求来说,应该选择较大的 c_{1a}。然而,正像上面指出的那样,迎风面积小和质量轻的要求往往与效率高的要求相互矛盾,c_{1a} 的数值选得过大会导致很大的流动损失,使效率降低。尤其在动叶的根部,那里的叶栅稠度大,叶片也厚,大的 c_{1a} 会产生堵塞,引起损

失剧增。此外,由气动函数无因次密流 $q(Ma)$ 的变化可知,当轴向速度已达到较高时,$q(Ma)$ 增加缓慢,随 c_{1a} 的增加压气机迎风面积的下降就不显著了。因此,c_{1a} 也无须增加到接近声速。由于 $c_{1a}(Ma)$ 的数值大小对压气机效率的影响很大,美国在进行压气机设计时选择 c_1 的原则是:对于民用发动机的风扇和压气机,轴向速度马赫数的取值不超过 $Ma=0.5\sim0.55$;而对于军用歼击机的压气机或风扇,进口级轴向速度马赫数的取值则小于 $Ma=0.6\sim0.65$。苏联的歼击机用发动机设计追求小的迎风面积而牺牲一点压气机效率,其进口级轴向速度马赫数的选取数值大于0.65。中国的发动机设计和研制实践经验也表明:进口级轴向马赫数的选取非常关键,当超过0.65时就可能导致压气机效率的显著下降。

2. 进口预旋

下面我们讨论一下进口预旋值 c_{1u} 的选取。在20世纪50年代以前,为了减少动叶叶尖进口相对马赫数 Ma_{w_1},以满足亚声速压气机设计的要求,通常采用正预旋($c_{1u}>0$)的设计。动叶进口相对速度为

$$w_1=\sqrt{c_{1a}^2+(u-c_{1u})^2} \qquad (3-18)$$

因此,当进口轴向速度和动叶旋转的圆周速度给定后,动叶叶尖采用正预旋设计时,可有效降低进口的相对速度。但是,对于动叶根部附近的基元级,由于根部圆周速度 u 小,在加功量一定的前提下,Δw_u 很大,则

$$c_2=\sqrt{c_{2a}^2+(c_{1u}+\Delta w_u)^2} \approx \sqrt{c_{1a}^2+(c_{1u}+\Delta w_u)^2} \qquad (3-19)$$

由此可知,c_{1u} 太大会导致 c_2 急剧增加,导致静叶根部进口马赫数 Ma_{c2} 过大,增加了静叶叶栅的设计难度。因此,在实际应用中,很多设计采用了尖部正预旋($c_{1u}>0$)和根部反预旋($c_{1u}<0$)的方法。20世纪50年代后期,随着超、跨声速压气机的出现,绝大部分的超、跨声速压气机都采用零预旋设计,即 $c_{1u}=0$,这时无须配置进口导流叶片,使压气机的质量降低,轴向长度缩短。近年来,考虑到进口导流叶片对于提高压气机的抗畸变能力很有好处,而且,进口导流叶片还可用于变工况时的压气机调节,有些机种的压气机又采用了有预旋的设计。还应指出,c_{1u} 值的选取对于控制基元级的反力度也是很有效的,这可以从式(3-17)看出,采用反预旋设计可以解决进口级压气机根部反力度过小的问题。

3. 扭速 Δw_u

为了实现质量轻的要求,压气机的级数应尽量少,这就要求增加基元级的加功量。根据 $L_u=u\Delta w_u$ 可知,应当尽量增大圆周速度 u 和切向扭速 Δw_u,然而,Δw_u 的增加要受到效率下降的限制。先以亚声速基元级速度三角形为例。在 u,c_{1a} 和 c_{1u} 不变的情况下,要想增加 Δw_u,就必须加大气流在动叶中的转角 $\Delta\beta=\beta_2-\beta_1$。但是,使高速气流在扩张型的通道中实现大的转角是很不容易的,要付出很大的代价。因为气流在压气机叶栅中会遇到很大的逆压力梯度,它对附面层的发展是十分有害的。当动叶弯度过大时,叶背上的气流就不再贴附壁面流动,而会发生分离,如图3-14所示。这时叶背表面有一大块死水区和旋涡区,并一直延续到下游使损失增加。对于超声速基元级而言,Δw_u 是靠强激波系获得的,因此,超声速级的 Δw_u 远较亚声速级的 Δw_u 大。但是,这时存在强激波与附面层干扰,会导致附面层急剧增厚和分离,因而损失剧增。因此,为保证动叶叶栅效率,Δw_u 也不能任意增加。而且,由式(3-19)可以看出,在 c_{1a} 和 c_{1u} 一定的前提下,Δw_u 过大会导致 c_2 的增加,即静叶叶栅进口马赫数 Ma_{c2} 的增加。实践表明:Ma_{c2} 对静叶叶栅损失影响非常大。所以,受到静叶叶栅流阻损失不能过大的限制,Δw_u

也不能任意增加。

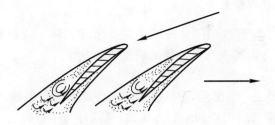

图 3-14 气流在叶背表面发生分离

4. 圆周速度

现在介绍圆周速度 u 值的选取。由轮缘功公式 $L_u = u \Delta w_u$ 可以明显地看出,提高圆周速度可以增加 L_u,从而增加级增压比,减少压气机级数,压气机轴向尺寸缩短,质量就可以减轻。近几十年来,压气机的发展正是沿着这一方向前进的。在早期的亚声速压气机设计中,圆周速度 u 受到动叶进口马赫数 Ma_{w_1} 小于"1"的限制而不能选取过大,这从式(3-18)中就可以很清楚地看到。20 世纪 50 年代后期,由于成功地研究出了超跨声速压气机,发展了适用于高马赫数的超声叶型,所以圆周速度 u 有了大幅度的提高。当然,圆周速度的选取还要兼顾到结构强度的要求,在无法满足结构强度要求的情况下,常常是气动设计会作出一些让步,因为安全可靠是第一位的。

综上所述,在确定基元级速度三角形诸参数时,充满着矛盾,必须根据压气机设计的主要要求和实践经验正确选定关键参数 c_{1a},c_{1u},u 和 Δw_u。

第五节 压气机基元级的气动设计

轴流压气机基元级是由动叶和静叶叶栅组成的,基元级的气动设计就是按照给定的设计条件所确定的基元级速度三角形,配上相应的叶栅。如果不按照基元级叶栅流动的客观规律,而是随意地给基元级速度三角形配上动叶和静叶叶栅,就可能得不到预想的基元级叶栅流动,也就得不到合乎设计要求的基元级性能。因此,正确的叶栅几何设计是实现预期的速度三角形的保证。而为了根据要求的速度三角形设计出正确的基元级叶栅,就必须找出叶栅中气体流动的规律性,也就是找出基元级速度三角形与叶栅几何参数之间的内在联系。

一般来说,基元级速度三角形与叶栅几何参数的内在联系可以由实验和理论分析两种途径获得。在早期,由于理论分析的方法不完善,手段欠缺,加之叶栅内气体流动的复杂性,主要是依靠实验的方式来进行,即采用平面叶栅进行大量的、系统的吹风实验研究方法,在当时的条件下这是一种既简单又经济的方法。尽管平面叶栅模拟的是一种平面二元静止叶栅的简化的流动,但早期的亚声速压气机叶栅的设计都是以平面叶栅的实验结果为依据的。大量的设计实践表明:以平面叶栅吹风实验结果为依据而设计的亚声速压气机叶栅都是非常成功的。在不旋转的平面叶栅风洞实验台上得到的实验结果既可用于静叶叶栅设计,也可以用来进行动叶叶栅的设计。这是因为,如果我们站在与动叶一同旋转的坐标系上去看,动叶叶栅就不再旋转了。下面首先讨论用哪些几何参数来确定平面叶栅,接着分别介绍平面叶栅的气动参数、平面叶栅的实验研究和结果,最后将简单地介绍基元级平面叶栅的气动设计。

一、平面叶栅的主要几何参数

平面叶栅是由很多几何形状相同并按照一定要求和相隔一定距离排列起来的叶型组成的,现在就来看一下叶型是由哪些几何参数来确定的。

1. 叶型的几何参数

一个典型的叶型如图 3-15 所示,它具有下列一些基本几何参数。

(1) 中弧线:通过叶型所有内切圆中心的曲线,又简称为中线。

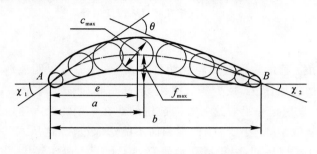

图 3-15　叶型的主要几何参数

(2) 弦长 b:中弧线与叶型型线的前后缘分别相交于 A 和 B,A 和 B 两点间的连线称为弦线,弦的长度以 b 表示。

(3) 最大相对厚度 $\bar{c}$ 及其相对位置 $\bar{e}$:叶型的最大厚度用 c_{max} 表示,它等于叶型最大内切圆的直径,这个内切圆的圆心到前缘的距离为 e。从气体动力学的观点来看,具有决定意义的往往不是绝对的数值,而是无因次的相对值,故常用相对值来表示它们的特征,即 $\bar{c}=c_{max}/b$,$\bar{e}=e/b$。

(4) 最大挠度 f_{max} 及其相对位置 $\bar{a}$:中线到弦线的最大距离称为中弧线的最大挠度,此点距前缘的距离为 a。同样,常用相对数值 $\bar{f}=f_{max}/b$ 和 $\bar{a}=a/b$ 来表示。

(5) 叶型前缘角 χ_1 和后缘角 χ_2:中线在前缘点 A 以及后缘点 B 处的切线与弦线之间的夹角。

(6) 叶型弯角 θ:由图 3-15 可知,弯角等于前缘角与后缘角之和,即 $\theta=\chi_1+\chi_2$。它表示叶型弯曲的程度,θ 越大,则叶型弯曲得越厉害。

(7) 叶型型面:叶型的型面通常用 $X-Y$ 坐标来表示。亚声速基元级的叶型坐标通常是由选定的原始叶型(由风洞吹风实验获得的最佳对称叶型厚度沿弦长的分布)覆盖在确定的中线上获得的。叶型的凸面又称吸力面或叶背,叶型的凹面又称压力面或叶盆。

2. 叶栅的几何参数

当把叶型排成叶栅时,也有一定的要求。决定叶栅的几何参数(见图 3-16)如下:

(1) 叶型安装角 β_y:此角度表示叶型在叶栅中安装时的倾斜程度。它是叶型的弦线与额线的夹角,额线就是分别联结所有叶型前缘 A 点和后缘 B 点的直线。

(2) 叶距(或称栅距)t:两相邻叶型对应点之间沿额线方向的距离。

在叶型几何参数已确定的情况下,根据叶型安装角 β_y 和栅距 t 就可以完全确定叶栅的几何形状了。但是,在应用实践中,下面两个参数应用更直接、更方便,使用也最多。

(3) 叶栅稠度 τ:稠度等于弦长与栅距的比值,它表示叶栅相对稠密的程度,也称为叶栅实度。

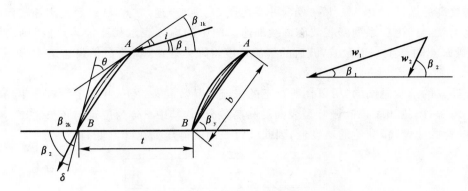

图 3-16　叶栅的主要几何参数

（4）几何进口角 β_{1k} 和几何出口角 β_{2k}：它们分别是中弧线在前缘点 A 和后缘点 B 处的切线与叶栅额线的夹角，可以由叶型的前后缘角 χ_1 和 χ_2 以及安装角 β_y 计算得到。这两个角度是确定气流在叶栅进口处和出口处方向的参考基准。几何进口角和几何出口角又可称为进口构造角和出口构造角。

二、平面叶栅中的气体流动

为了运用上述几何参数合理地设计出叶栅通道，以保证预期的速度三角形的实现，就需要了解平面叶栅中气流流动的机理，以便能够进一步分析几何参数对流动的影响。

现在用图 3-17 所示的平面叶栅为例，来研究叶栅中的气体流动。假设此叶栅前方来流马赫数 Ma_1 为 0.8 左右，出口马赫数 Ma_2 为 0.6 左右，来流平行于中弧线在前缘处的切线，大体上近似于设计状况的气流方向。

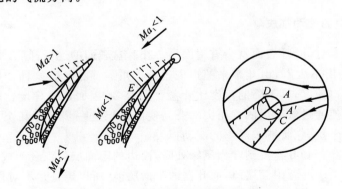

图 3-17　叶栅中气流的流动机理

如图 3-17 所示，叶型前缘是一个半径为 r_1 的小圆圆周的一部分，当气流流到前缘处时就分成两股，一股流向叶背，一股流向叶盆，于是在前缘小圆周上就出现了一个分叉点 A'。在点 A' 处的气流不可能有两个速度，于是点 A' 的速度应等于零，该点称为前驻点。前驻点不一定与前缘点 A 重合在一起，而且点 A' 是随来流情况而变化的，不会是一个固定点。

气流在前驻点分成两股，分别流向叶背和叶盆。由于前缘半径很小，所以曲率就很大，这就造成绕小圆流动时角加速度很大的加速流动。由于叶背型面为外凸型,叶背表面上的气流会加速到更高的速度,如图 3 - 17 所示,可能在点 D 达到声速,在点 D 以后超声速气流绕叶背的凸面流动就会产生一系列膨胀波而继续加速。图中的虚线表示膨胀波,点画线则表示声速线,当达到 E 点时产生一道激波,波后的气流速度将降为亚声速,并在扩张通道中进一步减速至尾缘。

由于叶盆的形状是凹的,所以在所给定的来流马赫数和条件下,叶盆上没有产生局部超声速流动。图 3-18 给出了该叶栅叶型表面的马赫数分布(其中 x/b 为位置与弦长之比),从中可以看到,叶背的速度高,叶盆的速度低,因此叶背表面的静压要比叶盆低。

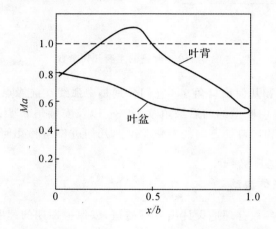

图 3 - 18　叶型表面的马赫数分布

高性能的叶栅设计就是控制叶栅中叶型表面的马赫数分布,因为平面叶栅中的流动损失与叶型表面马赫数的分布有着直接的联系。下面就介绍一下平面叶栅中的流动损失。

三、平面叶栅中的流动损失

由于气体存在黏性,叶片表面就会有附面层。在叶盆表面的逆压梯度(沿流动方向的正压力梯度)不大,附面层不太厚,由此带来的损失也不严重。而在叶背表面,气流速度从叶背上的最大速度降为出口速度,其下降的程度比叶盆要大得多,因而逆压梯度比较大,而且还可能会有激波存在。气流通过激波后的静压突然升高使附面层进一步增厚甚至分离,这就是所谓的激波与附面层的干扰,它将造成严重的流动损失。

当气流分别由叶背和叶盆流到叶型尾缘处时,两边的附面层就汇合而成为叶片的尾迹,如图 3-19(a)所示。由于叶背附面层厚,而叶盆的附面层薄,所以尾迹是不对称的。在尾迹区中的总压比主流区低得多,这也是损失的主要部分。

由于尾迹区与主流区的总压和流速均不相同,在叶栅下游就会产生掺混和拉平现象,这类似于气动中的射流。随着流动向下游发展,尾迹就会逐渐变宽,主流区和尾迹区的不均匀程度逐渐减少。在尾迹与主流的掺混过程中也伴随有损失的产生,这部分损失称为尾迹掺混损失。

由以上的分析可知,平面叶栅中的流动损失由下列各项组成:

(1)附面层内气体的摩擦损失。

（2）附面层的分离损失，尤其是激波-附面层干扰会加重分离，导致分离损失急剧增加。

（3）尾迹损失，即叶型上、下表面附面层在后缘汇合而形成涡流区导致的流动损失。

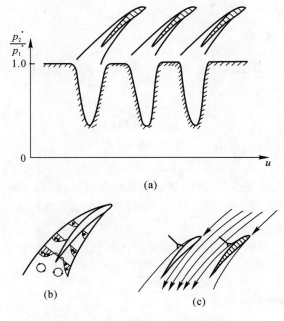

图 3－19　平面叶栅中的叶型损失

（a）叶型后缘处尾迹以及总压损失分布；

（b）叶型上下壁表面附面层的分离；　（c）波阻损失

（4）尾迹与主流区的掺混损失，或称尾迹后气流的调匀损失。由气体动力学可知，速度不等的气流在掺混时会产生动量交换并造成损失。

（5）气流流过激波而导致的总压下降。叶栅中出现超声速区就必定存在激波。实践表明：由激波本身导致的损失远较激波-附面层干扰引起的流阻损失小。

在叶栅通道设计合理，来流方向和叶栅进口几何方向一致时，叶背上附面层不分离，于是损失就比较小，效率就比较高。若来流方向不合理，造成叶片表面附面层分离，则会带来较大损失。这说明叶栅几何参数与气动参数协调与否对叶栅流动有较大的影响。

四、平面叶栅的气动参数

叶栅流场中每一点的流动参数都不相同。但是，从总体或平均意义上来看，可以沿额线方向在一个栅距内取平均值，以代表叶栅的远前方和远后方完全均匀的气动参数。用 $1-1$ 截面表示栅前，$2-2$ 截面表示栅后，并对气动参数标以注脚"1"或"2"，则一个叶栅有下列的基本气动参数（见图 $3-16$）：

（1）进气角 β_1：在 $1-1$ 截面处气流来流方向与额线的夹角。

（2）攻角 i：气流进气角 β_1 与叶栅几何进口角 β_{1k} 之间的夹角，$i=\beta_{1k}-\beta_1$。

（3）出气角 β_2：在 $2-2$ 截面处气流方向与额线方向的夹角。

（4）落后角（又称脱轨角）δ：气流出气角 β_2 与叶栅几何出口角 β_{2k} 之间的夹角为落后角，$\delta=\beta_{2k}-\beta_2$。

(5)气流转折角 $\Delta\beta$:它表示气流流过叶栅流动方向发生的改变,即

$$\Delta\beta = \beta_2 - \beta_1 = (\beta_{2k} - \delta) - (\beta_{1k} - i) = \beta_{2k} - \beta_{1k} + i - \delta = \theta + i - \delta \quad (3-20)$$

(6)损失系数 $\bar{\omega}$:它表征气流流过叶栅的总损失,其定义式为

$$\bar{\omega} = \frac{p_1^* - p_2^*}{p_1^* - p_1} \quad (3-21)$$

为了使用方便,利用叶栅总压恢复系数的关系式 $\sigma = p_2^*/p_1^*$ 和气动函数,式(3-21)可以表示为

$$\bar{\omega} = \frac{1 - \sigma}{1 - \pi(Ma_1)} \quad (3-22)$$

(7)叶栅进口马赫数 Ma_1 和出口马赫数 Ma_2。

(8)叶栅的静压增压比 p_2/p_1。

在上述的平面叶栅气动参数中,有的参数表征来流特征,例如 Ma_1 和 β_1;有的表征气动参数和叶栅几何参数的关系,例如攻角 i 和落后角 δ;有的气动参数则表征叶栅气动性能,例如气流转折角 $\Delta\beta$ 和增压比 p_2/p_1 以及损失系数 $\bar{\omega}$。上述气动参数之间还存在着密切的关系,平面叶栅实验研究正是研究具有不同几何特征的叶栅在不同的来流条件(进口马赫数 Ma_1 和攻角 i)下的气动性能。

五、亚声速平面叶栅实验及结果

当压气机平面叶栅的来流马赫数 $Ma_1 < 1$ 时进行的试验,称为亚声速压气机平面叶栅实验。然而,即使在 $Ma_1 = 0.75$ 左右时,叶栅的流场中也常常包含有局部超声区,因而有激波、激波-附面层干扰、附面层分离以及主流区和尾流区的掺混问题。对于这种复杂的流动情况,难以完全依靠计算的方法来获得准确的定量结果,因此,平面叶栅实验仍然是获得可靠数据的一种手段。平面叶栅实验研究是在平面叶栅风洞上进行的,下面首先介绍亚声速平面叶栅风洞,然后讨论平面叶栅的实验结果。

1. 亚声速平面叶栅风洞

图3-20所示为一亚声速平面叶栅风洞的简单示意图。

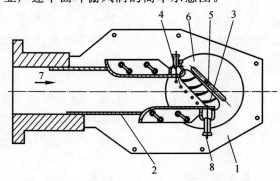

图3-20　亚声速平面叶栅风洞示意图

1—风洞基础;2—可移动的风洞侧壁;3—实验叶栅;

4—栅前静压测量孔;5—测量栅后静压、总压和方向的可移动测量装置;

6—改变气流攻角的可转动圆盘;7—进口气流方向;8—抽吸侧壁附面层的抽吸装置

风洞由上游处的气源压气机供气,气流沿图中箭头所示方向流入风洞的收敛段。在亚声速流动条件下,气流经收敛段而加速,在顺压力梯度的流动条件下,风洞壁面上的附面层将变薄,流场将更加均匀。进行实验的叶栅安装在风洞收敛段下游。

为了足够精确地用有限个叶片的叶栅来模拟无限叶栅(沿圆周所切得的环形叶栅展开在平面上相当于无限叶栅),在风洞中安装的叶片数目应不少于 7 片。为了减少风洞壁面上的附面层影响,叶片相对高度 h/b 应不小于2.0,即 $h/b \geqslant 2.0$。为了进一步减少风洞四周壁面上的附面层影响,还采用了抽吸壁面附面层的装置(用来抽掉附面层内的低能气体)。此外,为了减少外界大气对气流的影响,还可采用栅后导流板,以使得连接叶片的端板向后面延伸。

测量数据应该在中间的一两个叶片通道处进行,以减少风洞侧壁的影响。同时,应在中间叶片的半叶高截面上测量气流参数,以避免上下壁面附面层的影响。在进行平面叶栅实验前,将叶片按照所要求的稠度 τ 和安装角 β_y 固定在圆盘上,转动叶栅圆盘可以改变来流与叶栅的相对位置,从而改变气流攻角,控制气源压气机的出口总压可以控制来流马赫数的变化。

对应于每一个来流条件,测出并记录栅前和栅后的气动参数,就可以计算出叶栅性能参数 $\Delta\beta$ 和损失系数 $\bar{\omega}$。改变来流条件并作测量和计算,便可获得叶栅的气动性能曲线

$$\Delta\beta = f_1(i, Ma_1), \quad \bar{\omega} = f_2(i, Ma_1)$$

在来流马赫数比较低的条件下(如 $Ma_1 < 0.4 \sim 0.6$),叶栅性能主要取决于气流攻角,这时 $\Delta\beta = f_1(i)$ 和 $\bar{\omega} = f_2(i)$ 被称为平面叶栅的攻角特性或正常特性。

2. 平面叶栅的攻角特性

图 3-21 所示为某叶栅的攻角特性。

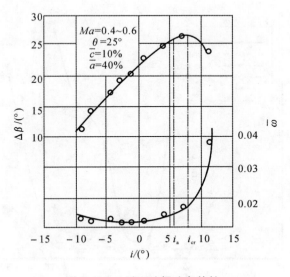

图 3-21 平面叶栅攻角特性

可以看出,随着攻角从负值逐渐增大,气流转折角随攻角成正比例地增大,而损失系数 $\bar{\omega}$ 则变化不大。这是因为在攻角还不太大的情况下,气流还没有从叶片表面上分离,气流的落后角 δ 基本不变,由 $\Delta\beta = \theta + i - \delta$ 的公式可以看出,对于给定叶栅(θ 不变),$\Delta\beta$ 与攻角 i 呈线性变化;在无分离的流动中,气流损失基本上由附面层内的摩擦引起,所以 $\bar{\omega}$ 也基本上不变。当

攻角增大到某一数值 i_n 时,叶片表面的气流开始出现分离,落后角 δ 逐渐增大,随着 i 的增加,$\Delta\beta$ 的增大逐渐变慢,$\bar{\omega}$ 逐渐增加(这是由于分离损失的出现和增加)。当攻角增加到临界攻角 i_{cr} 时,$\Delta\beta$ 达到最大值 $\Delta\beta_{max}$。若再继续增加攻角,$\Delta\beta$ 很快下降,而 $\bar{\omega}$ 急剧上升。这是因为,在 $i > i_{cr}$ 以后,气流发生严重分离。

应该指出,当负攻角很大时,也会导致 $\bar{\omega}$ 的显著增加,这时在叶盆处会出现较大的分离区。

图 3-22 给出了不同攻角下气流分离情况的示意图。

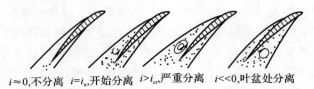

$i \approx 0$,不分离　$i = i_n$,开始分离　$i > i_{cr}$,严重分离　$i << 0$,叶盆处分离

图 3-22　不同攻角情况下的气流分离

3. 进口马赫数 Ma_1 对攻角特性的影响

图 3-21 只画出了某套平面叶栅的低进口马赫数($Ma_1 = 0.4 \sim 0.6$)情况下的攻角特性。当进口马赫数 Ma_1 大于 0.7 时,它开始对攻角特性有明显的影响。所以,对于每一套叶栅而言,应当有如图 3-23 所示的曲线簇:

$$\Delta\beta = f_1(i, Ma_1), \quad \bar{\omega} = f_2(i, Ma_1)$$

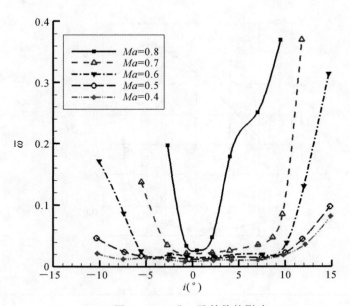

图 3-23　进口马赫数的影响

如图 3-23 所示,横坐标仍为攻角 i,Ma_1 则作为参变量,叶栅攻角特性中的损失系数与攻角的关系为一曲线簇。由图 3-23 可以看出,随着进口马赫数 Ma_1 的增加,低损失系数的攻角范围变得很窄,而且 $\bar{\omega}$ 的最小值也增加了,因而叶栅效率也明显下降。上述现象产生的原因是

由于叶栅通道中出现了局部超声区。这时激波出现，而且激波与附面层的干扰不可避免，它会加重气流的分离，这是导致 $\bar\omega$ 上升的主要原因。工程上定义发生损失系数 $\bar\omega$ 急剧增大时所对应的叶栅进口马赫数为临界马赫数，用 Ma_{cr} 表示。在平面叶栅实验中，可以确定某一叶栅在某攻角时的临界马赫数的值作为设计准则，在设计时应保证设计叶栅的进口马赫数 $Ma_1 <$ Ma_{cr}。采用最大厚度和最大挠度位置后移的薄叶型，通常可以提高叶型的临界马赫数。

六、平面叶栅的额定特性

图 3-24 所示为平面叶栅的额定特性（又称通用特性），它是由大量几何参数不同的叶栅实验结果汇集而成的曲线簇，用来确定叶栅稠度。先举一个简单例子说明它的用法，然后再探讨如何从大量的平面叶栅实验结果总结出这个曲线簇。

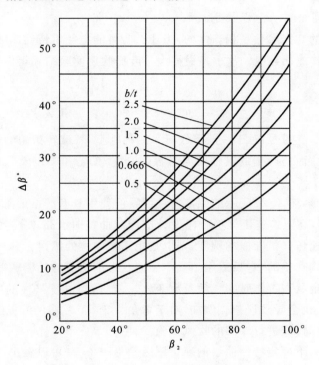

图 3-24 平面叶栅额定特性

叶栅设计的任务之一就是根据给定的速度三角形，正确确定叶栅的稠度。实现一定的速度三角形必须选择足够大的稠度。例如，已知某基元级速度三角形的动叶流入角 $\beta_1 = 50°$，而流出角 $\beta_2 = 80°$，为实现这一速度三角形，由图 3-24 可查出（由 $\Delta\beta = 80° - 50° = 30°$ 和 $\beta_2 = 80°$ 查得）稠度 $\tau = 1.20$；若令 $\beta_1 = 40°$，β_2 仍为 $80°$，则从图 3-24 查得 $\tau = 2.5$。可见，在工程设计中，应用额定特性是很方便的。

现在来看看这个额定特性线是如何得到的。由图 3-24 可见，在这张图上的曲线簇，稠度由 0.5 变到 2.5，β_2 由 $20°$ 变到 $100°$，$\Delta\beta$ 由 $0°$ 变到 $55°$。这就说明，这张图绝不可能由一套叶栅的实验结果来得到，必定是稠度由稀到密、弯角由小到大、叶片安装角也由斜到正一系列具有不同几何参数叶栅的大量系统吹风实验结果汇总后得到的。也就是说，图 3-24 曲线上面的每一个点应该对应于一套具体的叶栅几何参数,从而代表一个具体叶栅。对于每一个具体叶栅,通过叶栅风洞吹风实验都会得到如图 3-21 那样的叶栅攻角特性。因此,额定特性图 3-24 实际上是由很多套叶栅的攻角特性曲线综合整理得来的。但是,对于一个具体叶栅来说,转角 $\Delta\beta$ 是随攻角而变化的,那么应当将攻角特性上面哪个点画到额定特性上呢?

从实现最大的对气流加功或扩压来看,自然希望选取 $\Delta\beta_{max}$。但是,从攻角特性上可以看到,在最大转角时,所对应的损失系数 ϖ 已经很大了,这会导致叶栅效率较低,而且工作时如果攻角再增大,则气流转折角将降低,损失也更大。因此,在选取攻角特性上的额定点时,应该对增压加功和效率两个方面都兼顾到,同时,还应使叶栅有一定的偏离设计工况的裕度,为此,选取 $\Delta\beta=0.8\Delta\beta_{max}$ 为叶栅的额定工作点(即设计工作点)。图 3-24 正是从大量叶栅的攻角特性中取出 $\Delta\beta=0.8\Delta\beta_{max}$ 额定工作点汇集整理而成的,对应于额定工作状态的气流参数都在其右上角注以"*"号,例如 i^*,β_2^* 以及 δ^* 等。

描述一套叶栅的几何参数是相当多的,为什么有可能把额定特性图线整理成 $\Delta\beta^*=f(\tau,\beta_2^*)$ 而无须反应出其他参数呢?这也是根据大量叶栅吹风实验结果得出的结论。通过实验发现,在

$$\frac{b}{t}=0.5\sim2.5,\quad \theta=0°\sim40°,\quad \bar{a}=0.4\sim0.45,\quad \bar{c}=0.05\sim0.12,\quad i=\pm5°$$

以及在 $Ma_1<Ma_{cr}$ 范围内,对于一般压气机采用的叶型,气流转折角的额定值主要与稠度及额定出气角 β_2 有关,而与叶栅的其他几何参数(如叶型的弯角 θ 以及叶型的相对厚度 $\bar{c}$ 等参数)基本无关。

但必须强调的是,图 3-24 所示的额定特性曲线的使用具有严格的限制条件。首先是进口马赫数 Ma_1 的限制,高亚声速压气机叶栅设计应用此曲线时会带来较大的误差,如果用这套曲线来确定超跨声速压气机叶栅的稠度,则更是犯了原则性的错误。其次,该特性曲线是攻角在 $-5°\sim+5°$ 范围内获得的,它只适用于确定额定状态下所需的叶栅稠度值,绝对不能用它来分析叶栅在偏离额定状态工作时的气动参数变化。最后,当对于其他的叶栅几何参数超出上述给定范围太多时,也会导致误差。例如,对于弯角大于 50° 左右的叶栅,由图 3-24 曲线确定的稠度往往偏高,这时,应进行专门的吹风实验。

下面简单解释一下额定特性曲线的变化原因。由图 3-24 可以看出,在 β_2^* 一定的前提下,稠度 τ 愈大,则可实现的额定转折角 $\Delta\beta^*$ 愈大。这是因为稠度加大,弯曲通道对气流的作用长度加长,因而允许气流有更大的扩压程度。如图 3-25 所示,稠度加大,有效的叶栅通道(虚线所示)加长。而稠度一定的前提下 β_2^* 愈大,则对应于可实现的额定转折角 β_2^* 也愈大。这是因为额定出气角 $\Delta\beta^*$ 大,意味着叶栅安装角大,叶栅通道的有效作用长度也会增加(见图 3-26),气流不易分离。

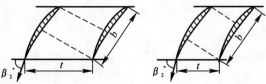

图 3-25　稠度对叶栅通道有效长度的影响

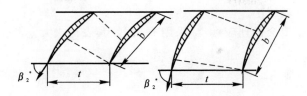

图 3-26　β_2^* 对叶栅通道有效长度的影响

七、基元级叶栅的扩散因子

我们已经知道,压气机叶栅的气流通道是扩张型状的,当气流在扩张型通道中流动时,逆压力梯度导致,叶片表面附面层容易分离。叶片表面附面层的严重分离将使流动损失急剧增加,因此,允许的扩张程度要受到限制。如何描述压气机叶栅的扩张程度呢? 一种称为扩散因子(D 因子)的参数不仅可以评定叶栅通道的扩张程度,还被用作为设计准则,以控制叶片的气动负荷。下面介绍 D 因子的概念,并推导其计算式。

图 3-27 所示为气流流过叶栅的速度分布,可以看出,栅前气流以速度 w_1 流过叶背时首先加速到最大速度 w_{max},然后才减速到栅后速度 w_2。如前所述,压气机叶栅流动损失急剧增加的主要原因是由于叶背上的附面层分离,而导致叶背附面层分离的主要原因则是叶背上最大速度点至尾缘这一段的巨大逆压强梯度。如何用最简单的方法来把这个逆压强梯度表示出来,以建立起叶栅几何参数和气动参数与逆压强梯度之间的关系,是定义扩散因子参数的目的。

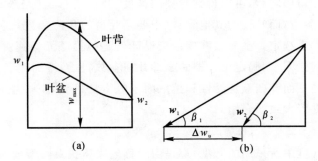

图 3-27　扩散因子的物理意义示意图

沿叶背的气流扩压与沿叶背的气流减速是完全一致的。而使用速度来定义扩散因子 D 则便于直接将其与速度三角形参数以及叶栅稠度相联系起来。由图 3-27 定义 D 因子为

$$D = \frac{w_{max} - w_2}{w_{max}} \tag{3-23}$$

式中,分子项表示气流流过叶栅的最大速度降,它表征了逆压强梯度的大小。

可以看出,式(3-23)在使用时很不方便,一般情况下 w_{max} 的数值是很难准确确定的,因此,必须对其进行简化。由实验发现

$$w_{max} \approx w_1 + \frac{\Delta w_u}{2\tau} \tag{3-24}$$

式中,Δw_u 为扭速,显然,Δw_u 越大,则 w_{max} 就越大;τ 为稠度,稠度越大,则叶栅对气流流动的

限制作用就越强，$w_{\max}$ 就越小。

此外，作为 D 因子定义的比较标准，采用 w_1 能使其表达式大大简化，故

$$D = \frac{w_{\max} - w_2}{w_1} \qquad (3-25)$$

由此可以得到

$$D = 1 - \frac{w_2}{w_1} + \frac{\Delta w_u}{2 w_1 \tau} \qquad (3-26)$$

式（3-26）为 D 因子计算的表达式，由其定义式可以看出，D 因子的物理意义是表征气流流过叶栅的相对扩压程度的大小。

根据实验结果和经验数据，动叶叶尖的 D 因子应不大于 0.4，否则会导致较大的损失。动叶沿叶高的其他部位以及静叶的 D 因子以不大于 0.6 为宜，不然也将会导致叶栅效率下降。前面讨论过平面叶栅的额定特性使用限制比较严格，不适用于高亚声速叶栅及超跨声速叶栅稠度的确定。而扩散因子具有明确的物理意义，不论是低速叶栅还是高速叶栅，叶背气流的附面层分离都是由于气流流动的逆压力梯度造成的，只要控制了叶背的气动负荷（即扩压程度），也就可以避免叶片表面的附面层分离。因此，只要给定了许用的 D 因子数值，就可以采用式（3-26）来确定低速和高速叶栅的稠度。

八、基元级叶栅造型设计

平面叶栅实验数据将叶栅几何参数与基元级速度三角形参数联系了起来，但这只是说明，确定了基元级速度三角形之后，可以得到叶栅的稠度、叶型的弯角（先选定攻角）、叶型进口几何角、出口几何角等参数，而叶栅的其他参数（主要是叶型的几何参数）还是不确定的，这些只有通过考虑其他因素来选定。基元级叶栅造型设计就是根据基元级速度三角形、平面叶栅实验结果及应考虑的其他因素，确定出叶栅的全部几何参数，从而得到叶型和叶栅。叶栅的稠度可以利用前面讲到的平面叶栅额定特性和扩散因子等方法确定，下面主要就叶栅的其他参数的确定方法和原则进行大致的介绍。

1. 叶型选择

目前亚声速压气机中所采用的叶型，都是由对称的飞机机翼叶型或薄翼螺旋桨叶型，按一定要求弯曲而成的。未弯曲之前的对称叶型，称为原始叶型（又称为基准叶型）。在压气机叶栅叶型的设计中，首先要根据不同的设计条件选择原始叶型。亚声速压气机叶栅设计时常用的原始叶型有三种，表3-1中给出了这三种原始叶型的型面坐标数据，其中的叶型弦长选取为标准长度 100，而厚度（即 Y 坐标）分布则为对称的，因此表中只给出了半厚度的数值。

表 3-1(a)　C-4 叶型（$\bar{x}$、$\bar{y}$ 分别为弦长之百分值）

$\bar{x} = (x/b) \times 100\%$	0.00	1.25	2.50	5.00	7.50	10.00	15.0	20.0
$\bar{y} = (y/b) \times 100\%$	0.00	1.65	2.27	3.08	3.62	4.02	4.55	4.83
$\bar{x}$	30.00	40.00	50.00	60.00	70.00	80.00	90.00	95.00	100.00
$\bar{y}$	5.00	4.89	4.57	4.05	3.37	2.54	1.60	1.06	0.00

表 3 - 1(b)　　NACA65 - 010 叶型

$\bar{x}$	0.00	0.50	0.75	1.25	2.50	5.00	7.50	10.00	15.00
$\bar{y}$	0.00	0.772	0.932	1.169	1.574	2.177	2.647	3.040	3.666
$\bar{x}$	20.00	25.00	30.00	35.00	40.00	45.00	50.00	55.00	60.00
$\bar{y}$	4.143	4.503	4.760	4.924	4.996	4.963	4.812	4.530	4.146
$\bar{x}$	65.00	70.00	75.00	80.00	85.00	90.00	95.00	100.00	
$\bar{y}$	3.682	3.156	2.584	1.987	1.385	0.810	0.346	0.00	

表 3 - 1(c)　　BC - 6 叶型

$\bar{x}$	0.00	0.50	2.50	5.00	7.50	10.00	20.00	30.00	40.00
$\bar{y}$	0.00	0.80	1.86	2.59	3.10	3.54	4.56	4.92	5.00
$\bar{x}$	50.00	60.00	70.00	80.00	90.00	95.00	99.47	100.00	
$\bar{y}$	4.86	4.45	3.78	2.86	1.74	1.15	0.63	0.00	

　　通过平面叶栅吹风实验,发现对于气动性能(如临界马赫数等)影响较大的几何参数包括叶型最大相对厚度 $\bar{c}$ 及其相对位置 $\bar{e}$、中弧线的最大相对挠度 $\bar{f}$ 及其相对位置 $\bar{a}$,以及原始叶型的厚度分布等,应该根据叶栅进口马赫数的大小来考虑上述参数的选择。

　　从气动观点看,最大相对厚度愈大,叶栅的临界马赫数就愈低。因此,在强度和工艺允许的条件下,叶型应该尽量薄一些,以便提高临界马赫数。叶型的最大厚度直接影响叶片的强度,特别是动叶叶根截面,因而必须全面考虑。动叶叶尖的相对马赫数通常较高,$\bar{c}$ 应选取较小的数值,一般情况下 $\bar{c} = 0.025 \sim 0.04$,根部截面所受到的拉伸应力最大,$\bar{c}$ 的选取数值范围为 $0.08 \sim 0.12$。

　　高速叶型的 $\bar{e}$ 较大,也就是说叶型最大厚度的相对位置后移,这样可以提高叶栅的临界马赫数,而 $\bar{e}$ 较小的叶型则具有较好的低速性能。如低速的 C - 4 叶型 $\bar{e} = 0.30$,BC - 6 叶型的 $\bar{e} = 0.40$,双圆弧叶型的 $\bar{e} = 0.50$,而高速的 T - 1 叶型 $\bar{e} = 0.65$。

　　叶型中弧线的最大相对挠度是与叶型弯角紧密联系在一起的,显然,$\bar{f}$ 越大,叶型的弯角就越大,则叶栅的临界马赫数愈小。最大挠度的相对位置 $\bar{a}$ 对叶栅气动性能的影响与 $\bar{e}$ 的影响结果类似。低速叶型的 $\bar{a}$ 值较小,而高速叶型的 $\bar{a}$ 数值较大,如 C - 4 叶型和 BC - 6 叶型的 $\bar{a} = 0.45$,圆弧中线的 $\bar{a} = 0.50$。

　　上述给出的三种原始叶型的最大相对厚度等于或接近 10%。如果设计要求的最大相对厚度不相同,可将上述原始叶型按比例缩小或放大。这三种叶型的厚度分布规律(Y 坐标的变化规律)是不相同的,有的在前面部分"胖"一些,而有的前面部分"瘦"一点,可根据具体要求来选用。

　　还有其他类型的原始叶型厚度分布规律,可以参考有关文献。

　　2. 攻角的选择和落后角的确定

　　攻角的选取非常重要,它直接影响效率和失速裕度,其选取主要是以实验或经验为基础的。而且,随着所选用的原始叶型不同以及叶栅在叶高的位置不同,应选取不同的数值。当然,动叶和静叶的攻角选取的数值也会有差别。此外,在选取攻角时,不能只追求设计点的性能最佳,还要兼顾到压气机非设计工况的性能和稳定性等,要综合考虑。最后,攻角的数值中还应计及三元的影响。

对于压气机设计来说,落后角 δ 的数值也是非常重要的,它不仅影响到叶栅的加功和扩压,而且还影响到下一排叶栅的气流流入角。二元叶栅落后角的确定是以大量平面叶栅吹风实验数据为基础而整理出的经验关系式:

$$\delta^* = m\theta\sqrt{\frac{t}{b}} \qquad (3-27)$$

式中,δ^* 为叶栅在额定状态下的落后角;θ 为叶型的弯角;t 为栅距;b 为弦长;m 为经验系数,对于一般叶型(如上述的 C-4 叶型、BC-6 叶型等),可使用如下的经验公式:

$$m = 0.92(\bar{a})^2 - 0.002\beta_2^* + 0.18 \qquad (3-28)$$

式中,β_2^* 采用(°)为单位。

由于叶型的弯角 θ 与落后角 δ^* 是有关的,式(3-27)并不便于直接应用。将式(3-27)与 $\Delta\beta^* = \theta + i - \delta^*$ 联立,先求出叶型弯角 θ 的数值,然后再由式(3-27)求出 δ^*。联立得到 θ 的计算式为

$$\theta = \frac{\Delta\beta^* - i^*}{1 - m\sqrt{\frac{t}{b}}} \qquad (3-29)$$

还有与式(3-27)类似的其他经验公式,可参考有关资料。

必须指出,应用上述公式求得的落后角 δ^* 为二元平面叶栅的,在进行压气机设计时,必须计入三元影响对落后角进行修正,尤其在端壁区的落后角修正量还与结构形式(例如静叶和机匣的连接形式等)有紧密的关联,这些经验修正数据必须而且只可能从单级或多级压气机的实验中获得。

攻角和落后角确定后,就可以根据基元级速度三角形中的气流进、出口角度,确定出叶型的进、出口几何角。

3. 中弧线的确定

亚声速叶栅叶型的造型方法是先根据叶栅叶型的弯角确定出中弧线,然后再将所选定的原始叶型按照其相对厚度分布规律覆盖在中弧线上。常用的中弧线有抛物线、单圆弧和多圆弧。实验结果表明:在低速时采用抛物线的中线损失小,在高速时,则可采用单圆弧或多圆弧中线。

对于二次曲线的中弧线方程,只要根据叶型弯角 θ 分配好前缘角 χ_1 和后缘角 χ_2 的比例,便可根据解析几何知识解出中线方程。

4. 弦长和叶片数目的确定

一般来说,基元级叶栅中叶型的弦长 b 与基元级叶栅所在的径向位置有关。因为叶片各半径上的稠度是由该径向位置处的速度三角形决定的,弦长必须满足稠度的要求;另外,由于叶片的安装和工作叶片的强度要求,叶片根部叶型的弦长和稠度有一定的限制。因此,平均半径和叶尖处叶型的弦长,应该由其稠度要求和叶根处叶片安装强度要求来决定。

同样的稠度,也可以通过不同的弦长来实现。20 世纪 60 年代以前,英、美发动机的压气机

设计一般采用短弦长即大展弦比(叶片高度与弦长之比)设计,以获得高效率(减少内外端壁的影响),并可以减少压气机轴向尺寸,降低质量。以往的大量实践表明:对于平均级增压比低的压气机而言,这种设计是成功的。到了60年代以后,随着压气机平均级增压比显著增大,这样的设计就带来了一些问题。实验结果表明:对于高的级增压比的叶栅不宜采用小弦长大展弦比的设计,否则会使压气机的失速裕度明显下降。这就是为什么现代的核心压气机的后面级,尽管叶片高度很小(内外端壁的影响很大),仍然采用宽弦长设计的原因。进口级压气机或风扇对于保证整台压气机失速裕度具有决定意义。实践表明:采用加宽进口级压气机或风扇弦长的方法(增大1/3左右),成功地排除了压气机或风扇不稳定工作的故障,扩大了压气机或风扇的稳定工作范围。此外,弦长应选择得足够大,以保证雷诺数 $Re > 2 \times 10^5$。

在选定弦长以后,再通过选择叶片数目 z 来计算各截面的实际稠度。这个实际稠度应大于或等于各截面上气动所需的稠度。

这样,基元级叶栅叶型的气动设计就完成了。

第六节　轴流压气机级的工作原理

一、压气机叶片为什么要做成扭的

如前所述,压气机级是由沿叶片高度的很多个基元级叠加而成的,虽然各基元级的基本工作原理完全一样,但是各基元级的具体工作条件和流动情况却是互不相同的。不仅如此,在不同半径流面上的气流参数、速度三角形的形状还有着相互联系和相互制约的关系,即不同半径上基元级之间的共同工作条件。要想获得预期的流动,必须保证气流参数满足这一共同工作条件。

当压气机级的某个半径(一般为平均半径)的基元级速度三角形已经确定了,其他半径处的基元级速度三角形如何来确定? 在压气机设计中,使压气机级具有尽可能高的加功量和效率,是压气机级的气动设计和研究的主要目的之一,它决定了叶片沿叶高的扭转和叶型的变化。那么,要使级具有尽可能高的加功量和效率,叶片沿叶高为什么就非扭不可呢?

由于沿叶高各基元级是在不同条件下工作的,例如,沿叶高不同半径处切线速度就不相同,因此其流动参数、速度三角形也不可能一样。通常,人们看到的压气机叶片多是做成扭的,从叶根到叶尖,不仅叶型弯角不同,而且叶型安放的倾斜程度也不相同。如图3-28所示,尖部叶型弯角小,叶型安装的倾斜度大,而叶片根部的叶型弯度大,叶型安装倾斜度小(即更接近于轴向)。下面就以轴向均匀进气的第一级动叶工作情况来简要说明叶片沿叶高必须扭转。

首先分析流入动叶尖、中、根部三个位置基元级的气流进口速度三角形。

在轴向进气条件下,沿叶片整个高度上的气流切线分速度 c_{1u} 均等于零,在进口气流参数均匀的情况下,沿叶高气流轴向分速度 c_{1a}

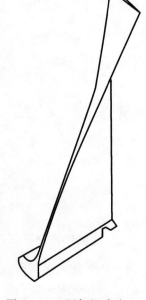

图3-28　压气机动叶

相等,而圆周速度则是在叶尖处最高,叶根处最小,于是,得到如图3-29所示的动叶进口速度三角形,其规律为 $\beta_{1t} < \beta_{1m} < \beta_{1h}$。为了减少气流流入动叶的流动损失,应使动叶叶型进口几何方向基本对准相对气流的来流方向 β_1,所以动叶叶型必须是尖部叶型进口几何角小,根部叶型进口几何角大。

现在再来分析动叶沿叶高各截面的出口速度三角形。应该指出,气流出口速度三角形可以因为设计原则不同而有差异。通常,在可能的条件下,都希望在动叶出口处获得气流总温、总压等参数沿叶高接近均匀的设计,以减少出口气流参数不均匀所带来的附加掺混损失。如为了保证动叶出口总温接近均匀就应该采用沿叶高接近等功的设计,由轮缘功公式 $L_u = u\Delta w_u$ 可知,动叶尖部圆周速度大,做功能力也大。而动叶根部的圆周速度比叶尖小,为了保证叶根处与叶尖处的做功数值大致相等,动叶叶片根部叶型应该比动叶叶尖的叶型有更大的弯角和出气角 β_2(以获得大的 Δw_u)。图3-29示出了沿叶高不同位置的速度三角形和相应的叶型,可见尖部叶型弯角小、出气角小,根部叶型弯角大且出气角更大。叶片越长,扭得就越厉害。实践证明,这样的设计能够保证较高的压气机效率。

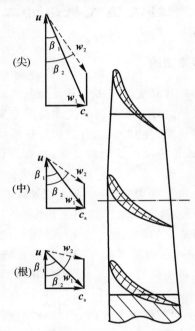

图 3-29   不同半径上的速度三角形及对应的叶型断面示意图

以上只是从定性的角度分析了必须对叶片进行扭向设计和怎样进行扭向设计的大致思路,下面将更深入和严格地研究沿叶高不同半径上气流参数间必须遵循的共同工作条件。

二、简化径向平衡方程及其应用

从上述的分析可以看出,不同半径位置的气流参数、速度三角形形状等是互不相同的,它们之间存在着一定的制约关系,这些关系可以根据气体运动的基本规律(质量守恒、动量守恒、能量守恒等方程和完全气体状态方程)得出。但是,由于气体在叶片机内部流动过程的复杂性(包括复杂的叶片几何、带激波的超声速流动与亚声速流动的混合流场、激波的存在及其与附面层的干扰、端壁区的流动等等),直接利用上述基本方程组进行压气机气动设计是比较困难的。为此,必须引入一些合理的假设条件将问题进行简化,得出简化后的"遵循方程"或"基元级的共同工作条件",便于设计应用。以下将推导出简化径向平衡方程,并讨论具体的设计应用。

(一) 基本假设和简化径向平衡方程

为了导出简化径向平衡方程,首先作如下假设:

(1) 不考虑作用在气体微团上的黏性力项。

(2) 气体流动是定常的,即气流参数只取决于空间位置,而与时间无关。

(3) 气流沿一系列同心的圆柱面流动,即气流流动的径向分速度 $c_r = 0$。同时,气流在两个圆柱面之间的流动就如同等截面管内的流动。这一假设对于早期的压气机以及现代的多级压气机的后面级中的气体流动是基本合理的。

(4) 只研究叶片排轴向间隙中的气流参数沿叶高的变化。由于间隙中没有叶片力的作用,因此可作气流参数沿圆周方向均匀假设,又称"轴对称"假设。即:在轴向间隙的环形空间中,在半径相同的圆周上任一点处的气流参数都是相同的。

(5) 不计作用于气体的重力。

按照以上的假设,压气机中的非定常、黏性、三元流动的计算问题就可以简化为轴向间隙中气流参数只沿径向变化的一元、定常、无黏流动的计算问题。

图 3-30 所示为轴向间隙中一气体微团,作用于该气体微团沿径向方向的所有力(包括惯性力)的合力应等于零。

惯性力只有离心力,其大小为 $dm c_u^2 / r$,其中 $dm = \rho\, r d\theta dr da$ 是气体微团的质量。除此以外,作用在气体微团上的外力就是微团外表面所受到的压力,其中作用在垂直于压气机轴线方向的两个面上的力没有径向的分力,其余四个面上的作用力均有径向的分力,各面上的作用力如图 3-30 所示。由此可以写出这些沿径向作用力的平衡方程(消去 da,简化后)为

$$(p + dp)(r + dr)d\theta - pr d\theta - 2\left(p + \frac{dp}{2}\right)dr\,\frac{d\theta}{2} = \rho\, c_u^2 dr d\theta$$

合并同类项并消去高阶小量,进一步简化后得

$$\frac{dp}{dr} = \rho\,\frac{c_u^2}{r} \tag{3-30}$$

式(3-30)称为气体在叶片机中流动应满足的简化径向平衡方程。它具有非常明确的物理意义,即气体微团在轴向间隙中流动所产生的离心惯性力必须借助于气流在径向方向的压力梯度 $\dfrac{dp}{dr}$ 来平衡;否则,不同半径位置上的基元级流动就不满足其"共同工作的条件"。因此,只要气流的切向分速度 c_u 不为零(不论正负),则必定存在外径压强大而内径压强小的径向压力梯度。

式(3-30)物理意义明显,但并不便于设计应用,需要找出影响压力梯度的关系式,将其与速度三角形参数联系在一起,变成便于扭向设计应用的形式。因此,写出从压气机进口 0-0 截面到所研究的 i-i 截面的机械能形式的能量方程

$$L_u = \int_0^i \frac{dp}{\rho} + \frac{c_i^2 - c_0^2}{2} + L_f \tag{3-31}$$

如果假设压气机进口截面 0-0 上所有参数都是均匀的,在方程式(3-31)的两边对半径 r

求导,并且将注脚"i"去掉,于是有

$$\frac{\mathrm{d}L_\mathrm{u}}{\mathrm{d}r} = \frac{1}{\rho}\frac{\mathrm{d}p}{\mathrm{d}r} + \frac{1}{2}\frac{\mathrm{d}c^2}{\mathrm{d}r} + \frac{\mathrm{d}L_\mathrm{f}}{\mathrm{d}r} \tag{3-32}$$

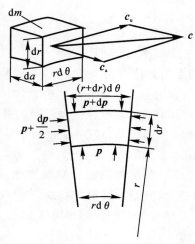

图 3 - 30   流体微团受力图

由式(3-32)可以看出,在轴向间隙中,气流沿径向的压力梯度分布,不仅取决于气流的绝对速度沿径向的分布,还取决于压气机对气体的加功量 L_f 以及流阻功 L_f 沿径向的分布规律。将 $c^2 = c_\mathrm{a}^2 + c_\mathrm{u}^2$ 及式(3-30)代入式(3-32)中得

$$\frac{\mathrm{d}L_\mathrm{u}}{\mathrm{d}r} = \frac{1}{2}\left[\frac{1}{r^2}\frac{\mathrm{d}(c_\mathrm{u}r)^2}{\mathrm{d}r} + \frac{\mathrm{d}c_\mathrm{a}^2}{\mathrm{d}r}\right] + \frac{\mathrm{d}L_\mathrm{f}}{\mathrm{d}r} \tag{3-33}$$

通常,压气机可采用沿径向加功量不变的设计,即 $\mathrm{d}L_\mathrm{u}/\mathrm{d}r = 0$。此外,还常常假设沿径向流阻功变化不大,即 $\mathrm{d}L_\mathrm{f}/\mathrm{d}r = 0$,将这些关系式代入式(3-33)中,则可得到

$$\frac{1}{r^2}\frac{\mathrm{d}(c_\mathrm{u}r)^2}{\mathrm{d}r} + \frac{\mathrm{d}c_\mathrm{a}^2}{\mathrm{d}r} = 0 \tag{3-34}$$

式(3-34)又被称为等功、等熵条件下的简化径向平衡方程,它将沿叶高不同半径处的各基元截面的速度三角形参数之间联系起来。它说明,对于不同的环量 $c_\mathrm{u}r$ 沿径向分布规律,则必须按相应的轴向速度 c_a 沿径向分布进行设计,否则将不满足径向平衡条件 —— 不同半径上基元级共同工作的条件。

尽管简化径向平衡方程是在将实际的复杂流动作了大量简化后得到的,但是,早期的很多压气机和涡轮都是以简化径向平衡方程式(3-34)为基础进行扭向设计的,它们都是成功的。

(二)几种典型的扭向规律

给出 $L_\mathrm{u} = f_1(r)$ 和 $L_\mathrm{f} = f_2(r)$ 的变化规律,则可利用式(3-33)进行压气机的扭向设计。下面介绍以式(3-34)为基础导出的扭向规律。

1. 等环量扭向规律

在叶片机中,习惯上称 $c_\mathrm{u}r$ 为环量,而将沿叶高 $c_\mathrm{u}r$ = 常数的扭向设计规律称为等环量扭向规律。

设动叶前后轴向间隙中沿叶高的气体流动规律为

$$c_{1u}r_1 = K_1 \left.\vphantom{\begin{matrix}a\\b\end{matrix}}\right\} \qquad\qquad (3-35)$$
$$c_{2u}r_2 = K_2$$

式中,K_1,K_2 分别为给定常数。

由式(3-35)和轮缘功公式可得

$$L_u = \omega(c_{2u}r_2 - c_{1u}r_1) = \omega(K_2 - K_1) \qquad\qquad (3-36)$$

式中,ω 为动叶旋转角速度,沿径向为常数。

由式(3-36)得 $\mathrm{d}L_u/\mathrm{d}r = 0$,又设 $\mathrm{d}L_f/\mathrm{d}r = 0$,则根据式(3-33)和式(3-35)可得到

$$\frac{\mathrm{d}c_{1a}}{\mathrm{d}r} = 0 \left.\vphantom{\begin{matrix}a\\b\end{matrix}}\right\} \qquad\qquad (3-37)$$
$$\frac{\mathrm{d}c_{2a}}{\mathrm{d}r} = 0$$

式(3-37)表明:动叶前后轴向分速沿叶高保持为常数。

等环量扭向规律在空气螺旋桨以及轴流式风扇和压气机中获得了广泛的应用,原因之一是,等环量级具有较高的效率。由气体动力学可以证明,在 $c_r = 0$(即圆柱面流动条件)和轴对称的假设下,等环量扭向规律满足气流中无涡旋条件,空气在无涡旋的流动中,不存在气流之间的滑移变形,气流间没有这部分内摩擦引起的损失,因而效率较高。此外,在等环量扭向规律情况下,气流轴向分速沿叶高不变的规律和实验测量结果吻合很好,因而计算简单可靠。

等环量扭向规律的缺点是,在压气机进口级(这时轮毂比很小,叶片很长)应用中,动叶叶尖相对马赫数 Ma_{w_1} 和静叶叶根进口绝对马赫数 Ma_{c_2} 容易超限,此外,根部反力度偏小,甚至可能会出现负值,这些都会导致压气机效率下降。上述缺点是由 c_{1u} 随半径减小而增加这一变化规律造成的,正如前面分析时指出的,为改善压气机进口级的根部基元级设计,希望根部的预旋值 c_{1u} 小一些,甚至取负值。等环量扭向规律特别适用于多级压气机的后面级,这些级的共同特点是轮毂比大,叶片短。

由于等环量扭向规律用于长叶片的设计时,沿叶高反力度的变化很大,因此,如果在设计时使反力度沿叶高不变,就可以克服等环量扭向规律的缺点。

2. 等反力度扭向规律

等反力度扭向规律指的是,沿叶高运动反力度 Ω_K 为常数,沿叶高的加功量 L_u 为常数,并设 $\mathrm{d}L_f/\mathrm{d}r = 0$。根据这两个条件,再将简化径向平衡方程式(3-34)应用于动叶进口截面 1—1 和出口截面 2—2 上,就可以得到包含 4 个未知变量(c_{1a},c_{2a},c_{1u},c_{2u})的 4 个方程,由这 4 个方程就可以解出 $c_{1a}(r)$,$c_{2a}(r)$,$c_{1u}(r)$,$c_{2u}(r)$。

根据给定条件应有

$$\Omega_K = 1 - \frac{c_{1u} + c_{2u}}{2u} \qquad\qquad (3-38)$$

$$L_u = u\Delta w_u = u(c_{2u} - c_{1u}) \qquad\qquad (3-39)$$

可以解出

$$c_{1u} = u(1 - \Omega_K) - L_u/2u \left.\vphantom{\begin{matrix}a\\b\end{matrix}}\right\} \qquad\qquad (3-40)$$
$$c_{2u} = u(1 - \Omega_K) + L_u/2u$$

由式(3-40)可以看出,随半径减小预旋值 c_{1u} 是减小的,而 c_{2u} 的变化比较复杂,取决于圆周速度、加功量和运动反力度的具体数值,但比进口预旋的变化来得平缓。将式(3-40)代入

式 (3-34) 中,就可得出 c_{1a} 和 c_{2a}。

等反力度扭向规律的速度三角形沿叶高变化的特征是,气流轴向分速度 c_a 从叶根到叶尖是逐渐减小的,进口预旋值由叶根到叶尖是逐渐增大的。因此,动叶的进口气流相对马赫数和转折角沿叶高的变化均较等环量扭向规律要平缓。

等反力度扭向规律的主要缺点是,求得的 $c_a(r)$ 与实验测得的 $c_a(r)$ 相比有较大的偏差。不同的文献建立了不同的经验修正公式来计算 $c_a(r)$。

20 世纪 50 年代某些发动机的进口级压气机,采用了等反力度扭向规律设计。

3. 中间规律

为了更灵活地控制环量沿叶高的变化规律,可以采用所谓的中间扭向规律,即一种 c_u 与半径成反比的等环量规律和 c_u 与半径成正比的"固体"规律的线性组合。因此,中间规律又称为"混合规律",其表达式为

$$c_{1u} = Ar + \frac{B}{r} \tag{3-41}$$

$$c_{2u} = Cr + \frac{D}{r} \tag{3-42}$$

式中,A,B,C,D 为可选的常数。

根据式 (3-41) 和式 (3-42),在 $u_1 = u_2$ 情况下,可得到任意半径处的轮缘功为

$$L_u = u\left[(C-A)r + \frac{D-B}{r}\right] = \omega\left[(C-A)r^2 + (D-B)\right] \tag{3-43}$$

为满足不同的设计要求,通过控制和改变 A,B,C,D 4 个任意常数的取值,就可以得到各种不同的、人们所期望的 c_u 和 c_a 沿径向分布的规律以及马赫数和反力度沿叶高的变化。

应该指出的是,以上介绍的几种扭向规律仅适用于接近等圆柱面的流动情况,如级增压比较小的亚声速压气机级和现代多级压气机的后面级,而对于级增压比较大、流路变化剧烈的情况(如超跨声速级及多级压气机的前面级),则需要采用求解完全径向平衡方程的准三元流场计算方法。

三、完全径向平衡方程及流线曲率法简介

现代高性能航空发动机的轴流压气机多采用高负荷、高马赫数设计,其通道内外径沿轴向变化很大,这样,不仅会给圆柱面流动假设带来很大的误差,且沿叶高各基元级工作情况差别很大,沿叶高等熵假设与实际流动之间相去甚远。此外,为了得到沿叶高较为均匀的出口压力分布,采用了沿叶高变功的设计。因此,对于现代压气机的设计,必须求解沿叶高变功、变熵且气流沿非圆柱面流动的完全径向平衡方程。

(一)完全径向平衡方程

在绝对运动的圆柱坐标系 (z,r,θ) 下,若不考虑气体对外的热交换,叶片机内气体三元流动的径向分运动方程可以写为

$$\frac{\partial c_r}{\partial t} + c_a \frac{\partial c_r}{\partial z} + c_r \frac{\partial c_r}{\partial r} + c_u \frac{\partial c_r}{r\partial \theta} - \frac{c_u^2}{r} = -\frac{1}{\rho}\frac{\partial p}{\partial r} + 黏性项 \tag{3-44}$$

可以看出,在一般情况下,叶片排轴向间隙中气流的径向压力梯度由六项提供,而不是仅由 c_u^2/r 来提供。

完全径向平衡方程可写为

$$\sin\varphi\,\frac{\partial c_m}{\partial t}+c_m\sin\varphi\,\frac{\partial c_m}{\partial m}+\frac{c_m}{R_m}\cos\varphi+c_{\mathrm{u}}\sin\varphi\,\frac{\partial c_m}{r\partial\theta}-\frac{1}{2}\frac{\partial c_m^2}{\partial r}-\frac{1}{2}\frac{\partial(rc_{\mathrm{u}})^2}{r^2\partial r}=T\frac{\partial S}{\partial r}-\frac{\partial H}{\partial r}$$

$$(3-45)$$

式中，φ 是子午流线相对于压气机轴向的倾角；R_m 则是流线的曲率半径；T,H,S 分别是气流的温度、总焓和熵；m 为子午流线坐标；c_m 则为子午速度。

方程式(3-45)是计算中常用的一种形式，但仍然难于求解，所以在实际计算中还必须引入一些假设。

（二）完全径向平衡方程在定常、轴对称条件下的求解

1. 方程的简化方法

在目前的叶片机设计计算中，即使是描写叶片机内无黏性定常三元流动的一般支配方程组，仍需要进行简化。简单地说，这种简化就是将叶片机中的三元流动方程，简化成二元流动方程。其途径有：

其一是引入轴对称假设，就是假设在叶片排轴向间隙中气流参数沿周向不变。这样，在轴对称假设下得到的气流参数，就可以看作是沿叶片排的栅距 t 方向（沿周向）的平均值。目前压气机级气动设计的准三元方法就是如此。

其二是用我国吴仲华教授在 20 世纪 50 年代初期提出的两类相对流面的概念，就是认为压气机叶片排中的三元流动，是由一系列的两类相关的 S_2 流面和 S_1 流面（见图 3-31）上的流动构成的。这样在 S_2 和 S_1 流面上，由于流面方程为计算空间位置变量（比如 z,r,θ）提供一个联系［如 $S(z,r,\theta)=$ 常数，或者 $\theta=S_2(z,r)$］，因此在 S_2 或 S_1 流面上的气体流动的支配方程就变成二元的了。为了得到子午面上气流参数的分布，现在人们广泛利用 S_2 流面的概念，在近似于两叶片排中间的平均 S_2 流面 S_{2m} 上求解气体流动问题。

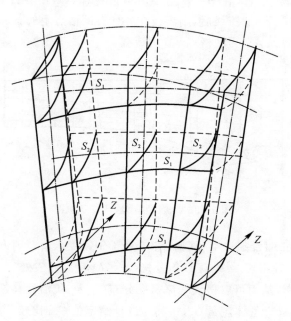

图 3-31　两类相关流面

2. 计算方法简介

在叶片机气动设计中,常采用流线曲率法(又称为流线迭代法)求解完全径向平衡方程,下面就对流线曲率法进行简单介绍。

流线曲率法求解的主方程之一可以写为

$$\frac{\partial c_m}{\partial r} = \sin\varphi\frac{\partial c_m}{\partial m} + \frac{c_m}{R_m}\cos\varphi - \frac{\frac{1}{2}\frac{\partial(rc_u)^2}{r^2\partial r} + T\frac{\partial S}{\partial r} - \frac{\partial H}{\partial r}}{c_m} \tag{3-46}$$

式中,φ 是子午流线相对于压气机轴向的倾角;R_m 则是流线的曲率半径;T,H,S 分别是气流的温度、总焓和熵;m 为子午流线坐标;c_m 则为子午速度。若 c_u,H,S 作为半径 r 的函数均给定,则对于一个径向的计算站来说,方程式(3-46)为

$$\frac{\partial c_m}{\partial r} = f(r, c_m) \tag{3-47}$$

T 由 c_m,c_u 和 H 决定,$\partial c_m/\partial m$ 可以通过连续方程及能量方程、状态方程导出与 r,c_m,φ 等的关系。如果给定初始的流线 (r,z),则 φ 和 R_m 可以由流线上的坐标 (r,z) 求出。

因此,方程式(3-47)就成为一个沿径向的常微分方程。给定 c_m 的积分起始值(如轮毂处的 c_m 值),式(3-47)就可沿径向计算站进行积分。

设流过叶片机的气体流量为 G_a,则对任一计算站,流量方程(连续方程)可写为

$$G_a = 2\pi\int_h^t \rho c_m \cos\varphi \mathrm{d}r \tag{3-48}$$

方程式(3-48)是流线曲率法中求解的主方程之二。

流线曲率法求解的主要步骤是:

(1) 先假设初始流线形状,在第一次近似时可以将计算域中各计算站上的环面等分面积点的连线作为流线。有了初始流线后,则流线在各计算网格点上的 φ 和 R_m 就能求出,如图3-32所示,其中 ① 为计算站,② 为网格点,③ 为流线。

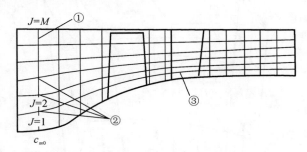

图 3-32 流线曲率法计算示意图

(2) 对任一计算站,假设某一半径(如叶根)处子午速度为 c_{m0},则方程式(3-47)等号右边的 $f(r,c_{m0})$ 为已知,从叶根($J=1$)逐点积分式(3-47)直到叶尖处($J=M$),就可得到气流沿计算站的子午速度分布,从而可以得到气流密度分布(c_u 及 H 沿计算站的分布已给定)。

(3) 用式(3-48)计算气体流量 G_a,将其与设计给定值 G_{aD} 比较。如果流量不满足精度要求,重新给定 c_{m0} 后重复第(2)步计算,直至满足流量误差的精度要求为止。

(4) 对计算域的所有计算站,都进行第(2)(3)步的计算,得到新的流线分布,将新的流线

坐标和前次得到的流线坐标进行比较。如果不重合(在一定精度要求之内),就用新的流线坐标从第(1)步开始重新进行所有步骤的计算,直至两相邻迭代计算的流线坐标重合,这就得到了所要求的子午流场。

由此可以看出,上述的计算过程包含两重迭代,第一重为计算站上的流量迭代,第二重则是整个流场的流线坐标的迭代。

四、压气机级的流动损失和叶片端壁区的流动

实验表明:实际压气机的级效率比由平面叶栅数据算得的基元级效率低,其原因是压气机级的实际流动损失除包含前面提到的二元叶栅损失以外,还包括环壁附面层、径向间隙以及叶片附面层内径向潜移等所引起的损失。

(一)二次流动与损失

下面结合端壁区内的流动和叶片附面层内的流动分析,讨论除二元损失以外的压气机级的流动损失。

1. 环壁附面层及其与叶型附面层的相互作用引起的损失

内外壁环面附面层内的摩擦本身就导致摩擦流阻损失,不仅如此,由于环壁附面层的阻滞作用,端壁区的叶型附面层将变得更厚,甚至提前或加剧分离。反过来,叶型附面层的阻滞作用又使环壁附面层内气体流动更加困难,附面层因而变厚。这样的两种附面层之间的不良相互作用是导致端壁区叶栅效率急剧下降的重要原因之一。叶栅负荷愈重,叶栅效率下降愈甚。图 3-33 为环壁附面层简图。

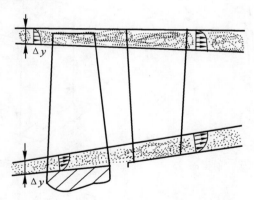

图 3-33　机匣和轮毂上的环壁附面层

2. 径向间隙引起的倒流和潜流损失

图 3-34 所示为径向间隙中的倒流和潜流示意图。叶片出口经过增压的气流会通过径向间隙轴向倒流至叶片的进口,而叶盆的高静压气流也经过径向间隙潜流至叶背。倒流和潜流都会使叶尖基元叶片的增压和加功能力下降以及效率下降。20 世纪 70 年代以前,为了减少径向间隙,常常在机匣内壁上加石墨、滑石粉等材料的涂层。70 年代以后,发展了主动间隙控制技术,即机匣上有环腔并在腔中通以可以控制温度的气体,以保证机匣和动叶尖部在不同的飞行条件和发动机的不同运行工况下,均保持"最佳"的径向间隙。

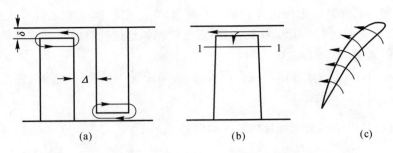

图 3-34　径向间隙中的倒流和潜流

(a) 径向间隙 δ 与轴向间隙 Δ；（b) 倒流与潜流；（c) 1—1 截面处的潜流现象

　　近年来的一些实验研究表明：动叶尖部的径向间隙并非越小越好，而是存在一个"最佳"间隙数值。这是因为径向间隙的存在除有不好的一面外，还有好的一面：一是可以减轻端壁区叶片的负荷，叶盆流向叶背的气流具有较大的动能和势能，使叶背气流推迟分离或分离区减小，损失下降；二是间隙涡和叶尖区通道涡方向相反，有抑制作用。

　　3. 间隙涡和通道涡引起的损失

　　图 3-35 所示为气流流过间隙产生的间隙涡和工作轮叶栅中的通道涡示意图。图 3-36 所示为静子叶栅通道中产生的通道涡。

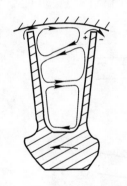

图 3-35　动叶的间隙涡和通道涡

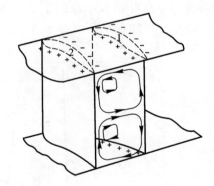

图 3-36　静子叶栅中的通道涡

　　在动叶尖部区，由于存在间隙，气流由叶盆经过间隙流向叶背并卷起旋涡。工作轮叶栅根部，叶盆区高静压气流经过轮毂环壁的附面层流向叶背并卷起通道涡。通道涡总是成对出现的，故又称对涡（或双涡旋）。静子叶栅中的通道涡也是由于叶盆高静压气流通过环壁附面层流向叶背而卷起的旋涡。旋涡本身由气流的机械能转换而成，因而导致流阻损失。旋涡还影响气流出气角。无径向间隙端壁结构中，通道涡使环壁附近气流转角增大，离端壁一定距离处气流转角减小。在有间隙的端壁结构中，间隙涡使近端壁处气流转角减小。

　　4. 叶片附面层潜移所引起的损失

　　图 3-37 所示为动叶叶片型面附面层内的潜流产生机理的分析示意图。

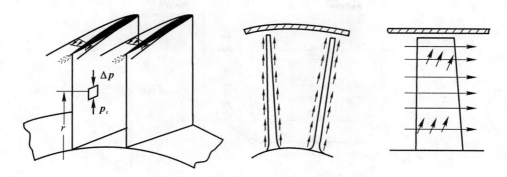

图 3 - 37　动叶叶片表面附面层内的潜移

由简化径向平衡方程可知,沿叶高由内径到外径的静压是逐渐增大的,这个压力差将与气流微团以分速度 c_u 沿曲面流动产生的离心力相平衡。但是,在叶片表面的附面层内,可以认为气体微团几乎是与叶片"粘"在一起旋转的。因此,这些气体微团的周向分速度就不再是设计的 c_u,而是接近于圆周速度 u 了。一般来说,压气机中的 u 大于 c_u。因此,附面层内气体微团的离心力也就大于主流区的离心惯性力。这样一来,与 c_u 所产生离心力相平衡的静压差就抵抗不住由速度 u 所产生的离心力。结果,叶片表面附面层内的气体微团就会沿着叶片型面由叶根流向叶尖。

在静叶中,叶片上的附面层内气流潜移的方向与动叶相反。因为在静叶型面的附面层内,气体微团的绝对速度接近于零,所以周向分速度产生的离心力也接近于零,离心力就不足以平衡径向的压力差。在压力差的作用下,就形成了静叶型面上附面层内气流由外径向内径的潜移。

由于动叶和静叶表面附面层的潜移,叶片型面上的附面层朝着动叶外径和静叶内径堆积,造成这些地方附面层加厚甚至引起分离,使流动损失增加。

径向间隙中的倒流、潜流、叶身型面上附面层的潜移,以及间隙涡和通道涡等流动现象中的气流方向与主流方向明显不一致,因此将这些与主流方向不一致的流动统称为二次流动,由二次流动造成的损失称为二次损失。显然,二次损失在沿叶高的不同基元截面上的数值差别很大,确定时应参照相关的经验数据。下面就介绍这方面的经验曲线。

(二)沿叶高不同位置处基元叶片总压损失参数同 D 因子的关系

图 3 - 38 所示为动叶总压损失参数经验曲线,其中横坐标为扩散因子,纵坐标为动叶总压损失参数表达式 $\dfrac{\bar{\omega}_R \sin\beta_2}{2\tau}$,式中

$$\bar{\omega}_R = \frac{p_{w2ad}^* - p_{w2}^*}{p_{w_1} - p_1} \tag{3 - 49}$$

$$\frac{p_{w2ad}^*}{p_{w_1}^*} = \left(\frac{T_{w2}^*}{T_{w_1}^*}\right)^{\frac{\kappa}{\kappa-1}} = \left\{1 + \frac{\kappa-1}{2}\frac{u_2^2}{\kappa R T_{w_1}^*}\left[1 - \left(\frac{r_1}{r_2}\right)^2\right]\right\}^{\frac{\kappa}{\kappa-1}} \tag{3 - 50}$$

式中,p_{w2ad}^* 是无流动损失时动叶出口处的相对滞止总压,在 $r_1 \neq r_2$ 条件下,它不等于 $p_{w_1}^*$,而是与 T_{w2}^* 对应。

由图 3 - 38 可以看出,叶片端壁区域的损失很大,尤其是动叶尖部,此外,叶根的损失也很可观,因此减少端壁区域的损失是今后非常重要的研究课题。

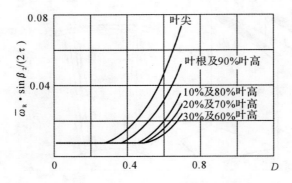

图 3-38 动叶总压损失参数经验曲线

图 3-39 所示为静叶总压损失参数曲线，图中纵坐标为静叶总压损失参数表达式$\dfrac{\bar{\omega}_S \sin\alpha_3}{2\tau}$，其中

$$\bar{\omega}_S = \frac{p_2^* - p_3^*}{p_2^* - p_2} \tag{3-51}$$

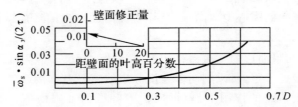

图 3-39 静叶总压损失参数经验曲线

在计算扩散因子时，若 $r_1 \neq r_2$，则动叶的扩散因子按下式计算：

$$D = 1 - \frac{w_2}{w_1} + \frac{r_2 c_{2u} - r_1 c_{1u}}{(r_1 + r_2)w_1\tau} \tag{3-52}$$

同样，若 $r_2 \neq r_3$，则静叶的扩散因子按下式计算：

$$D = 1 - \frac{c_3}{c_2} + \frac{r_2 c_{2u} - r_3 c_{3u}}{(r_2 + r_3)c_2\tau} \tag{3-53}$$

第七节　超声速和跨声速轴流压气机级

一、概述

　　如前所述，加大压气机级的加功量和流通能力（提高进口轴向速度）与提高级的效率在一定情况下是相互矛盾的。在亚声速级的气动设计中，增大圆周速度和进口轴向速度可以加大级的加功量并提高流通能力，且减少压气机的质量和尺寸，但是，这种方法受到了动叶进口气流相对马赫数必须小于 1.0 的限制。随着军用歼击机对高速和短距起落的要求，航空发动机必须具有更少的压气机级数（压气机平均级负荷大）及更小的迎风面积，这就要求增加动叶圆周速度 u 和切向扭速 Δw_u，并提高气流轴向速度 c_a。高圆周速度和高轴向分速度意味着压气

机进口相对马赫数 $Ma_{w_1} > 1.0$，而大的扭速必须依靠激波减速才能获得。同时，随着涡轮风扇发动机的出现和发展，在较长的风扇叶片气动设计中，难以保证叶片尖部气流的进口相对速度小于声速。因此，要发展高推重比的发动机和高性能风扇／压气机，就必须突破压气机气动设计中动叶进口相对速度为亚声速的限制，研制所谓的超声速和跨声速压气机，这是几十年来航空发动机发展实践中所得出的结论。

为了解决级的高加功量、高流通能力和高效率之间的矛盾，突破动叶进口相对速度为亚声速的限制，很早以前人们就开始对跨声速和超声速级进行研究。应该说，从 20 世纪 30 年代起就开始了超、跨声速压气机的研究，但是，早期实验所达到的压气机级效率远低于亚声速级，无法用于实际的发动机上，主要原因就是没有采用适合于超、跨声速进口来流的高速压气机叶型以及科学的气动设计方法。从 50 年代初期开始，大量超、跨声速压气机试验研究在很多国家开展起来了。他们成功地研究和解决了高速叶型设计并进行了大量的超跨声速单转子和单级压气机试验，从中总结出系统的可供超跨声速压气机设计参考的经验数据，并采用了更符合实际情况的求解完全径向平衡方程的设计方法。因此，一批高性能的超跨声速压气机在先进的航空燃气涡轮发动机中得到广泛应用。

比如，在 1960 年前后，已经得到了增压比达到 1.6、效率为 0.8 的单级性能；到了 1969 年左右，则已成功地获得了级增压比约为 1.94（叶尖的圆周速度为 488 m/s）、效率为 0.9 的接近超声速级，其动叶根部的进口相对马赫数为 0.9，动叶尖部的进口相对马赫数为 1.6；还得到了增压比为 1.6、效率为 0.9 的单级和增压比为 2.18～2.2、效率为 0.84～0.85 的双级。20 世纪 50 年代以前，典型的亚声速压气机平均级增压比为 1.16～1.22；60 年代的超跨声速压气机级增压比为 1.55～1.75；80 年代以后，超声速压气机的级增压比为 2.0～2.2。

对于轴流压气机的一个级来说，如果动叶进口相对马赫数 Ma_{w_1} 从叶根到叶尖全部小于 1.0，则称为亚声速级；相反，如果动叶进口相对马赫数 Ma_{w_1} 从叶根到叶尖全部大于 1.0，称为超声速级；而 Ma_{w_1} 从叶根到叶尖由小于 1.0 变到大于 1.0，则称这样的级为跨声速级。对于基元级叶片（或叶栅）来说，当进口气流马赫数接近于 1.0（一般指 0.8＜Ma＜1.2）时的流动，人们习惯上称之为跨声速流动，因为在这样的马赫数范围内的流动有它的特点。如果流过基元叶片的进口气流马赫数超过叶型的临界马赫数以后，虽进口气流仍然还是亚声速的，但在叶片表面附近已经出现了局部的超声速流动，并产生激波，其性质与纯亚声速流动不同。这样，在压气机的跨声速级中沿动叶高度各基元级叶片，有的为超声速流动，有的是跨声速流动，还有的可能处于亚声速流动。因此，设计时要选取不同的参数值（如攻角），并需要采用不同的叶型，设计难度比亚声速压气机要大得多。

超声速级转子叶片进口的相对速度超过声速，那么，根据设计的不同，转子叶片出口的相对速度和绝对速度可以是亚声速，也可以是超声速。在目前实用的跨声速压气机中，转子叶片出口的相对速度和绝对速度均是亚声速的。

亚声速压气机是以平面叶栅实验为基础而发展起来的，然而，超、跨声速压气机的设计经验数据，不是从超、跨声速平面叶栅实验中得到的，而是直接从超、跨声速单转子和单级压气机的实验中获得的，所耗费的人力、物力和财力都是非常巨大的，但这却可能是获得成功的唯一途径。其原因一方面是由于超、跨声速平面叶栅实验技术难度大（在当时的历史条件下还不可能提供超跨声速平面叶栅的可用数据）；另一方面还在于超、跨声速压气机中的三元流动特征突出，包括损失特征和叶栅落后角的三元修正等都必须从真实的三元流动实验中直接获得。

研制发展超、跨声速压气机必须认识到这一点。

二、超声速平面叶栅的流动机理

1. 设计状态下超声速平面叶栅流动简化模型图

图 3-40 所示为来流马赫数和栅后反压 p_2 一定的双圆弧叶型的超声速叶栅流动简图。

由图 3-40 可见,每个叶片的前缘处有一道脱体激波,这道激波的下半截伸向相邻叶片的叶背,并大体上接近于正激波的形状。脱体激波的下半段又称为槽道激波。槽道激波基本上相当于一道正激波,因此波后气流为亚声速。脱体曲线激波的上半段,则伸向平面叶栅的左上方,称为外伸激波。

在叶片 1 的前缘处有一个小的前缘圆角,脱体激波后的亚声速气流在流过前缘圆角时分成两支,分别流向叶背和叶盆,于是就形成前驻点 A。沿叶背流动的气流,在流过前缘和叶背曲面时重新加速为超声速,并由叶背表面发出一系列膨胀波,如图 3-40 上由 $ABCD$ 所发出的虚线所示。气流膨胀加速的程度,取决于 $ABCD$ 所折转的角度。由图可见,在这些膨胀波中,由型面 AB 所发出的膨胀波和由同一叶片发出的外伸激波相交,使外伸激波减弱并向后弯曲;由 BC 发出的膨胀波与叶片 2 所发出的外伸激波相交并使其减弱。由 C 点发出的膨胀波打在叶片 2 的脱体激波与滞止流线的交点上,一般称这一道膨胀波为第一道吞入膨胀波;由 CD 发出的膨胀波与叶片 2 所发出的槽道激波相交,并使槽道激波的强度有所变化。在 D 点处槽道激波前的当地马赫数最高,因而激波也最强。

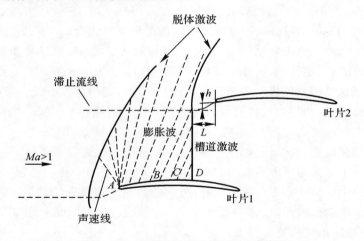

图 3-40　超声速平面叶栅流动机理简图

由于受到来自本叶片和下面叶片叶背上所发出的膨胀波的削弱,所以外伸激波伸展得越远,激波的强度就越弱,并且逐渐向后弯曲。伸到无限远处就减弱为一道微弱扰动波了,这时激波强度为零,这表明膨胀波与外伸激波在无限远处完全抵消。实验和理论计算研究结果都表明,外伸激波衰减得很快。尽管平面叶栅前应该有无限多的叶片所发出的无限多条外伸激波和上面一片叶片发出的弓形曲线激波,但由于它们的强度受到了无限多条膨胀波的削弱,并逐渐向后弯曲,所以大体上接近于一道斜激波,而槽道激波则大体上接近于正激波。因此,在分析和控制叶栅损失时,应更加关注槽道激波,这不仅仅在于激波本身引起的总压下降,还在于槽道激波一直延伸到下一个叶片的叶背上,对叶背表面附面层产生干扰,可能会使表面附面层严重分离,所造成的损失往往比激波本身引起的损失更大。激波越强,对附面层的干扰就越严重。为了减少超声速叶栅的损失,就要设法降低槽道激波的强度,也就是要降低槽道激波前的马赫数。在叶背型面 D 点处波前马赫数最高,而且附面层干扰也就发生在此点附近,所以,降低 D 点处的马赫数会有效降低损失。由图 3-40 可见,减少 D 点以前的型面转折角度可以有效地降低 D 点处的马赫数,这就是超声速叶片叶型设计的关键所在。

应该指出的是,理论分析和实验都证明,当流入超声速叶栅的超声相对速度的轴向分量为亚声速时,那么对于给定几何参数的叶栅来说,在每一个进口相对马赫数下,叶栅中的叶型只工作于一个攻角,称为超声速叶栅的"唯一攻角"。

首先以半无限叶栅情况来讨论。如图 3-41 所示,当来流相对速度平行于叶型①中线前缘 A 点切线时,气流在 A 点之后沿吸力表面偏转,产生一系列膨胀波,其中一点发出的波正好与叶型②前缘 A' 点相交,定义该点为 B 点;B 点以后吸力表面发出的波系在通道之内,不影响进口流场。由于膨胀波使气流偏转,使其与叶型②的 A' 点切线方向成负攻角,所以膨胀波系后面的叶型②上的 A' 点产生一道斜激波。

叶型①上表面 AB 段上有一点 D,该点发出的膨胀波刚好与 A' 点产生的斜激波干涉,同样地,叶型②上表面 $A'B'$ 段也有一点 D' 刚好与 A' 点产生的斜激波相干涉。激波前 DB 表面产生的膨胀波加上激波后 $A'D'$ 表面产生的膨胀波,使 A' 点发出的斜激波在无限远处消失,达到进口区的平衡流动。以此类推,其余叶型产生的膨胀波均与叶片前缘发出的激波相抵消,只剩叶型①上 A 到 D 的那部分膨胀波在叶栅前向流动的上游延伸,将来流从平行于叶型上表面 A 点的切线方向变化到平行于叶型上表面 D 点的切线方向。

也就是说,如果叶栅不是半无限的而是无限的,则叶栅进口区没有波运动到无穷远处,栅前来流的方向总是平行于叶型上表面 D 点的切线方向,因而叶型中线前缘只工作于一个攻角,即"唯一攻角"。

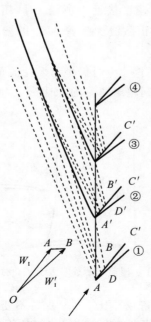

图 3-41 半无限叶栅前的超声速流动示意图

图 3-40 所示的超声速平面叶栅气体流动是在进口马赫数和栅后反压固定的条件下得到的,下面简单介绍栅后静压 p_2 和栅前来流马赫数对超声速叶栅波系结构的影响。

2. 栅后静压(又称栅后反压 p_2)对于栅前流场的影响

当栅后反压降低时,槽道激波后的压力也降低,由气体动力学知识可知,槽道激波强度也将减弱,而变为斜激波。这时,叶栅的静压比 p_2/p_1 下降。图 3-42 表示了正激波变成为斜激波的情况(来流马赫数 Ma_1 等于设计值 Ma_{1D})。

当栅后反压连续增加到某一数值(接近设计状况的栅后反压)时,槽道激波就会变成正激波,这时正激波附体,如图 3-40 所示。

若栅后反压继续上升到超过某一数值(超过设计工况的栅后反压),这时,基本附体的正激波将被推向前方而成为脱体正激波,而且,栅后反压提高越多,则脱体激波离栅前越远,如图 3-43 所示($Ma_1 = Ma_{1D}$)。

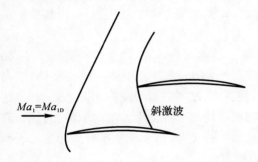

图 3-42　栅后反压降低对波系的影响

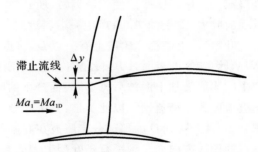

图 3-43　栅后反压过高对波系的影响

3. 栅前马赫数 Ma_1 改变对流动的影响

栅前马赫数 Ma_1 为高亚声速(速度接近于声速)时,超声速叶栅通道中仅出现局部超声区,局部超声区的结尾近似为一道正激波。随着 Ma_1 的增加,局部超声区扩大,结尾正激波加强。

当栅前马赫数继续增加到 $Ma_1 > 1.0$ 但仍小于设计值 Ma_{1D} 时,叶背上的超声区和激波区伸展到无限远方,于是在栅前建立起超声速流场,如图 3-44 所示。

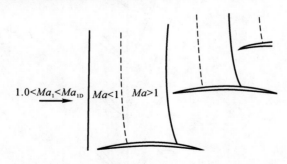

图 3-44　栅前马赫数略大于 1.0 时的波系

当 Ma_1 继续提高,且栅后栅前静增压比 p_2/p_1 保持不变(假定为设计状况的栅后栅前静增压比)时,则每个叶片前方的脱体激波和叶片前缘之间的距离减少,直到槽道激波大体贴于叶片前缘(这时 Ma_1 近似等于设计值),如图 3-43 所示。

随着 Ma_1 的继续升高并超过了设计值,外伸激波和槽道激波同时变斜。图 3-45 所示为我们所不希望的情况,槽道内部和叶栅下游都是超声流,超声速叶栅没有实现有效增压,这表明原来的栅后反压 p_2 对于现在的 Ma_1 显得太低了。因此,对于如此高的来流马赫数条件应该设计更高增压的超声速叶栅。

如果 Ma_1 继续增大,直到其轴向分速 Ma_{1a} 超过声速,这时前缘激波不再外伸到额线前方,所有外伸波系均在叶栅内,栅前流场和叶栅互无影响,也不再存在所谓"唯一攻角"的问题。图 3-46 所示为 $Ma_{1a} > 1.0$ 的超声速叶栅波系,这种流动情况在目前工程实践中尚未遇到。

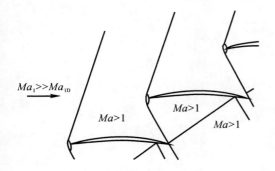

图 3-45 栅前马赫数过大时的波系

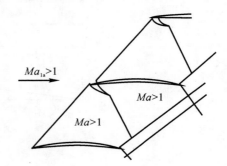

图 3-46 轴向马赫数大于 1.0 的超声叶栅波系

以上我们简单地讨论了超声速叶栅的流动,分析了栅前马赫数 Ma_1 和栅后反压 p_2 对叶栅波系的影响。这些分析是以双圆弧叶型构成的超声速叶栅为研究对象的,它适用于来流马赫数 Ma_1 在 $0.8 \sim 1.20$ 范围内的情况。当 $Ma_1 > 1.2$ 时,应选用其他高速叶型,这时超声速叶栅的流动(包括栅前 Ma_1 和栅后 p_2 对波系的影响)会有所变化,但是上述分析方法及定性的结论都可作为参考。下面简单介绍几种超声速叶型。

三、几种超声速叶型

通过对双圆弧叶型叶栅流场的分析可知,双圆弧叶型之所以不适合于更高的 Ma_1,是因为双圆弧叶型的叶背和叶盆型面各由一段圆弧构成,无法有效地控制前、后段的型面曲线的转角,叶背前部的外凸曲线使气流膨胀加速较大,造成槽道激波过强及损失过大。因此,为了发展适用于更高的来流马赫数的叶型,就要多从叶背前部型线几何方面考虑进行改进。此外,如果采用多道斜激波来代替一道正激波,则可起到同样增压效果而又能减少损失。所以,适用于更高来流 Ma_1 的叶型的研究主要就是从这些方面入手的。

1. 多圆弧叶型

双圆弧叶型的叶背型面曲线是一段圆弧,无法分别控制前、后段型面曲线的转角。那么,我们设想,将叶背的型面曲线由一段圆弧变成相切的前、后两段不同的圆弧,应该就可以对前、后段的转角进行有效的控制,这就是多圆弧叶型的设计思路。多圆弧叶型是指叶型的叶背和叶盆表面型线(当然也包括中弧线)各由两段半径不同的圆弧相切构成,两段圆弧型线的转折角度可以分别加以控制,就可以减少叶片前半部叶背型面的转折角或曲率,从而减少叶型表面上的最大当地马赫数以及总压损失。在转子上所进行的对比实验表明:多圆弧的单转子比双圆弧的单转子效率高出 2.2%，并且增加了增压比和稳定工作裕度。多圆弧叶型可以使用到进口 Ma_1 为 1.60 左右。

2. 直线进口区叶型

这种叶型的叶背型线前段为一直线，与后段的一段圆弧相切。实际上，如果将前段的直线看成是半径无穷大的圆弧，这种叶型就是多圆弧叶型的一种特例。但是，从发展和应用的时间上来看，这种叶型比多圆弧叶型出现得更早。在 20 世纪 50 年代末的超跨声速压气机动叶叶尖就使用了这类叶型。此外，在有的大型涡轮风扇发动机风扇叶尖也采用了直线进口区叶型。图 3-47 所示为一种直线进口区叶型，称为 CW-1 叶型。

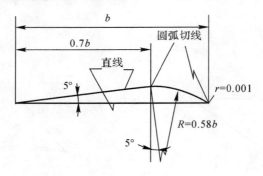

图 3-47　CW-1 叶型

3. 预压缩叶型

从双圆弧叶型、多圆弧叶型再到直线进口区叶型，叶背前段的转角逐渐减小，直到降为零，适用的进口来流马赫数也越高。如果将叶背前段的转角变成负角度，超声速气流流过叶型的叶背不但不膨胀加速，反而受压缩而减速，则可以使波前的马赫数有效降低。因此，为了适用于更高的来流马赫数（$Ma_1 \geqslant 1.6$），研究和发展了所谓的预压缩叶型。其特点为叶背前段型线是根据超声速流场控制而设计的，不用专门的几何曲线。图 3-48 所示为此种叶栅进口处的流动简图。

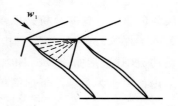

图 3-48　预压缩超声速叶栅流动简图

上面仅从物理概念的角度，简略地介绍了几种超声速叶型几何特征和设计特点。超声速叶型的研究是一项非常重要而细致的工作，并要以实验研究为重要基础。

四、超声速和跨声速压气机级的特点

对超声速平面叶栅中气体流动的分析和研究，是发展超、跨声速压气机的重要基础之一。然而，仅仅开展这方面的研究工作是完全不够的，还必须研究超、跨声速压气机"级"的工作特点。正如前面提到的，超、跨声速压气机的成功研制和发展是以大量的超、跨声速压气机单级（或单转子）的实验为支撑的，没有这些单转子和单级压气机实验数据的积累是不可能研制出性能良好的超、跨声速压气机的。这说明，超、跨声速压气机级的最大特点就是强烈的三元效应，仅仅依靠二元超声速平面叶栅的实验和分析数据不足以支持超、跨声速压气机级的气动设计。

1. 压气机通道壁的三元效应

超、跨声速压气机的进口级，压气机通道形状变化急剧，因而在流场计算中必须采用完全径向平衡方程或其他三元流场计算方法。此外，在动叶的进口区通道设计中，机匣外壁和轮毂处常采用负曲率通道，以局部减少来流轴向马赫数，在轮毂处可以改善动叶根部堵塞问题，在动叶尖部可以减弱激波强度；而在动叶的出口区，外机匣常采用收缩通道和正曲率形状，局部地使 w_2 加速，以达到降低动叶叶尖处扩散因子的目的。同样，在静叶根部进口区也可采用通道曲率控制。

2. 叶片端壁区域的三元效应

超、跨声速压气机叶片端壁区域中的三元效应远比亚声速压气机强烈，这是因为在动叶叶尖区，存在强度很大的槽道激波，它和叶型附面层的相互干扰使附面层增厚、分离，增厚和分离的叶型附面层又与环壁附面层相互干扰，使动叶尖部流动条件更加恶化，损失进一步增加；在动叶根部，存在巨大的叶型转折角（为了与尖部的加功量相当）和大的通道子午锥角。因此，在考虑超、跨声速压气机级的各基元级共同工作条件时，必须对气流的攻角和落后角进行很大的修正。此外，损失沿叶高分布也相差极大。所以，必须注意积累有关攻角和落后角三元修正的经验数据和曲线，搜集具有不同设计特征的超跨声速压气机级的损失沿叶高的分布曲线。而所有这些经验曲线、修正数据必须而且只可能从超跨声速压气机的单级和单转子实验中获得。

3. 超、跨声速压气机对进口流场的敏感性

超、跨声速压气机对进口流场非常敏感，尤其是对于高单位迎风面流量的超、跨声速压气机（即高轴向马赫数，$Ma_{1a} > 0.6$）而言，更要注意这一问题。如一台超、跨声速压气机的实验表明：由于更改实验压气机帽罩，因此使动叶根部进口区偏离设计状况，导致在根部区附近沿叶高 1/4 高度的基元级效率下降，最终引起压气机级效率下降 3%。而另一台超、跨声速压气机，为排除叶片振动故障而添加减震凸台使压气机级效率下降 2.5%（低轴向马赫数压气机加减震凸台导致压气机级效率下降值小于 $\eta^*_{Loss} = 0.5\% \sim 1.0\%$）。超、跨声速压气机级的敏感性要求沿叶高各基元级间的良好协调配合，任一半径处的基元级偏离设计点太多，都会影响其他半径处的基元级正常工作。也正因为如此，要特别注意飞机进气道流场畸变对超、跨声速压气机性能的影响。

4. 超、跨声速压气机特性陡峭

超、跨声速压气机各基元级叶栅中的通道马赫数都很高，其无因次密流 $q(\lambda)$ 都接近 1.0，因此，超、跨声速压气机级的特征之一是容易产生堵塞。达到堵塞状态以后，压气机进口气流参数就不会再变化了（圆周速度保持不变的前提下），这时，超、跨声速压气机在"唯一攻角"下工作。所以，流量的少量增加都会导致压气机达到堵塞状态，这就是超、跨声速压气机特性线陡峭的原因。

综上所述，超、跨声速压气机级是有其自身特点的，高性能超、跨声速压气机级的研制是一项艰巨任务。然而，正如以上所分析的那样，它也是有规律可循的，关键是注意积累经验和实验数据。

第八节　　多级轴流压气机设计简介

多级轴流压气机是由几个单级压气机所组成的,它与单级压气机的共同之处在于:组成多级压气机的每一个单级压气机,其基元级和级的工作及气动设计原理与单级的完全相同。但是,将许多单级压气机按照一定的顺序排列组成多级压气机以后,由于各级压气机在流程中所处的位置不同,它们的几何尺寸特征和进口气动参数都是不相同的,因此形成了多级轴流压气机中各个级的特殊性。正是这种特殊性,使得各级的参数(诸如加功量的分配、轴向速度的选取等)都有所不同,本节将从多级轴流压气机设计及工作特点这两个方面进行介绍和讨论。

一、多级轴流压气机气动设计的指导思想

多级轴流压气机的设计应满足发动机总体对压气机气动性能指标的要求,简单地说,高性能航空发动机对压气机的基本要求就是尺寸小、质量轻、性能好、安全可靠。对于压气机的气动设计来说,上述的要求可具体表述为:

在保证压气机安全可靠工作的前提下(即必须有足够的失速裕度等),压气机应具有高的级加功量(使压气机级数少、质量轻、轴向尺寸小)、高的流通能力(使压气机径向尺寸小,即迎风面积小)和高的效率。实际上,实现上述各项要求所采取的手段之间往往是相互矛盾的。例如,高的级加功量和高的流通能力常常导致损失增加,因而效率下降;又比如,级负荷高的压气机特性往往比较陡峭或失速裕度偏小。解决上述矛盾的办法只有两个:其一是研制出全新的高性能压气机(高增压比、高效率、高失速裕度),争取在设计概念和设计方法上有所突破。近些年来,这方面的工作取得了较大的进展,在压气机效率基本不降低的情况下,压气机的级增压比已由过去的1.16～1.22提高到1.40～1.50。其二是根据具体设计任务、设计要求,正确分析和处理上述矛盾,找出设计中的主要矛盾,满足设计的主要要求,而对于一些较次要的要求,作出必要的、可以接受的牺牲。例如,用于歼击机发动机的压气机设计中应侧重于减轻压气机的质量和径向尺寸,在压气机效率方面可作出一些让步;而对于远程运输机、轰炸机和民用的发动机,则要求首先保证压气机具有较高的效率,在径向尺寸和质量方面应作适当让步。

二、多级轴流压气机中各个级的特点

多级轴流压气机中各个级的工作条件、设计难点都不相同,为了便于设计、研究,常常将多级轴流压气机划分为前面级(通常为进口级)、中间级和后面级(或出口级)而分别加以专门的研究。下面分别对第一级压气机、后面级压气机和中间级压气机进行简要的讨论。

1. 第一级压气机(进口级)

多级轴流压气机的进口级的设计参数选择对多级压气机的性能产生直接的、决定性的影响。第一级压气机设计面临的困难可以归结如下:

(1)流入第一级压气机的气体,未经压缩,密度小,在流过同样空气量的前提下,第一级压气机进口截面需要的流通面积最大,因此,压气机的最大径向尺寸常常取决于第一级压气机设计参数的选取,即进口轴向马赫数 Ma_{1a} 和进口轮毂比 $\bar{d}_1$ 的选择。高性能的压气机设计通常选用较高的轴向马赫数和较小的进口轮毂比数值。高的轴向马赫数容易导致气流通道堵塞

(尤其是在动叶根部区域),导致流动损失增加,效率下降;过小的轮毂比则使第一级动叶根部做功能力下降较多。

(2) 流入第一级压气机的气体,温度低,相应的声速也小,因而气流马赫数容易达到临界值,超、跨声速压气机的研制成功在很大程度上解决了进口马赫数过高带来的设计困难,但在动叶根部区域以及静叶根部区域,仍然存在因进口马赫数过高而引起该区域叶栅效率下降的问题。

(3) 当发动机在偏离设计状态下工作时,第一级压气机的进口流动状态偏离设计点最远,基元级速度三角形的变形最严重。如发动机在低换算转速工作中,多级轴流压气机的旋转失速和喘振等不稳定工况首先会在第一级发生。此外,直接受进口流场畸变危害的也是第一级压气机,因而要求第一级压气机特性具有较宽的稳定工作范围,可在较大的攻角变化范围内安全可靠工作。采用稠度储备(加大稠度,使用稠度大于所需的稠度)可以推迟气流发生分离。超跨声速第一级压气机或风扇采用宽弦小展弦比叶片能有效地改善喘振边界(包括颤振边界)。为保证第一级压气机的非设计工况性能,有的采用机匣处理,有的采用可变几何进口导流叶片。

(4) 第一级压气机(或风扇)动叶最长,强度和振动问题多,很多动叶叶片带有减震凸台,这会导致第一级压气机(或风扇)效率下降和流量下降(与无凸台相比)。近年来,英国罗-罗公司从结构和工艺上解决了长而宽的风扇叶片的结构和抗震性能问题,采用无减震凸台的宽弦长风扇叶片不仅失速裕度和效率得到很大改善,而且流量明显增加。

2. 多级轴流压气机的后面级

多级轴流压气机后面级的工作条件和特点与第一级压气机完全不一样,其主要区别为:

(1) 后面级进口的气体流过前面的压气机各级以后,总压和总温大大提高,后面级压气机一般不存在马赫数超限和叶栅堵塞问题。但是,压气机后面级的叶片很短(后面级压气机轮毂比可高达 $0.85 \sim 0.90$),因此二次流和环壁附面层引起的损失非常严重,可以采用涂层和主动控制间隙的方法来减少二次损失。

(2) 当发动机在高换算转速下工作时,多级轴流压气机的后面级偏离设计工作点很多,工作在大的正攻角条件下,因而喘振首先发生在后面级压气机。为此,在后面级压气机设计中也可采用稠度储备和加宽弦长的办法,以增加失速裕度。另外,后面级的加功量应该少一些,一是因为后面级效率低,二是负荷减轻对提高失速裕度有利。

(3) 由于压气机子午通道的环壁附面层是逐级加厚的,它所引起的轴向速度变形问题越往后则越严重,因此,在进行后面级压气机设计时,必须更认真更细致地考虑环壁附面层修正,否则会导致后面级压气机"设计点"性能降低。

(4) 最后一级压气机和燃烧室相连,故最后一级压气机轴向速度较低,在一定加功量前提下,后面级压气机的反力度容易偏大。

3. 多级压气机的中间级

相比多级轴流压气机的前面级和后面级来说,中间级有良好的工作条件。由于流入中间级压气机的气体已经过前面级的压缩,总温得到提高,一般不容易出现马赫数超限问题。此外,中间级压气机的轮毂比也比较适中,压气机的效率较高,所以,在多级轴流压气机设计中,一般在中间级压气机中分配的加功量最大(除进口级为超、跨声速级以外)。

发动机在非设计状态下工作时,中间级压气机的速度三角形变化较小,不易失速,效率高。如美国开展的所谓"中间级压气机"研究计划,其目的是要找出最佳稠度和最佳展弦比,以保证压气机中间级能在高负荷情况下有足够的失速裕度和满意的压气机效率。

三、多级轴流压气机的增压比和效率

1. 多级轴流压气机的总增压比

多级轴流压气机的总增压比 π_K^* 与各级增压比 π_{st}^* 的关系为

$$\pi_K^* = \pi_{st\,I}^* \, \pi_{st\,II}^* \, \pi_{st\,III}^* \cdots = p_K^* / p_1^* \tag{3-54}$$

式中,$\pi_{st\,I}^*$ 为第一级压气机的增压比;$\pi_{st\,II}^*$ 为第二级压气机的增压比;$\pi_{st\,III}^*$ 为第三级压气机的增压比;p_K^* 为压气机出口截面总压;p_1^* 为压气机进口截面总压。

2. 多级轴流压气机平均级增压比的概念

假设多级压气机的级数为 Z,总增压比为 π_K^*,则平均的级增压比为

$$\pi_{stcp}^* = \sqrt[z]{\pi_K^*} \tag{3-55}$$

对于多级轴流压气机(比如涡轮风扇发动机的高压压气机)来说,平均级增压比往往是其技术水平的一种衡量标准。一般来说,压气机的级数越多,其平均级增压比就越低。如 20 世纪 80 年代美国 GE 公司研制成功的 F110 发动机(用于美空军 F-14,F-15 和 F-16 战斗机)高压压气机为 9 级,增压比为 11,平均级增压比为 1.305。高增压比多级高压压气机是发展研制大涵道比民用涡扇发动机的关键技术,民用发动机的总增压比不断提高,现在使用的已超过 40,今后将进一步提高到 50 以上。军用涡扇发动机的高压压气机增压比一般为 6~8,还没有超过 10 的,但是民用发动机的一般为 12~20,GE90 发动机的 10 级高压压气机的增压比达到 23,平均级增压比为 1.368(改为 9 级后,如果总增压比不变,则平均级增压比达 1.417)。正在研制中的 PW6000 发动机的高压压气机 6 级达到的增压比为 11,平均级增压比约为 1.491。目前正在研究中的多级压气机平均级增压比为 1.4~2.1。由于总增压比高,发动机的循环效率就高,为了获得更高的发动机性能和推重比,就必须设法提高平均级增压比。

3. 多级压气机的效率与单级压气机效率之间的关系

多级压气机效率的定义与单级压气机效率的定义是一样的,也是等熵功 $L_{ad,K}^*$ 与轮缘功 L_u 之比,即

$$\eta_K^* = \frac{L_{ad,K}^*}{L_u}$$

图 3-49 所示为一个三级轴流压气机效率定义图。由图可以看出

$$L_u = L_{u\,I} + L_{u\,II} + L_{u\,III}$$

单级压气机效率为

$$\eta_{sti}^* = \frac{L_{ad,i}^*}{L_{ui}}$$

由上两式得

$$L_u = \sum \frac{L_{ad,i}^*}{\eta_{sti}^*}$$

将上式代入效率定义式中可得

$$\eta_K^* = \frac{L_{ad,K}^*}{\sum \dfrac{L_{ad,i}^*}{\eta_{sti}^*}} \tag{3-56}$$

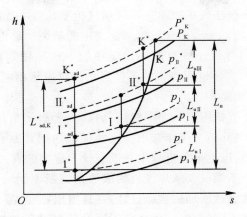

图 3 - 49 三级压气机热力过程

4. 多级压气机效率比平均级效率低

由图 3 - 49 可知

$$L_{ad,K}^* = \frac{\kappa}{\kappa-1}R\left[T_1^*(\pi_{stI}^{*\frac{\kappa-1}{\kappa}}-1) + T_{Iad}^*(\pi_{stII}^{*\frac{\kappa-1}{\kappa}}-1) + T_{IIad}^*(\pi_{stIII}^{*\frac{\kappa-1}{\kappa}}-1)\right] \qquad (3-57)$$

式中

$$\pi_{stI}^* = \frac{p_I^*}{p_1^*}, \quad \pi_{stII}^* = \frac{p_{II}^*}{p_I^*}, \quad \pi_{stIII}^* = \frac{p_{III}^*}{p_{II}^*}$$

分别代表第一级、第二级和第三级压气机的增压比。

由图 3 - 49 还可看出,诸分级的等熵功之和为

$$\sum L_{ad,i}^* = \frac{\kappa}{\kappa-1}R\left[T_1^*(\pi_{stI}^{*\frac{\kappa-1}{\kappa}}-1) + T_I^*(\pi_{stII}^{*\frac{\kappa-1}{\kappa}}-1) + T_{II}^*(\pi_{stIII}^{*\frac{\kappa-1}{\kappa}}-1)\right] \qquad (3-58)$$

此外,从图中可知 $T_I^* > T_{Iad}^*$,$T_{II}^* > T_{IIad}^*$,对比式(3 - 57)和式(3 - 58)可知

$$L_{ad,K}^* < \sum L_{ad,i}^*$$

即

$$\frac{L_{ad,K}^*}{L_u} < \frac{\sum L_{ad,i}^*}{L_u} = \frac{\sum L_{ad,i}^*}{\sum L_{ui}}$$

或

$$\eta_{ad,K}^* < \frac{\sum L_{ad,i}^*}{\sum L_{ui}} \qquad (3-59)$$

为分析比较方便起见,假定各单级压气机效率相同,即

$$\frac{L_{ad,I}^*}{L_{uI}} = \frac{L_{ad,II}^*}{L_{uII}} = \frac{L_{ad,III}^*}{L_{uIII}} = \eta_{stI}^* = \eta_{stII}^* = \eta_{stIII}^* = \eta_{st}^*$$

因此可得

$$\frac{L_{ad,I}^* + L_{ad,II}^* + L_{ad,III}^*}{L_{uI} + L_{uII} + L_{uIII}} = \frac{L_{ad,I}^*}{L_{uI}} = \eta_{st}^* \qquad (3-60)$$

将式(3 - 60)代入式(3 - 59)得

$$\eta_K^* < \eta_{st}^* \qquad (3-61)$$

由此可以看出,所谓多级压气机效率比单级压气机平均效率低的原因,完全是由于效率定义中的等熵功不同而引起的。全台压气机效率定义中的等熵功是由 T_0^* 出发的等熵线上相应点的总温计算而得到的,而各级压气机效率定义中的等熵功则是由各级的实际初始温度值 T_I^*,T_{II}^*,… 计算的。显然,实际过程终了的温度当然比对应于相同增压比和相同起始温度条件下的等熵过程终了的温度高。

实际上,将数个单级压气机组成一台多级压气机,由于级间干扰会带来一些损失,所以每个单级压气机在多级压气机环境下工作并不一定能保证达到其原有的单级效率,这也会导致多级压气机效率降低,当然,以上推导过程中并没有计入这类的附加损失。

但也应该指出的是,并不能仅仅从压气机的级数来判断不同的压气机效率的高低。也就是说,如果将一台压气机的级数增加后重新设计,在总增压比和实际的压缩过程线不变的情况下,则多级压气机的效率是不变的,但它仍将低于新设计多级压气机各级的平均效率,而且这个平均效率并不等于各级效率的算术平均值。

四、多级轴流压气机的流程形式

多级轴流压气机在子午面的典型通道流程形状如图3-50所示,其中图3-50(a)所示为等外径通道,其优点是各级平均半径逐级加大,有利于增加各级的做功能力,但对于小流量、高增压比的压气机来说,采用等外径容易造成后面级的叶片过短,损失增大。图3-50(b)所示为等内径通道形式,与等外径相比,它不利于增加各级的做功,但用于小流量压气机时,有利于增大后面级压气机叶片的高度。图(3-50)(c)所示为等中径通道形式,它是上述两种方案的折中。图3-50(d)所示为民用大涵道比涡扇发动机的低压和高压压气机流路示意图,低压压气机内外径均大大增加,以增大切线速度,提高叶片做功能力。

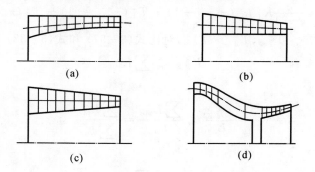

图3-50 典型的多级轴流压气机流程形式

以上所列仅为几种典型的压气机流路图,在现代风扇压气机设计中,还有许多其他形式的流路,还有的为了降低动叶叶尖扩散因子将外壁机匣做成局部收敛具有外凸曲率的通道形式等。在实际的设计中,也可以将这几种典型流程形式组合在一起使用。

五、多级轴流压气机设计参数的选择与分配

1. 各级功的分配与级效率的选择

功的分配原则与效率的变化已在分析各个压气机级工作特点时介绍了,在这里只简单地讨论一下。中间级压气机工作条件好(含非设计工况),效率高,应该多分配一些功。亚声速压气机的第一级和后面级分配的功应该少(但第一级的加功量通常比后面级大),一方面是从压气机效率考虑,另一方面在于保证良好的非设计工况性能,特别是应有足够的失速裕度。如果前面级为超跨声速压气机,其加功量应该高于中间级(是所有级中最大的),因为超、跨声速压气机加功能力比亚声速级强。一般而言,超跨声速压气机级效率比亚声速压气机级效率低 0.02 ~ 0.04。

2. 轴向速度沿压气机通道的变化

为了减小压气机迎风面尺寸,第一级压气机进口轴向速度的选取数值都比较高,超、跨声速压气机的 c_{1a} 高达 210 ~ 235 m/s,这时应特别注意动叶根部堵塞的问题。而压气机出口级与燃烧室相连,为保证稳定燃烧,出口级气流速度不宜过高,一般为 120 ~ 150 m/s。此外,轴向速度在各级中的减小梯度不应超过 $c_a = 10 ~ 15$ m/s(超跨声速压气机级除外),而且轴向速度的逐级变化的选择应保证通道光滑。图 3-51 所示为轴向速度 c_a 沿压气机通道变化的三种情况,曲线 3 所示变化规律,有利于增大压气机前面级的加功量。

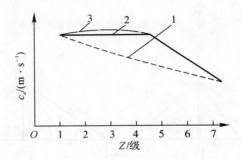

图 3-51　各级轴向速度变化示意图

3. 各级扭向规律的选定

亚声速第一级压气机一般采用安装进口预旋导流叶片的设计,以使动叶叶尖相对马赫数不超过限制值,采用中间规律并通过调节中间规律的待定常数,可以兼顾马赫数和其他参数沿叶片高度的变化。有时,第一级亚声速压气机也会采用等反力度扭向规律。

对于轴向进气的超、跨声速第一级压气机,当按等功设计且不考虑损失沿叶高变化时,服从等环量扭向规律。在有些情况下,为了解决第一级动叶根部做功能力差或考虑动叶叶尖损失突出而采用沿叶高变功设计。

压气机后面级叶片短,温度高(一般不存在马赫数超限的问题),而且通道变化平缓,接近于圆柱形的通道,因此,通常采用等环量扭向规律。

中间级压气机则多采用中间扭向规律。

当然,以上为 20 世纪 60 年代以前所采用的多级轴流压气机设计原则。随着计算机技术和计算流体力学研究的发展,在现代的高性能多级轴流压气机设计中,通过求解完全径向平衡方程,合理地进行各级压气机加功量的分配,优化功和环量沿叶高的分布,详细地考虑变功、变熵和通道形状的三元影响。采用多级轴流压气机的全三元定常黏性流场数值计算程序进行流场计算校核,可以评估参数选择与匹配的合理性,并进行设计方案的优化筛选。

4. 通道环壁附面层的修正

图 3-52 所示为环壁附面层引起的轴向速度变形示意图。由于附面层是逐级增厚的,因此,越往后轴向速度分布的变形就越严重。压气机设计时考虑环壁附面层对通道面积的堵塞是非常重要的,从图 3-53 可以看出轴向速度改变对不同半径基元级加功量的影响。在端壁区,轴向速度因黏性作用而减小,如图 3-53 中左侧的速度三角形所示,Δw_u 增加,加功量增大;在平均半径附近,为了平衡端壁区因轴向速度降低而引起的流量减少,轴向速度将增加而大于设计值,如图 3-53 中右侧的速度三角形所示,导致加功量下降。

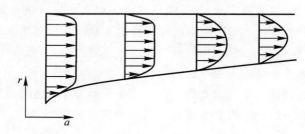

图 3-52   环壁附面层引起的轴向速度分布变形

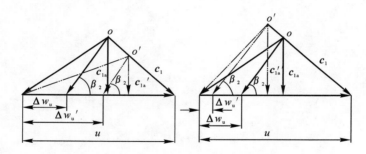

图 3-53   轴向速度改变对加功量的影响

在压气机设计中可以引入流量储备系数 $K_G(K_G > 1.0)$ 来考虑环壁附面层对流量的影响。将设计流量放大 K_G 倍进行设计,以保证各通道截面的平均轴向速度满足设计要求,而 K_G 一般根据经验来选取。此外,还引入减功系数 K_L 来修正因轴向速度变形而导致的加功量降低(在通道平均半径附近的区域),将用于设计速度三角形的压气机功放大,即 $L_u = L_{ud}/K_L$(式中 L_{ud} 为设计中要求的功,$K_L < 1.0$)。现代的设计中可以根据全三元流场黏性流动计算结果对设计进行修改完善,因而使设计结果与实际情况更加符合,大大提升了压气机的性能,包括效率的提高和失速裕度的改善。

5. 多级压气机的级间相互干扰

一个压气机级单独工作与作为多级压气机的一个级工作时,其性能和不稳定工作边界可能有明显的差别,产生这种问题的主要原因是压气机级之间的相互干扰效应。上一级压气机出口气流参数沿径向分布规律与设计不相符时,对其后的压气机就意味着进口条件的改变,必然会引起压气机流动的改变。由于压气机中转动叶片排与静止叶片排的相互交错排列,所以上一排叶片出口气流参数沿圆周方向的不均匀(主要是叶片尾迹的原因),导致后面叶片进口参数在圆周方向上不均匀,而且叶片排之间有相对运动(旋转与静止),对后面的叶片排来说,这种参数在圆周方向上的不均匀还随时间变化,属于非定常影响,因此,这种现象被称为"动静叶片排的非定常干涉"。因为压气机中的动静叶片排非定常干涉是一种固有的现象,不管压气机工作在什么工况下,这个现象都是不可避免的,所以越来越受到重视。此外,前一级压气机工作状态的恶化(如发生旋转失速),也必然会对其后的压气机级产生很大的影响。因此,在压气机设计中,应对相邻级的实际流动参数分布偏离设计值所造成的干扰效应加以考虑。在多级压气机中,对于第一级以外的其他任何一级,前面级出口气流参数分布偏离设计值均会导致下一级压气机在偏离设计工况下工作,因而性能下降。例如,在某多级压气机设计中,由于环壁附面层修正不当,第三级压气机的流量储备系数 K_G 选取偏大,使第三级压气机在轴向速度低于设计值条件下工作,各基元级实际加功量大于设计值,造成其出口气流参数的偏离设计值,使得第四级压气机在偏离设计工况更多的情况下工作。应该指出的是,这种相对于设计流动的偏离还可能逐级放大,使后面级压气机在极为不利的条件下工作。因此,在多级压气机的设计中,考虑级与级之间的相互干扰是非常重要的。

考虑级间干扰,应充分利用实验和经验数据,比较准确地了解和控制各级出口气流参数的分布,并根据前面级出口流场设计下一级压气机,使多级压气机中的各个级同时在设计点工作。目前,国内外正在全面开展压气机全三元定常与非定常流场的数值模拟研究,这为设计者在压气机设计过程中充分考虑级间干扰效应提供了一个有力的工具。

为了避免或减轻不稳定流动情况下的级间干扰,在进行各级加功量分配、参数选择、稠度确定等各个方面,都应留有裕度,以保证各个级都能在较宽广的攻角范围内正常工作,并使各级都具有较强的抗干扰能力。当然,要较好地解决这个问题是非常困难的,有时需要依靠实验对气动设计进行反复修改才能得到满意的结果。

第九节　风扇设计技术简介

风扇是涡轮风扇发动机(又称为双路式涡轮喷气发动机)的一个重要部件。它通常位于发动机进气道和压气机之间,其功能与压气机类似,即对流过的空气进行压缩增压。

一、风扇工作的特点

一个风扇级也是由一排转动叶片和一排静子叶片组成的,其功用也是压缩气体,这都是与压气机相同之处。但流过风扇的空气流量比流过压气机的流量大,有时可能达到近 10 倍,相应的叶片也比压气机的叶片长。风扇的工作与前面所述的压气机相比,有其特殊性。流入涡轮风扇发动机的气体首先在风扇中被压缩,使空气的压力提高。从风扇中流出的空气就分成了两路,一路从压气机外(俗称外涵道)流出发动机或流向尾喷管,这部分空气不经过燃烧室;另一路则流入压气机(俗称内涵道),经过压气机、燃烧室、涡轮,然后从尾喷管流出。通常将流过外涵道的空气流量 m_{II} 与流过内涵道的空气流量 m_I 之比称为涵道比 B。

按照涵道比 B 的不同,通常可将涡轮风扇发动机分为三类:

(1) 低涵道比,$B = 0.3 \sim 0.9$;

(2) 中涵道比,$B = 1.0 \sim 2.5$;

(3) 高涵道比,$B = 4 \sim 10$。

涡轮风扇发动机一般都是采用双转子或三转子结构,风扇的级数通常为 $1 \sim 3$ 级。

图 3-54 所示是一台具有三级风扇和六级压气机的双转子发动机,其中的风扇同时压缩流过内、外涵道的空气,而压气机(又称为高压压气机)则只压缩流过内涵道的空气。

按照涡轮风扇发动机的热力循环的要求,风扇的增压比与涵道比的取值有关。一般来说,低涵道比发动机外涵道空气的最佳增压比为 $2.5 \sim 3.5$,而大涵道比发动机则为 $1.4 \sim 1.8$。

大涵道比发动机中流过风扇的空气量要比流过内涵道的流量大好多倍,但其增压比却小很多,因此,风扇与压气机在几何参数及气动参数的选择方面是有所不同的。这样的风扇总是希望尽可能做成单级,以便简化其结构,发动机的尺寸和质量也可以减少。但是,有时 $1.4 \sim 1.8$ 的增压比对一个单级来说又显得太高了,只有利用高的圆周速度与合适的叶型才可能达到。这种发动机的外涵道风扇出口的气流直接排入大气,因此,如何使风扇产生的噪声降低到允许的程度也是一个不容忽视的问题。

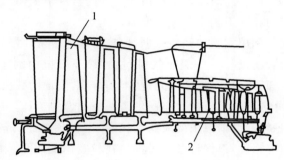

图 3-54　涡轮风扇发动机的风扇和压气机
1— 风扇；2— 压气机

风扇后面的流路分成了内、外涵道,这对风扇的工作有一定的影响。图 3-55 表示具有分流片的单级风扇。流过风扇的空气流量一般比较大,风扇叶片比较长,轮毂比很小,即使叶尖的圆周速度为 $450 \sim 500$ m/s,轮毂处的圆周速度也不大,这就使得叶片根部附近的加功能力比较小。为了保证风扇达到所要求的增压比,动叶叶高的大部分区域必须尽可能增大加功量。这样做的后果就是气流参数沿风扇动叶叶高非常不均匀,会造成很大的流动损失,而且,这种气流参数的不均匀对后面压气机的工作也将产生不利的影响。如果为了减少这些损失而抬高轮毂直径,必然使得发动机迎风面积增加,发动机的质量也会加大。

在风扇中,整流器叶片(静子叶片)与工作轮叶片之间的轴向距离通常要比一般的压气机大得多,并且从轮毂到叶尖也是逐渐增大的。实践经验表明:加大风扇动、静叶的轴向间隙不但可以减小风扇的气动噪声,而且静子叶片沿径向向后倾斜也可以减少通道面积的阻塞,降低流动损失。

如果在级的其他进口条件不变的情况下增加通道内气流的轴向速度,就可以增加轮毂处的加功量。为此,将分流片安放在靠近工作轮叶片的地方,并且使分流片与轮毂形成的内通道子午截面面积成逐渐减小的收敛形(见图 3-56),减小了气流在内通道中的扩压程度,可以在高逆压梯度的条件下使气流不发生分离。但是,由于涡轮风扇发动机的内、外涵道的截面积比是固定的,而涵道比却是随工作状态变化的,因此,这样的风扇只是在设计状态和低涵道比情况下才能很好地工作。如图 3-56 中所示实线 1 表示设计状态下分流片入口处的流线,虚线 2 则表示发动机起动和过渡工作条件下涵道比大于设计值时内涵道气流的流线。由图可知,当涵道比大于设计涵道比时,流道不再是收缩的,相反是扩张的。

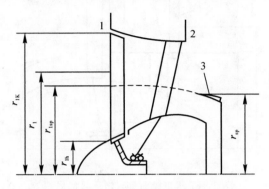

图 3-55　具有分流片的单级风扇
1—风扇前截面;2—风扇后截面;3—分流片

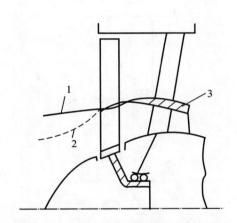

图 3-56　分流片靠近工作轮的单级风扇
1—设计流量比时的流线;2—大于设计流量比时的流线;3—分流片

图 3-57 中的风扇结构就克服了上述缺点,其主级沿叶高分成了两个部分。靠近轮毂部分的通道内,气流在主级之前先在附加级(称为增压级)内被压缩,然后在主级内压缩。在叶尖部分通道内,气流只在主级内压缩。这样相当于得到两个在某种程度上互不相关的压气机,外涵道中为一单级压气机,内涵道中则为一双级压气机。应该指出的是,这样的风扇也有其自身的缺点,因为主级的动叶与静叶之间轴向间隙过小,产生的噪声太大,超过了允许值。这时,如果加大主级动叶与静叶之间的轴向间隙,则将使轴向长度增加,风扇的质量也将增大。

相比来说,图 3-58 所示的风扇结构更好一些,将增压级安装在主级之后,外涵道仍然是单级,但风扇的动叶与静叶之间的轴向距离加大,这样一来,风扇产生的噪声就大大降低了。外涵道和内涵道对气流的加功量差不多相等,不至于影响后面压气机的工作。外涵道静叶做成倾斜的,而内涵道静叶倾斜的方向则相反。

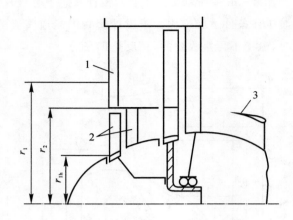

图 3 – 57   主级前具有增压级的风扇
1— 支柱；2— 增压级；3— 分流片

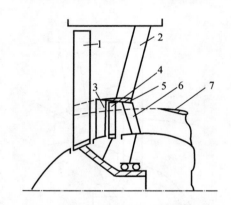

图 3 – 58   主级后具有增压级的风扇
1— 风扇工作轮；2— 风扇整流器；3,6— 增压级整流器；
4— 增压级工作轮；5— 环形支架；7— 分流片

二、风扇设计时的参数选择

风扇级叶片的扭向设计通常采用沿叶高变功,气动参数和几何参数的选择原则是使流动损失小,主级工作轮沿叶高变功。下面将以图 3 – 58 中的风扇为例来简要介绍,首先讨论主级工作轮沿叶高功的分配。

为了达到要求的增压比,在风扇外涵道中必须加给空气的功为

$$L_1' = c_p T_1^* (\pi_{B\text{II}}^{*\frac{\kappa-1}{\kappa}} - 1)/\eta_B^*$$

在风扇主级内工作轮加给空气的功为

$$L_1 = u \Delta w_u$$

在主级工作轮中,从轮毂一直到某一个直径 D_1 处,加功量逐渐增加,在 D_1 处达到极限值

$$L_1'' = (1.02 \sim 1.03) L_1'$$

从直径 D_1 一直到叶尖,加功量不变,等于 L_1''。

为了降低风扇后气流参数的不均匀程度,减小流动损失,设置了一个增压级。增压级沿叶高加功量 L_2 应该如此变化,使得 L_1 和 L_2 的和等于 L_1'',即

$$L_2 = L_1'' - L_1$$

加功量 L_2 应该在轮毂处为最大,而在直径 D_1 处为零。当 L_2 很小时,加装增压级也就没有意义了,因为 L_2 很小时,效率很低。因此,增压级的外径 D_2 应该比直径 D_1 小一定的值。

分流片应该安装得使风扇内通道的空气流量稍微大于通过内涵道的流量。图 3-59 所示为加功量沿增压级叶高变化的一个例子。

图 3-60 所示为风扇主级工作轮加功量沿叶高的变化。应该注意的是,从分流片半径 r_{sp} 到 r_1 的区域内加功量小于 L_1'',为此,设计加功量 L_1'' 推荐取比 L_1' 大 2% ~ 3%。

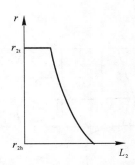

图 3-59 增压级内加功量沿叶高的变化   图 3-60 风扇主级工作轮加功量沿叶高的变化

对于如图 3-55 和图 3-56 所示的单级风扇,加功量沿叶高的分配与有增压级的风扇中加功量沿主级工作轮叶高的分配大致相同。不同之处只在于:L_1'' 应该比 L_1' 大很多,这是因为对通过外涵道的空气的平均加功量应该大致等于 L_1'。风扇级叶片的造型特点也与级的增压比、工作轮加功量沿叶高的分配有关。

为了提高风扇的增压比,必须提高圆周速度。现代高性能风扇主级工作轮叶尖圆周速度已达到 500 m/s 以上,而轴向速度一般不大于 $c_a = 200 \sim 220$ m/s,因此,工作轮叶尖的相对速度已超过当地声速。因为半径减小,圆周速度也减小,相对速度也相应降低,在某一个半径处相对速度恰好等于当地声速。在小于此半径的区域,动叶是在亚声速进口条件下工作的。因此,叶尖部分的叶片应该按照超声速叶型来造型,而叶根部分则按亚声速流动来造型。在风扇主级的叶片造型中,应注意尽可能使沿叶高加功量分配不均匀所引起的附加损失为最小。

风扇内涵道增压级的气动计算与造型是按照沿叶高变功进行的,增压级在三个半径处的叶片计算和造型与轴流式压气机基本上是相同的,有差别的地方在于,静叶稍微向气体流动的反方向倾斜。这样做,一是可以减小与叶片通道堵塞有关的流动损失,二是使沿叶高气流参数均匀。

叶片积迭线倾斜角度的选择是一个复杂的问题。在风扇叶片初步设计中,这个角度可以按下述的方法来确定:叶片积迭线在叶尖处的点相对于在轮毂处的点移动一个弦长的距离。这样,对于外涵道的静叶,有

$$\theta = \arctan \frac{b_{1m}}{r_{1t} - r_{1sp}}$$

而对于内涵道的静叶,有

$$\theta = \arctan \frac{b_{2m}}{r_{2t} - r_{2h}}$$

上述两式中各符号的意义如图 3-61 所示。

具有增压级的风扇沿叶高气流参数的变化如图 3-62 所示。由图中可知,风扇出口气流参数沿径向呈现出高度的不均匀性,气流在流动过程中将进行掺混,从而造成了附加的流动损失。

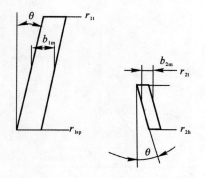

图 3-61　风扇静叶的几何参数

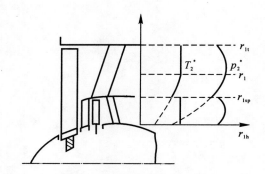

图 3-62　带增压级的风扇总温和总压沿叶高的变化

单级风扇加功量沿叶高的分配特点表示在图 3-63 中。图 3-64 给出了增压比沿叶高分配的特点,π^* 沿叶高非常地不均匀则意味着风扇后面气流参数存在严重的不均匀,导致很大的流动损失。因此,单级风扇后面的压气机(如低压压气机)的第一级在设计时,必须考虑其进口气流不均匀性的影响。

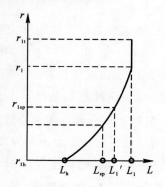

图 3-63　单级风扇加功量沿叶高的分配

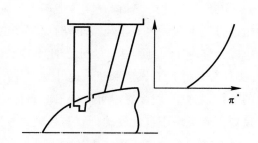

图 3-64　单级风扇增压比沿叶高的分配

第十节　压气机的新技术和新方法简介

现代高性能压气机(包括风扇)的发展趋势将是以更少的级数达到更高的增压比,具有更大的单位迎风面流量、更高的效率和稳定工作裕度,同时质量更轻,零件数目更少。目前,一些先进国家已经研制出了用于新一代战斗机的航空发动机,其推力与重力之比值(称为推重比)为 10 左右。推重比为 10 的一级发动机典型机种有美国的 F119、西欧四国的 EJ200、法国的 M88-3,以及正在研制的俄罗斯的 АЛ-41Ф。F119 已于 1997 年 9 月 17 日装在第四代战斗机 F22 上成功地完成首飞,现已装备部队。

美国在研制第四代发动机的同时,从 1988 年起的 15 年内又投入 50 亿美元巨资,由军方与政府联合主持实施“综合高性能发动机技术计划”(即 IHPTET 计划);英国则着手进行先进军用核心发动机第 Ⅱ 阶段计划(ACME-Ⅱ),其共同目标是利用内流计算流体力学(CFD)、结构力学、传热、冷却、新材料和新工艺以及电子调节等方面的新成就,预计到 2020 年前后,可实现战斗机用的发动机推重比达到 15 ~ 20,使推进系统比现有能力提高 1 倍。作为发动机的重要部件,其风扇将由 3 级减为 1 级,采用掠形叶片或大小叶片加掠形的设计技术,使激波损失减到最小,大大提高叶尖圆周速度和绝热效率,已验证的这种掠型风扇叶尖圆周速度已达 500 m/s 左右,级增压比达 2.2 ~ 2.5;而高压压气机则由 5 ~ 6 级减为 3 级,第 1 级将采用掠形和空心结构等技术。

航空轴流压气机(风扇)的发展是建立在不断采用新技术与新方法的基础上的,下面就简要介绍一些压气机气动设计方面的新技术和新方法。

一、可控扩散叶型

美国普拉特-惠特尼公司(PW 公司)在 20 世纪 80 年代初提出了一种新的叶型设计方法,在进口气流亚声速的叶型设计中,通过控制叶型叶背表面气流的压强梯度来防止附面层分离,这种叶型被称为可控扩散叶型(Controlled Diffusion Airfoil,CDA)。在超跨声速情况下,控制压强梯度使叶背表面速度由超声速降为亚声速而不产生激波,则称为超临界叶型。采用 CDA 叶片的压气机,多变效率约可提高 2%,每个叶片的压强约可增大 60%。这是一种与传统的叶型设计完全不同的新方法。

可控扩散叶型的主要设计准则:

(1)气流从前缘开始,沿叶背保持连续加速,直到附面层转捩点为止。因为气流附面层在加速情况下不会分离,所以这样可以防止层流附面层的分离。

(2)叶背最高马赫数限制在 1.3 以下。由空气动力学知道,激波和附面层相互作用,会引起附面层分离。在正激波情况下,如果波前马赫数小于 1.3,不会产生附面层分离。

(3)控制叶背从最高马赫数点到后缘这一段减速区内气流的扩散程度,使其不产生激波,不引起附面层分离,并且使叶片表面摩擦最小。

(4)沿叶盆气流速度分布接近于均匀。

图 3-65 所示就是这种叶型设计时根据上述设计准则所给定的叶片表面马赫数分布。从这个叶片表面马赫数分布出发,用优化方法设计出的压气机叶片可控扩散叶型的特点是:其前、后缘圆角处的厚度和圆角半径较大,对进口气流角变化的适应性强,抗异物碰撞和抗侵蚀

的能力也较强（见图 3 - 66）。

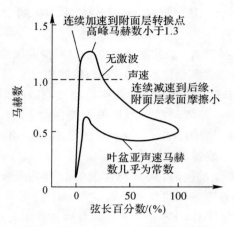

图 3 - 65　可控扩散叶型的设计特点

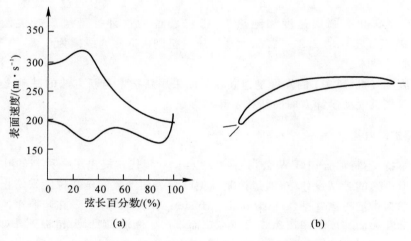

图 3 - 66　可控扩散叶型及其表面的速度分布
(a) 速度分布；　(b) 叶型示意图

随后，PW 公司又提出了所谓第二代可控扩散叶型，其在设计时除了采用第一代的准则之外，还考虑到环壁附面层的影响，避免了在叶尖和叶根处存在气流分离的现象，不仅提高了压气机的效率，并且增加了压气机的喘振裕度。

二、高负荷叶片

为了减少压气机的轴向长度和质量，希望减少压气机的级数和每级的叶片数目。这就要求提高叶片的气动负荷，也就是要提高气流流过叶栅时的转折角。高负荷叶片的形式有几种：串列叶片、喷射口叶片和切向孔口叶片、抽气叶片等。

压气机是由动叶排和静叶排相互间隔排列构成的，而串列叶片实际上就是将两排动叶片或两排静叶片排列在一起构成的，如图 3 - 67 所示。就单个叶排的几何参数而言，串列叶片的前、后排叶片分别与普通叶片完全相同。但是,串列叶片还有两个表示前、后排叶片相对关系的重要几何参数,其中 a 为前、后两排叶片的轴向距离,h 为前、后两排叶片的周向偏距。串列叶栅之所以能得到较大的气流转角,其原因就是具有两排叶栅,气流在两排叶栅中完成大的转折角。但是,两排叶栅的损失会不会比一排叶栅大呢? 当气流在第一排叶栅中减速扩压时,附面层逐渐增长,直到前排叶片出口为止。随后又在后排叶片上重新开始形成新的附面层。由于减速扩压的过程是分别在两个比较薄的附面层上完成的,不会产生附面层分离,损失也相应减小。此外,在非设计工况条件下,前排叶片处于不利的非设计进口条件下,而其出口气流方向变化不大,也就是后面的叶片进口气流方向基本不变,仍然处于有利的设计进口条件下,前排叶片实际上对后排叶片起到了导向作用。因此,串列叶栅能在比单排叶栅更宽广的攻角范围内工作而损失并不显著增加,喘振裕度也得到提高。图3-68所示为串列叶栅的损失系数随气流转角的变化曲线与普通叶栅的比较。

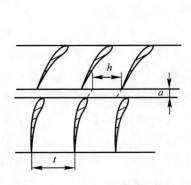

图3-67　串列叶栅示意图

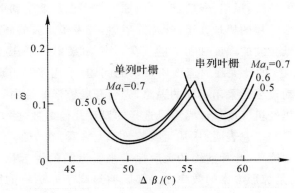

图3-68　串列叶栅与普通叶栅的特性比较

串列叶片多用于航空发动机中轴流压气机的末级静叶,例如透默ⅢC、J85、威派尔522、J69等航空发动机;也有用于末级风扇静子的,例如JT15D、阿杜尔、JT8D、CF6-6等航空发动机;也可以用于高增压比离心式压气机的导风轮及扩压器中。

应该指出的是,串列叶片更适合于大转折角的情况,当单排叶片无法实现更大的气流转折时,采用串列叶片是一种较好的选择。但是,在单排叶片可以实现的小转折角情况下,采用串列叶片可能不但不能降低损失,而且会使结构更加复杂。目前,人们也开始研究串列转子叶片,如美国PW公司现在正在研究采用串列转子叶片来实现更大的气流转折和加功量。

喷射口叶片和切向孔口叶片如图3-69所示,通过开于叶片表面的孔口从叶片内向外喷气或喷射液体,以便提高叶背表面附面层内气流的能量,防止发生分离。

抽气叶片正好与喷射口叶片相反,通过开于叶片表面的孔由外向里抽气,将叶片表面附面层内的低能量气体抽掉一部分,防止叶片表面附面层发生分离,如图3-70所示。

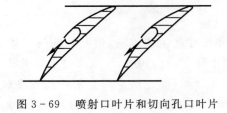

图3-69　喷射口叶片和切向孔口叶片

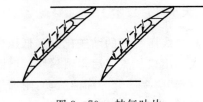

图3-70　抽气叶片

三、掠形叶片技术

随着对航空发动机性能的要求越来越高,不断提高风扇和压气机叶片叶尖圆周速度是今后一段时期内的主要发展趋势,这是提高单级增压比的一种非常有效的途径。从气动的角度来说,提高叶尖圆周速度应该考虑的一个主要问题是,气流相对马赫数 Ma_{1w} 增大将导致流动损失相应增加。实践证明,当马赫数超过 $Ma=1.2\sim1.3$ 时,叶栅损失系数将明显增大。如何在马赫数增加的同时确保损失的增加处于可以接受的水平,这是采用更高的叶尖圆周速度时在气动设计方面所必须面临的一个挑战。而叶片掠形(叶片前后缘在子午面的投影线向前或向后倾斜,如图3-71所示)则可能是一个有效的途径。在20世纪40年代,掠形方案已成功用于飞机机翼的设计,用来降低跨声速和超声速飞行时所产生的阻力。受到飞机机翼掠形方案成功的鼓舞,风扇压气机叶片的掠形方案也逐渐受到重视,国际上也开展了相关的研究工作。其掠形叶片的机理在于:叶片掠形后,带来了激波的倾斜,则有可能降低波前的法向马赫数,从而降低激波的强度和相应的损失。例如某单级增压比为3.2的风扇实验件,为了解决高达630 m/s的叶尖圆周速度所带来的问题,采用了马刀形的大后掠方案。美国的多个研究机构和发动机公司采用不同的思路,先后开展掠形叶片的研究,将叶片的掠形作为高负荷跨声速风扇和压气机气动设计时可供选择的设计几何参数之一。美国海军 Wright 实验室开展的大后掠风扇的研究表明:从基元级的效率上来看,在75%~95%叶高范围内,后掠转子效率明显高于非掠形,叶片前缘的大后掠带来了激波的大后掠,从而大大降低了激波强度和相应的损失,这是掠形方案的效率在尖部区明显高于非掠形的原因。GE 公司对一种前掠转子进行了实验研究,其结果表明:高速情况下的小展弦比前掠转子比常规转子能提高80%承受进口流场畸变的能力,失速裕度提高几个百分点。所带来的好处:一是可以使用更高的风扇增压比,在不增加风扇流量的条件下提高发动机推力;二是使风扇具有更高的效率和更高的负荷,以减轻其他部件的负荷,从而提高寿命,同时还可以改善高进口畸变条件下的发动机性能。

此外,还有倾斜叶片和弯曲叶片等技术。静子叶片采用周向倾斜或在两端壁附近沿周向弯曲的结构,这样的结构可以减少叶片两端的二次流损失,提高效率。

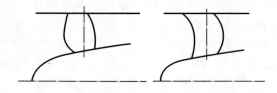

图3-71　转子叶片掠形示意图

四、大小叶片技术

提高单级压气机的增压比是降低压气机质量和尺寸的主要方法,但叶片的高气动负荷会引起较大的出口气流落后角,将导致其性能大幅度下降。我们知道,气流流过压气机叶片叶背表面时,在其前半部分为加速流动,附面层很薄,不易分离,而在后半部分的扩压程度较大,附面层厚,如转折角过大则容易产生严重的分离。为了解决这个问题,美国的 Wennerstrom 博士于 20 世纪 70 年代提出了大小叶片的思想(见图 3-72)。它的基本原理在于:气流最容易在叶背后段分离,从而导致气流落后角增大,在转子叶片通道的后半部分加上一个小叶片,局部增加叶栅的稠度,这样既可抑制气流分离,又可避免因增加全长叶片引起堵塞、效率下降和质量增加。但是,当时的实验结果并不令人满意,总性能低于设计要求,但小叶片对控制气流落后角确实非常有效。受到当时的计算技术发展水平的限制,人们无法详细研究大小叶片转子的复杂流场,进而弄清失败的原因,虽经后来的多种努力,都无明显效果,这一技术就被束之高阁。直到 20 世纪 90 年代初,美国借助于 IHPTET 计划,利用全三元流场数值计算程序对原设计的大小叶片转子流场进行了详细分析,发现在叶尖区域,小叶片前缘发出的激波与大叶片吸力面相交后,出现了大的分离区,原因就在于尖部叶片弯度过大,导致激波过强。在实验和三元流场数值分析的基础上,采用了与原设计相同的基本参数,重新进行了大小叶片转子的设计,消除了转子尖部的分离区。美国已完成了一系列大小叶片的压气机转子标准台架实验,单级增压比与 F100-200 的三级风扇相当,并具有较高的效率。在大小叶片技术的研究中,全三元流场数值模拟技术对于保证得到好的大小叶片流场起到了至关重要的作用。我国也已开展了掠形叶片和大小叶片的研究工作,取得了一些令人鼓舞的结果。

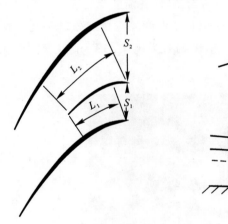

图 3-72 大小叶片示意图

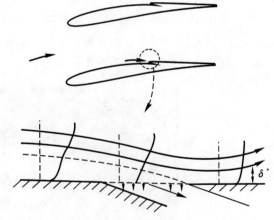

图 3-73 吸附式叶片原理示意图

五、吸附式压气机技术

吸附式压气机是美国麻省理工学院(MIT)的 Jack L. Kerrebrock 在 1997 年提出的一种高负荷轴流式压气机技术,采用叶片叶背抽吸附面层的方法,推迟或避免叶片表面附面层分离,以提高叶片气动负荷。实际上,这与前面介绍的抽气叶片的概念是类似的,所不同的是,在进行转子叶片的抽气时,利用了叶片旋转的离心力从叶片尖部将附面层的低能气体甩出。图 3-73 为叶片表面抽吸及附面层分析的示意图。在 NASA-DARPA 项目的支持下,由 Ali Merchant 具体设计完成了一台单级吸附式压气机。设计参数为:转子叶尖圆周速度为 457 m/s,轴向进口马赫数为 0.65,动叶进口最大相对马赫数及静叶进口最大绝对马赫数均为 1.5,动叶和静叶的扩散因子分别达到了 0.76 及 0.68,单级增压比达到了 3.4。后来,又设计了一台对转式三级吸附式压气机,三级的总增压比达到了 27。

吸附式压气机特点在于:它不是依靠提高圆周速度来获得高增压比,而是在常规的圆周速度条件下,通过叶片表面的附面层抽吸来控制附面层的发展,加大气流的转折角,从而获得很高的级加功量。当然,叶片的结构更加复杂,对材料和制造工艺技术也提出了更高的要求。

六、轴流压气机的端壁造型流动控制技术

端壁造型属于一种被动的端壁流动控制技术,用于压气机或涡轮中。通过构造凹凸不平的端壁表面,控制端壁区二次流,达到重新组织流动结构,优化压气机性能的目的。

1.轴流压气机中的三维角区分离与角区失速

角区分离是一种压气机中的三维分离流动现象。它一般发生于叶片与端壁相互保持静止的吸力面角区。

角区分离本质上源于压气机通道内低速流的堆积与迁移,如图 3-74 所示。其生成机理可概括为由于压气机通道中存在巨大的横向压力梯度,端壁区因附面层的存在而生成横向二次流;在二次流的驱动作用下,低速流体逐渐堆向吸力面角区,并沿叶片表面向上爬升,从而形成了占据“端壁-吸力面”二面角的低速流堆积区,这就是所谓的三维角区分离现象。图 3-75 给出了角区分离流动拓扑分析示意图。图中 LE 为前缘,TE 为尾缘,SS 为吸力面,PS 为压力面,下文及附录一中的 LE,TE,SS,PS 皆为此定义。

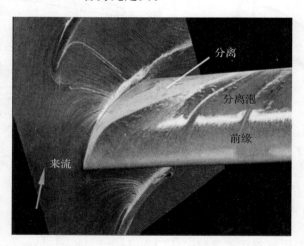

图 3-74　角区分离油流实验图

2.端壁造型技术

端壁造型分为轴对称端壁造型和非轴对称端壁造型。轴对称可以看作非轴对称的一种特例。非轴对称端壁造型属于一种被动的端壁流动控制技术,如图 3-76 所示,用于压气机或涡轮中。通过构造凹凸不平的端壁表面,控制端壁区二次流,达到重新组织流动结构,优化压气机性能的目的。

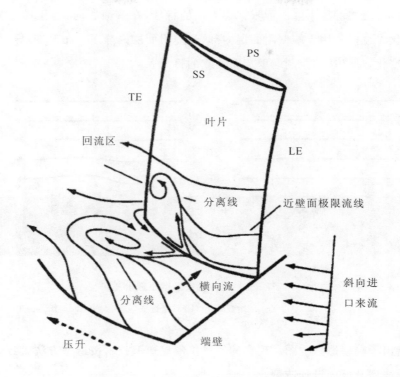

图 3-75　角区分离流动拓扑分析示意图

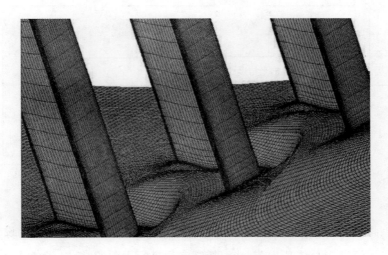

图 3-76　非轴对称端壁造型

　　图 3-77 以二维视图给出了进行端壁造型时的流动变化,用以说明非轴对称端壁的基本造型原理。当固壁表面发生扭曲时,近端壁主流区局部流管面积发生扩张或收缩。因流量守恒,主流的速度必发生变化。当流管面积局部扩张时(对应壁面下陷),主流速度下降,由伯努

利方程,静压升高;反之静压下降。而根据边界层的特性,在壁面法向,静压梯度基本为零,因此上述压力变化将直接作用于端壁附面层内部,从而附面层内静压分布改变,导致受其驱动的二次流亦发生变化,最终达到控制端壁流动变化的目的。

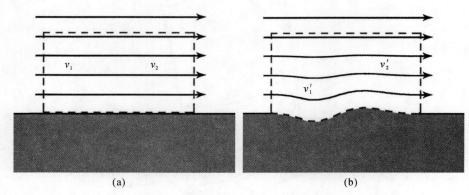

图 3 - 77　非轴对称端壁造型原理示意图
(a) 原始壁面;　(b) 端壁造型

图3-78给出了端壁造型框图。现有的压气机端壁造型技术按造型方法大致分为三类:工程化造型、优化造型及反向设计造型。

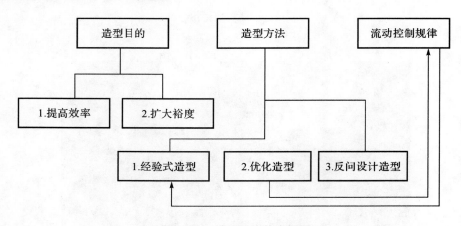

图 3 - 78　端壁造型技术框图

　　工程化造型指利用经验或设计理论直接进行非轴对称端壁造型的方法。设计过程通常需要以控制端壁二次流动为总体目标,对造型控制参数进行不断的尝试,并在试验多套造型方案后择其优者作为最终方案。这种设计方法相对省时、省资源,但为保证设计有效,必须依赖可靠的造型经验。相比之下,优化造型是指利用数学优化理论构造端壁造型的方法。图3-79是用商用 CFD 软件 NUMECA 生成并进行注释的示意图。

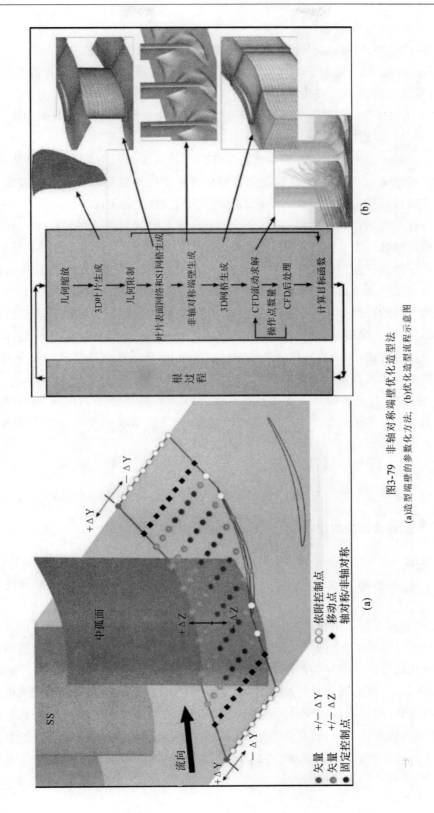

图3-79 非轴对称端壁优化造型法
(a)造型端壁的参数化方法; (b)优化造型流程示意图

这种造型方法的一般步骤：

（1）利用一系列的控制点将压气机的端壁参数化。

（2）根据造型需要（一般是最小化损失），构建目标函数与自变量（控制点的几何参数）的函数关系式，通常还要将造型的几何或气动约束加入其中。

（3）构造"优化造型 — 流场求解 — 验证更新"的优化迭代，最终得到收敛的优化解，即为全局最优非轴对称端壁造型。

优化造型法最大优点在于不需要依赖造型经验。轴流压气机中流动结构复杂，至今尚未得到造型的一般结论，在压气机中使用优化造型就可以很好地避免对流动控制方法的探讨。只要通过计算就可以获得针对于某一特定工况的理论上的"全局最优解"。

反向设计法起源于在涡轮中的应用。Schobeiri 等人曾针对高压涡轮提出一种名为连续扩压法的端壁造型设计方法，如图 3-80 所示。该方法对端壁的设计基于连续扩压管道模型，将涡轮端区吸压力面压差与端区流动联系起来，旨在通过设计端壁造型使出自压力面角区的横向流动减速扩压并无法抵达吸力面。由此计算出端壁造型下陷的确切尺寸。该方法经验证既可避免优化方法的耗时计算，又可避免经验式造型法中通过反复尝试决定端壁造型的盲目过程，造型结果对端区损失的控制也比普通的经验式造型结果更具优势。反向设计法尚属最新兴起的端壁造型方法，由于压气机复杂的端区流动特征，该方法在压气机中的应用实例目前尚不多见。但该方法的显著优势使之极具发展潜力。

图 3-80 中的参数定义如下：δ 为边界层厚度，R_{hub} 为轮毂半径，p 为静压，h_{ip} 为第 i 个扩散段压力面的高度，h_{is} 为第 i 个扩散段吸力面的高度，x 为扩散段长度，λ 为扩散段恢复系数，且 $\lambda = \dfrac{\Delta p_i}{\frac{1}{2}\rho U_p^2} = 1 - \dfrac{(\Delta h_i)_p^2}{(\Delta h_i)_s^2}$。

前面介绍了端壁造型的分类以及方法，端壁造型的一些研究结果详见附录一。

七、涡流发生器流动控制技术

1.结构描述

涡流发生器（Vortex Generator），又名旋涡发生器，是一种用于控制附面层分离的被动流动控制结构。

目前，航空领域普遍采用的涡流发生器主要分为两类形式：叶片形和楔形。图 3-81 给出了常见的三种叶片形涡流发生器几何结构，它们通常为厚度极薄的矩形、前缘后掠的梯形或者三角形结构。从涡流发生器叶尖产生的涡通常被称作诱导涡（Induced Vortex），涡流发生器的安装角度不同可以改变诱导涡的旋转方向。叶片形涡流发生器在改善轴流压气机的角区分离时通常成组出现，用于加强诱导涡的强度。图 3-82 给出了常规的楔形涡流发生器几何结构，其几何构型为四面体结构，通常被置于压气机静叶前缘线上游的端壁上。在楔形涡流发生器后方会产生一对旋转方向相反的涡。各国学者基于这两类涡流发生器发展出了多种优化结构，相关内容参见附录二。

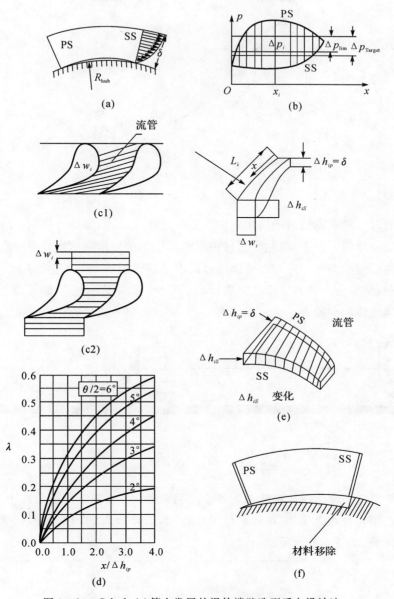

图 3 - 80　Schobeiri 等人发展的涡轮端壁造型反向设计法

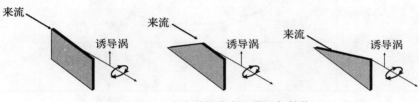

图 3 - 81　叶片形涡流发生器几何结构

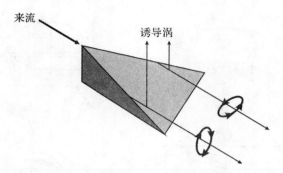

图 3-82　楔形涡流发生器几何结构

2.作用机理

在气流流过一带有安装角的涡流发生器后,由于叶片两侧压差的作用,导致涡流发生器叶尖处产生高能诱导涡。图3-83对比了使用涡流发生器前后的附面层分布示意图,图3-83(b)中诱导涡在向后运动的过程中对近壁面区域的附面层进行扰动,将主流中的一部分能量注入到附面层当中,使低能流体和主流之间进行动量转换,增加了近壁面流体的能量,使一部分附面层内的低能流体能够随着主流一起向后运动,从而控制了流动的分离现象。

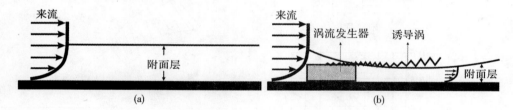

图 3-83　附面层速度分布示意图
(a) 无涡流发生器；　(b) 使用涡流发生器后

图 3-84 给出了轴流压气机叶栅／静子使用涡流发生器前后的攻角特性。静子的总压损失随着攻角的增大而逐渐增加,加入涡流发生器后,设计攻角(0°攻角左右)附近的总压损失出现了显著降低,相关内容详见附录二。

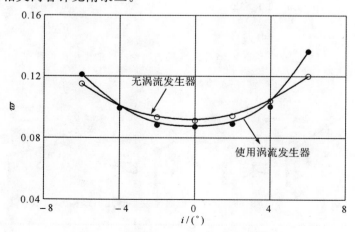

图 3-84　使用涡流发生器前后的攻角特性

图3-85对比了有无涡流发生器时,压气机静子通道内的流动特性。图3-85(a)所示为未使用涡流发生器的静子叶片通道流动特性。在轴流压气机静子叶片通道中,由于横向压力梯度和轴向逆压梯度的共同作用,导致附面层过度堆积在叶片吸力面-端壁间的角区,形成角区分离,造成叶片通道角区的堵塞。在静叶通道前缘端壁上加入叶片形涡流发生器后[见图3-85(b)],所产生的诱导涡随即进入叶片通道,由于受到通道内横向压力的作用,诱导涡逐渐靠近叶片吸力面角区,对近壁面区域的附面层进行扰动,将主流中的一部分能量注入到附面层当中,从而使角区分离程度减小,压气机的性能得到了恢复。图3-85(c)所示为在静子叶片前缘端壁上使用楔形涡流发生器,来自于相邻涡流发生器吸/压力面的诱导涡受到横向压力的作用后,共同向叶片吸力面-端壁角区运动,从而控制了角区分离。涡流发生器的高度、安装位置以及与来流之间的夹角是影响诱导涡的重要参数,设计者在后期的设计中需要对这些参数着重注意,与之相关的研究内容详见附录二。

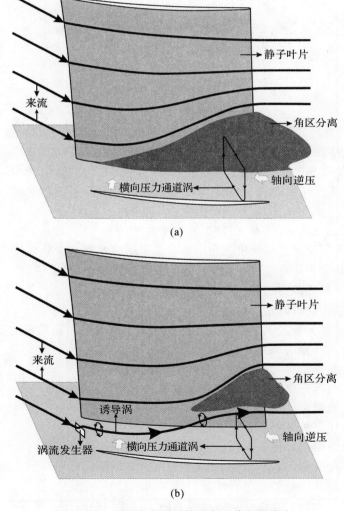

图 3-85　涡流发生器对静子角区分离的影响

(a)无涡流发生器静子通道；　(b)使用叶片形涡流发生器静子通道

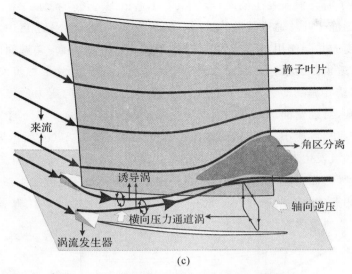

（c）

续图 3-85　　涡流发生器对静子角区分离的影响
（c）使用楔形涡流发生器静子通道

思考与练习题

3-1　为什么在叶片机中常采用绝对与相对两种坐标系研究气体的流动？气流的哪些参数不因坐标系的不同而不同？哪些参数却随坐标系的改变而变化？

3-2　研究多级压气机时,为了便于研究,将它作了怎样的简化？

3-3　试画出压气机基元级的平面叶栅简图,并分析构成扩张式通道的主要条件是什么。

3-4　当气流流过压气机基元级时,其气动参数是如何变化的？

3-5　决定压气机基元级速度三角形的参数是哪些？哪些参数与流量和轮缘功有关？

3-6　什么是亚声速压气机？在亚声速级中,c_a 与 u 受到什么限制？

3-7　亚声速基元级与超声速基元级的扩压原理有何区别？

3-8　压气机在设计时采用负预旋有什么作用？

3-9　压气机基元级"反力度"的物理概念是什么？试写出运动反力度的计算公式。

3-10　压气机叶栅的临界马赫数是如何定义的？

3-11　叶型损失由哪几部分组成？产生损失的根本原因是什么？

3-12　为什么压气机扩压叶栅要有负荷限制？

3-13　压气机叶栅扩散因子的物理意义是什么？如何用扩散因子指导压气机的设计？

3-14　决定压气机叶栅叶型的几何参数有哪些？

3-15　压气机叶栅几何是由哪些参数确定的？

3-16　工作轮叶栅是转动的,为什么可以在静止的平面叶栅风洞中来研究其性能？

3-17　平面扩压叶栅的攻角特性是怎样变化的？其原因是什么？

3-18　平面叶栅额定特性线是如何得到的？其应用的限制条件是什么？

3-19　压气机叶片为什么要做成扭的？

3-20 导出简化径向平衡方程的基本假设是什么？

3-21 试写出简化径向平衡方程的表达式，并说明其物理意义。

3-22 按照等环量扭向规律设计的压气机叶片有何优缺点？

3-23 等反力度扭向规律与等环量扭向规律相比，有哪些特点？

3-24 压气机级的流动损失包括哪几部分？

3-25 什么是二次流动？二次流动是如何产生的？

3-26 超声速和跨声速压气机级有什么特点？

3-27 多级轴流压气机中各个级有什么特点？

3-28 为什么多级压气机的效率比单级平均效率要低？

3-29 多级轴流压气机的流程形式有哪些？各有什么特点？

3-30 多级压气机中的轴向速度应如何变化？

3-31 在多级压气机中，各级轮缘功应如何分配？

3-32 由于环壁附面层导致轴向速度分布发生变化，这对压气机的加功量有何影响？

3-33 某台多级轴流压气机的第一级与第二级的加功量和效率都相同，试分析两级的增压比是否相同。

3-34 画出压气机基元级反力度分别为 0、0.5、1.0 时的转子进出口速度三角形，并给出相关数学依据。

3-35 试解释说明超声速叶栅"唯一攻角"的概念。当跨声速压气机在唯一攻角下工作时，其特性线有什么特点？

3-36 某压气机的总增压比 $\pi_K^* = 8.9$，效率 $\eta_K^* = 0.775$，试求：

(1) 当进气温度 $T_1^* = 288$ K 时的压气机出口总温 T_K^*；

(2) 压气机对每千克气体的加功量 L_u；

(3) 已知流过压气机的空气流量 $m_a = 64$ kg/s，求压气机的功率 N_K [空气比热比 $\kappa = 1.4$，气体常数 $R = 287.06$ J/(kg·K)]。

3-37 某亚声速轴流压气机第一级平均半径处的参数为

$$u_1 = u_2 = 250 \text{ m/s}, \quad c_{1a} = c_{2a} = c_{3a} = 125 \text{ m/s}$$
$$c_{1u} = 30 \text{ m/s}, \quad c_{3u} = 0, \quad L_u = 20.1 \text{ kJ/kg}$$

(1) 计算 Ma_{w_1} ($T_1^* = 288$ K)，Ma_{c2}，β_1，β_2 和 α_2；

(2) 画出这个基元级的速度三角形；

(3) 画出与速度三角形相一致的动静叶叶栅的示意图，并说明叶栅通道的几何特征。

3-38 某轴向进气的超跨声压气机进口级的叶尖基元级参数为：$u_1 = u_2 = 485$ m/s，$\pi_K^* = 2.0$，静叶总压恢复系数 $\sigma_S = 0.96$，基元级效率为 0.80，$c_{1a} = 260$ m/s。

(1) 求动叶叶尖相对马赫数 Ma_{w_1} ($T_1^* = 288$K)；

(2) 求压气机转子叶尖基元级的效率 η_R^*；

(3) 求压气机动叶叶尖扭速 Δw_u；

(4) 假定 $\beta_1 = \beta_2$，求 c_{2a}；

(5) 设动叶尖部稠度 $\dfrac{b}{t} = 1.5$，计算动叶叶尖的扩散因子 D；

(6) 假设 $c_{2a} = c_{3a}$，$c_{3u} = 0$，试画出这个基元级的速度三角形，并根据计算得到的 α_2 和 α_3 确定静叶尖部稠度；

(7) 画出与这个基元级速度三角形相适应的动叶和静叶叶栅叶型示意图。

第四章 轴流压气机的特性及防喘振方法

第一节 轴流压气机特性曲线的定义及作用

在前面的章节里,研究了轴流压气机在设计条件下的工作原理。压气机的气动设计是根据发动机总体性能要求提出的参数:空气流量 m_a、增压比 π_K^*、飞行高度 H 和飞行马赫数 Ma_H,进行压气机气动流场计算、速度三角形设计以及叶栅几何和叶片设计,决定流程部分的通过面积、叶片安装角、弦长等。给定的 m_a,π_K^*,H 和 Ma_H 诸参数为设计参数,压气机在这些参数下的工作状态称为设计点工况。压气机在实际使用中,不仅要在设计条件下工作,而且还要在与设计状况不同的范围内工作,这时压气机的转速、空气流量、飞行状态和大气条件都可能变化,其增压比、效率都会随这些因素变化。

压气机的工作状况由压气机进口总压 p_1^*、进口总温 T_1^*、空气流量 m_a 及转速 n 决定,这四个参数称为压气机的工作参数,而表征压气机性能的参数是增压比 π_K^* 和效率 η_K^*。压气机的特性就是压气机的性能参数增压比 π_K^* 和效率 η_K^* 与工作参数 m_a,n,p_1^* 和 T_1^* 之间的关系,用数学式子表示为如下的一般函数关系。

$$\left.\begin{array}{l} \pi_K^* = f_1(m_a,n,p_1^*,T_1^*) \\ \eta_K^* = f_2(m_a,n,p_1^*,T_1^*) \end{array}\right\} \tag{4-1}$$

用计算的方法来得到压气机的特性曲线有很大困难,因为气流在非设计状态下的流动规律非常复杂,而且压气机中的损失变化目前还不能准确地预测,因此压气机的特性曲线一般是用实验方法得到的,将压气机在特定的实验台架上进行实验,用测量的方法得到。

特性曲线可以让人们方便地看出轴流压气机的基本性能,了解主要特性参数的变化特点,了解不稳定边界及稳定工作范围,为人们合理地选择和使用压气机提供了依据。压气机的设计水平、技术先进性主要是通过其性能指标来进行判定的。

第二节 单级轴流压气机的特性

一、单级轴流压气机特性的实验录取

1. 实验目的

(1)录取单级压气机等转速情况下的增压比、效率和流量曲线。

(2)掌握录取压气机特性的实验方法和数据处理方法。

（3）了解实验装置及各参数的测试方法。

2. 单级轴流压气机实验台的组成

单级轴流压气机实验台主要由电动机、增速器、测扭机构、进气部分、实验段及排气段组成，如图4-1所示。动力装置为电动机，电动机通过增速器，连同扭力测功仪一起带动实验转子旋转。气流经过进气罩沿径向吸入通道，并经进气装置的转折变成沿轴向的流动，再经实验段的压缩后进入排气段。排气段的中部装有测量流量的孔板，尾部装有调节流量的节气门。为了使实验段便于更换和检查试件，通常排气段做成可移动的。实验段的通道尺寸可以根据实验级的几何尺寸在一定的范围内变化。为了实验任何一种单级压气机的性能，整个实验段能安装进口导流叶片、转子叶片及静子叶片，在实验段的壳体上安排测量截面，每个测量截面上可测量内外环壁的静压，并安置相隔一定角度的安装座，用以安装坐标架，以移动压力和温度传感器。

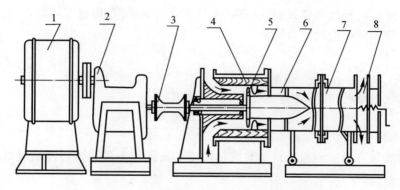

图4-1　单级轴流压气机实验台示意图

1—直流变速电动机；2—增速器；3—扭力测功仪；4—实验段；

5—实验转子；6—排气段；7—流孔板；8—节气门

压气机的驱动方式不同，其实验装置的结构有所差异。当在压气机的进口段无障碍时，可以采用具有双叶线型面的进口集流装置来进行流量测量，具有结构简单、测量方便的特点。当进口段不便于布置时，可以在出口段用流孔板进行流量测量，用流孔板测量时对孔板前后的管路有一定的要求，具体可参考相应的国家标准。本实验装置上给出的是用流孔板测量流量。

在实验高增压比大流量的压气机时，为了节省功率，可以通过进气节流的办法，来减少进入压气机的气体密度，从而减少流经压气机的空气流量，这样可以减小实验压气机所消耗的功率。在一些小型实验台上，也可在出口段加节流阀。节流阀的目的是在实验过程中调节流量，从而改变压气机的运行工况。本实验装置上给出的是出口段加节流阀。

为了测量压气机的功耗，进而计算效率，因此需要测量扭矩。一般采用机械式扭力测功仪进行测量，根据传动轴的扭转变形测量扭矩。适合于高速运行的扭力计有应变式、磁电式和光电式。在多级压气机中，进出口温差比较大，可以通过测量温升来计算功耗。对单级而言，由于温升小，难以保证测量精度，只将温升计算作为参考，用测扭来计算功耗。

为了作出不同转速下的压气机特性曲线，同时也为了能够对功率和转速各不相同的各种类型的实验压气机进行实验，要求动力源所发出的功率和转速能够独立地调节。通常采用直流调速系统，用直流电机带动并进行调速；或采用交流变频调速系统，用交流电机带动压气机。

3. 所需测量参数

为了录取单级压气机的特性曲线,应测量如下的参数:

实验时的大气压力 p_H 和大气温度 T_H;

实验级的进口平均总压 p_1^*、静压 p_1 和平均总温 T_1^*,进口气流角 α_1;

实验级的出口平均总压 p_2^*、静压 p_2 和平均总温 T_2^*,出口气流角 α_2;

工作叶轮的扭矩及转速 n;

流孔板前后的压力差。

在实验过程中,维持某一转速 n 不变,可以操纵节气门来改变通过压气机的流量。借助于测试手段,测出不同转速下、不同流量状态的具体参数,计算出流量、增压比和效率。

为了反映各参数沿径向的变化,一般在进出口截面测取 5 个或 7 个径向位置的参数,按等环面积方法确定径向测点的位置,再以各状态的流量为权系数,加权平均以计算各截面参数的平均值。增压比和效率的计算公式为

$$\pi_K^* = p_2^* / p_1^* \tag{4-2}$$

$$\eta_K^* = (\pi_K^{*\frac{\kappa-1}{\kappa}} - 1)/(T_2^*/T_1^* - 1) \tag{4-3}$$

也可以测出压气机轴的扭矩,计算出耗功 L_K 和效率。

$$\eta_K^* = \frac{c_p T_H (\pi_K^{*\frac{\kappa-1}{\kappa}} - 1)}{L_K} \tag{4-4}$$

压气机的流量可通过测量进口参数或利用流孔板进行测量。通过测量进口总压及静压,由 $\pi(\lambda_1) = \dfrac{p_1}{p_1^*}$ 计算 λ_1 及 $q(\lambda_1)$,则

$$m_a = K \frac{p_1^*}{\sqrt{T_H}} q(\lambda_1) A_1 \tag{4-5}$$

若采用流孔板测量流量,则需要测出孔板前后的静压 p_1' 和 p_2'。

$$\Delta p = p_1' - p_2'$$

$$m_a = f(\Delta p, T_2^*) \tag{4-6}$$

按上述方法进行实验,可以得出一个转速下的特性曲线,改变转速后重新实验,可得到其他转速下的性能曲线。

二、特性线的变化规律及分析

图 4-2 给出了轴流压气机的增压比及效率随流量的变化关系。图上横坐标为流量 m_a,纵坐标分别为效率 η_K^* 和增压比 π_K^*。从中可以看出,在转速一定时,随着空气流量的减小,开始压气机的增压比增加,在某个流量点达到最大值,然后随流量的减小又开始下降。在这种情况下,所研究的增压比流量特性曲线的每一条都有两截,右面的一截当空气流量减小时增压比增加,而左面的一截,随流量的减小增压比下降。压气机的级效率随流量变化的规律基本上与此类似,开始当流量减小时,效率增加,在一定的流量状态下效率达到最大值,当继续减小流量时,则效率下降。对不同转速下的增压比、流量特性线,转速增加时,增压比明显增加。

在等转速线上,当空气流量减少到一定程度时,压气机的工作会变得很不稳定。其特点为流过压气机的气流速度和压力会产生强烈的脉动,并且伴随产生一种不正常的声音和引起压

气机的振动。每一个转速都有一个最小的空气流量,低于该流量会产生不稳定流动。等转速线上开始出现的不稳定现象的点称为不稳定工作点,各条等转速线上的不稳定点的连线称为该压气机特性图上的不稳定工作边界,或喘振边界,如图 4－2 上的虚线所示。

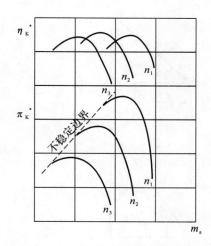

图 4－2　单级轴流压气机特性图

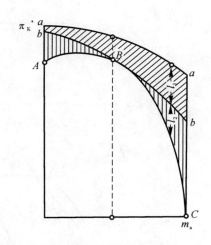

图 4－3　轴流压气机流量特性曲线的变化特点

下面来说明特性曲线的变化规律。如果压气机中没有任何损失,那么外界加给气体的功全部用来压缩气体,压气机的特性线如图 4－3 上的 $a－a$ 曲线。实际压气机中存在着损失,首先需要了解流量变化时,压气机中的损失如何变化。流过压气机中的损失主要为摩擦损失和撞击损失。摩擦损失是由于空气与壁面或空气质点相互之间的摩擦而产生的损失,这部分损失将随流量的增加而增加,因此考虑摩擦损失后,增压比随流量的增加而减小,如图 4－3 上的 $b－b$ 曲线,这是只考虑摩擦损失时增压比、流量特性的形状。阴影部分表示由于摩擦损失而引起的压气机增压比的减小。

撞击损失指气流运动方向与叶片前缘中弧线切线方向不一致时引起的损失。在设计工况时,冲角接近于零,如图 4－4(a) 所示。这时气流方向与叶片前缘中弧线基本一致,不存在冲击损失。当流量增大[见图 4－4(b)]或减小[见图 4－4(c)]时,压气机工况偏离设计工况,气流方向偏离叶片前缘中弧线方向,从而在叶片表面产生分离。流量大于或小于设计值时都会产生冲击损失,考虑摩擦损失及冲击损失后级的特性线如图 4－3 中 ABC 曲线。垂直的阴影部分则表示由于撞击损失而减小的增压比。

另外可以通过对轮缘功 $L_u＝u\Delta w_u$ 及效率 η_K^* 随流量变化的分析来了解特性线的变化规律。当压气机的工作点偏离设计状态时,π_K^* 和 η_K^* 的变化取决于轮缘功 $L_u＝u\Delta w_u$ 和流动损失的变化。首先研究轮缘功 L_u 随空气流量的变化,也就是看 u 和 Δw_u 随流量的变化。因为特性线是在一定转速下得到的,所以圆周速度 u 不变。当流量增加时,气流的轴向分速 c_{1a} 将会加大,由图 4－4(b) 可知,气流进口角 β_1 加大,于是气流和叶片形成负冲角,即 $i<0$。在冲角偏离设计冲角不太多的情况下,可以认为气流出口角基本不变,因为在一定的进气角范围内,落后角变化很小。由图 4－4 看出,Δw_u 减少,轮缘功减少。

当流量减小时,如图 4－4(c) 所示,c_{1a} 减小,冲角加大,在 β_2 基本不变时,Δw_u 增加,轮缘功增加。因此,轮缘功随着流量的减小而增加。

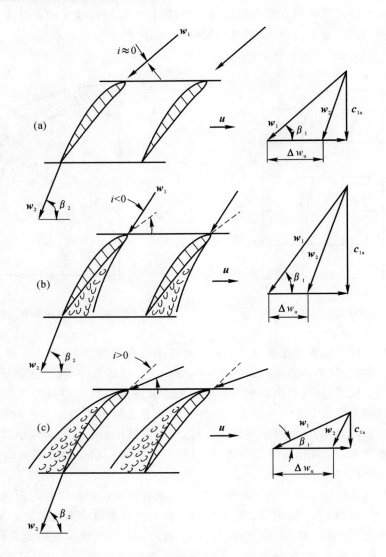

图 4 - 4　轴流压气机中流量变化时速度三角形的变化

　　轮缘功中一部分用来提高气体压力,一部分用来克服流动损失。前面已分析了损失随流量的变化。扣除掉流动损失以后,剩余部分为给气体增压的等熵压缩功 L_{ad}^*。等熵功 L_{ad}^* 随流量的变化曲线实际上代表了级增压比 π_K^* 随空气流量 m_a 的变化曲线,因为

$$L_{ad}^* = \frac{\kappa}{\kappa - 1} R T_1^* (\pi_K^{*\frac{\kappa-1}{\kappa}} - 1) \qquad (4-7)$$

　　在保持转速不变时,随着空气流量的减少,级增压比开始总是逐步增加的,达到最大值以后又逐渐减小,并最后进入不稳定工况。这是因为空气流量减少到一定程度以后,正冲角太大,就会引起叶背失速,β_2 会发生大的变化,使轮缘功不再上升,而且流动损失剧增,这两个因素都使 π_K^* 下降。当正冲角超过某临界值时,叶背分离扩展至整个通道,压气机进入不稳

定工况。

级效率 η_K^* 随流量变化曲线既可以通过对损失的分析得出，也可以根据效率的定义 $\eta_K^* = L_{ad}^*/L_u$ 得出。因为效率公式中分母上的轮缘功 L_u 也随流量变化，所以最大效率点与最大增压比点并不在同一工况点上，也就是说，效率达到最大点时，增压比并没有达到最大。

第三节　　多级轴流压气机在非设计情况下的工作特点

在多级轴流压气机中，每一个单级的工作原理是完全相同的。但由于各级在流通部分中所处的位置不同，其几何参数各不相同，在非设计条件下，形成了各级中不同的气流流动和工作特点。图4-5所示为标准大气条件下某型发动机九级轴流压气机的特性曲线图。图中 $\bar{n}_{cor}$ 的定义是压气机转速与设计转速之比。由图可见，多级压气机特性和单级压气机特性基本相似。特性图上的点画线表示压气机的工作线，当压气机的工作线与边界线相交时，就会发生喘振。下面将详细分析多级压气机工作情况与设计情况偏离太多时出现喘振的原因。

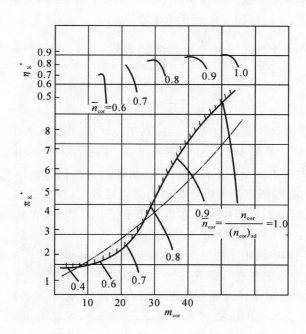

图4-5　某型发动机九级轴流压气机特性图

一、多级轴流压气机在非设计工况下级间的不协调性

当空气流过压气机时，其密度增加，因此压气机出口处的流通截面必须做的比进口处的小。从进口到出口，子午面内的流通面积逐渐减小以适应密度的变化，然而流通截面面积和流过它们的空气密度完全相适应只有在设计条件下才能达到。在非设计条件下，压气机出口处的空气密度和进口处的空气密度之比将发生变化。在流通截面面积不变的条件下，会使轴向速度沿压气机的流程部分发生变化，使一些级的工作状况与最佳的设计状况发生偏离。如当

压气机的转速变化或增压比变化,都会导致流量系数 $\bar{c}_a(\bar{c}_a = c_a/u)$ 的改变,从而引起各级的冲角也相应发生改变。大的正冲角可能导致压气机进入不稳定工况区,大的负冲角可能导致压气机的堵塞和增压比、效率的急剧下降。下面分析压气机非设计工况的工作特点,将气体运动的连续方程应用到第一级和最后一级的进口:

$$m_a = A_1 \rho_1 c_{1a} = A_z \rho_z c_{za} \qquad (4-8)$$

式中,m_a 表示质量流量;下标 $1,z$ 为压气机第一级和最后一级的进口截面符号;A 为各级进口面积;ρ 为密度。由式(4-8)可得

$$\frac{c_{1a}}{c_{za}} = \frac{A_z \rho_z}{A_1 \rho_1} \qquad (4-9)$$

根据多变关系,$p/\rho^n = $ 常数,将密度的比值用压力的比值来代替,并注意到压气机面积比为常数,即 $A_1/A_z = $ 常数,则有

$$\frac{c_{1a}}{c_{za}} = \left(\frac{p_z}{p_1}\right)^{\frac{1}{n}} \cdot 常数 = \pi_z^{\frac{1}{z}} \cdot 常数$$

对于单转子压气机,各级圆周速度之比为常数,即 $u_1/u_z = r_1/r_z = $ 常数,所以

$$\frac{c_{za}/u_z}{c_{1a}/u_1} \pi_z^{\frac{1}{z}} = 常数$$

或

$$\frac{\bar{c}_{za}}{\bar{c}_{1a}} \pi_z^{\frac{1}{z}} = 常数 \qquad (4-10)$$

式(4-10)表明:若多级压气机的增压比 π_z 高于设计值,则压气机后面级的流量系数 $\bar{c}_{za}$ 和进口级的流量系数 $\bar{c}_{1a}$ 的比值将小于设计状态的比值。由速度三角形分析可知,$\bar{c}_{za}$ 的下降意味着后面级压气机将在大的正冲角下工作,而 $\bar{c}_{1a}$ 的增加则表明前面级压气机会在负冲角(或冲角减小)状态下工作。若增压比低于设计状态的增压比数值,则情况与上述相反,压气机前面级可能在大的冲角下工作,后面级则可能在负冲角下工作。因此,在非设计工况下,多级压气机前面级和后面级与设计工作条件下是不协调的。

为了直观,在图 4-6 中画出了第一级、中间级和最后一级工作曲线在特性线上的相对位置,假设所研究的所有三级的特性线完全一样。线 BAC 属于中间级,线 $B_1 A C_1$ 属于第一级,线 $B_2 A C_2$ 属于最后一级。当与设计转速相比减小折合转速时,流量系数减小的第一级转移到特性线的左支(B_1 点),造成级增压比和效率的下降,可能导致喘振的出现。流量系数增大的最后一级则转移到特性线的右段(B_2 点),这时,它的增压比和效率也下降。当与设计转速相比加大折合转速($n > n_p$)时,在特性线上,第一级偏向最佳工况的右方(图上 C_1 点),而最后一级偏向左方(图上 C_2 点)。只有中间级在比较宽广的范围内接近最佳的条件下工作。需要指出的是,当转速与设计的转速偏差相同时,第一级和最后一级将具有不同的折合转速,因为空气在第一级和最后一级进口处的温度不同。

下面应用式(4-10)分析转速变化时对压气机不稳定工作状态的影响。从式中可以看出,当转速下降时,由于增压比 π 的减小而使 $\frac{\bar{c}_{za}}{\bar{c}_{1a}}$ 加大,第一级后面各级进口处的流量系数要比 $\bar{c}_{1a}$ 下降慢,从压气机前面级到后面级,各级的流量系数降低越来越少,最终使前面级的流量系数降低,中间级的流量系数接近设计值,后面级的流量系数增大。由此导致前几级有较大的正冲

角,使前几级首先发生不稳定工作状态,而后面几级有较大的负冲角,有可能使后几级进入涡轮工作状态,并产生气流堵塞,形成"前喘后涡"。

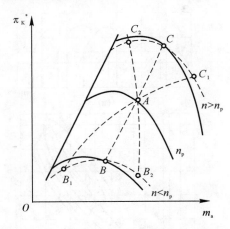

图 4 - 6　工作曲线在压气机特性线上的位置

当换算转速高于设计值时,应用式(4 - 10)可分析出多级压气机末级会发生不稳定流动工况。如在高空压气机的进口温度低时,要保持机械转速为设计值,则换算转速将高于设计值,总增压比会高于设计值。从式(4 - 10)知,$\dfrac{\overline{c}_{za}}{c_{1a}}$ 的比值要减小,后面级的流量系数减小,可能出现不稳定工况,而前几级由于负冲角有可能进入堵塞状态,形成"前涡后喘"。

二、多级轴流压气机等转速线的特点

多级轴流压气机的特性线表示在图4 - 7上,图上还给出了等效率线。由图可以看出,当转速一定时,流量增大,增压比下降。当转速增加时,增压比增加,性能曲线变陡,并且向大流量方向移动。在离开设计工况时,多级压气机的增压比和效率比单级的变化更为剧烈。下面对其进行详细的分析,式(4 - 10)也可用于任何两级之间分析流量系数 $\overline{c}_a$ 的相对变化。由式(4 - 10)知

$$\frac{\overline{c}_{2a}}{c_{1a}}\pi_{\mathrm{I}}^{\frac{1}{n}} = 常数, \qquad \frac{\overline{c}_{3a}}{c_{2a}}\pi_{\mathrm{II}}^{\frac{1}{n}} = 常数, \qquad \cdots \qquad (4 - 11)$$

式中,π_{I},π_{II} 分别表示第一级和第二级压气机的增压比;$\overline{c}_{1a}$,$\overline{c}_{2a}$,$\overline{c}_{3a}$ 分别为第一级、第二级及第三级压气机的进口无量纲轴向速度。下面用式(4 - 11)来分析多级压气机等转速线的特征和工况偏离逐级放大的原因。

假定压气机转速不变,当流入压气机的流量大于设计值时,第一级压气机的流量系数 $\overline{c}_{1a}$ 将大于设计值。由速度三角形分析知,其扭速将减小,第一级压气机的增压比 π_{I} 将低于设计值。由式(4 - 11)知,$\overline{c}_{2a}$ 将一方面由于 $\overline{c}_{1a}$ 的增加而增加,另一方面因 π_{I} 的下降而增加,π_{I} 下降时导致密度下降而额外增加了容积流量,从而引起 $\overline{c}_{2a}$ 的增加,而 $\overline{c}_{2a}$ 的增加会导致压气机第二级的增压比 π_{II} 进一步下降。由式(4 - 11)知,$\overline{c}_{3a}$ 将因 π_{II} 下降及 $\overline{c}_{2a}$ 的增加而明显增加。如此递推下去,后面级压气机的 $\overline{c}_a$ 将逐级地急剧上升,导致最后一级的流量系数 $\overline{c}_{za}$ 将大大增加,$\pi_z = \pi_{\mathrm{I}}\pi_{\mathrm{II}}\cdots$ 将大大下降。当流量减小时,在不出现非稳定工况的条件下,其分析方法与此相

同。由此可见,多级压气机在偏离设计工况时会逐级放大,使得多级轴流压气机等转速特性线陡峭。

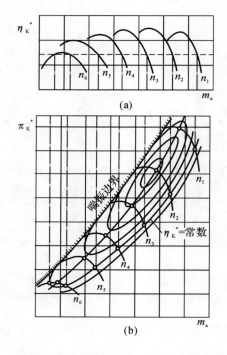

图 4 - 7   压气机特性等效率曲线表示法

第四节   相似理论在轴流压气机中的应用

一、轴流压气机的相似条件

在气体动力学及流体力学中已经介绍了相似理论及模化原理,这里仅将其作为一种工具应用到压气机中。相似理论指出,在两种流动现象中,如果对应点上的同名物理量成比例,那么两个流动现象相似。在压气机中,当气流流过几何相似的两个系统时,如果所有对应点上的参数值,如速度、压力、温度之比不随空间及时间变化,那么两个压气机的流动相似。要满足流动相似,必须满足三个相似条件:几何相似、运动相似和动力相似。

1. 几何相似

两台压气机的几何相似包括流道的几何相似和平面叶栅的几何相似,如图 4-8 所示。这时对应的几何尺寸必须成比例,即满足

$$\frac{D_t}{D_t'} = \frac{D_h}{D_h'} = \frac{\delta}{\delta'} = \frac{h}{h'} = \frac{\Delta}{\Delta'} = \frac{b}{b'} = \frac{t}{t'} = \frac{c_{\max}}{c_{\max}'} = K_t \qquad (4-12)$$

式中,$c_{\max}$ 为叶型最大厚度;δ 为叶顶间隙;Δ 为表面粗糙度;K_t 为尺寸缩小或放大系数;分子、分母分别表示两台压气机。

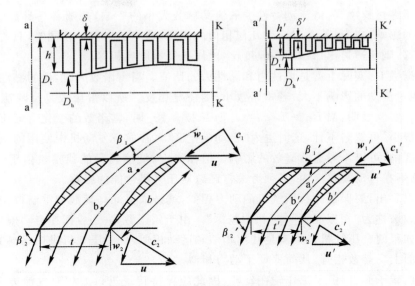

图 4－8 相似律推导引证图

几何相似是保证流动相似的先决条件，如果两台压气机几何不相似，就谈不上所谓"对应点"或"对应尺寸"，对于原型压气机，$K_t=1$。这里需要指出，要把模型机造得和原型机完全几何相似是不可能的。例如，为了使模型机安全运转，径向间隙 δ 就不能按比例缩小，必须保证最小的安全运行间隙。叶片的相对表面粗糙度要按比例提高，工艺上也有困难。甚至叶片的最大厚度按比例缩小后，强度就可能不够。一般来说，除了几项比较难以满足的尺寸之外，其他都必须满足相似条件。所以实际上的几何相似也是近似的。

2. 运动相似

运动相似是指实物与模型中的速度场相似，即两台压气机对应点上的速度方向相同，而大小则成比例。亦即

$$\left.\begin{array}{c}\beta_1=\beta'_1,\quad \beta_2=\beta'_2\\[6pt]\dfrac{w_a}{w'_a}=\dfrac{w_b}{w'_b}=\dfrac{w}{w'}=K_w\end{array}\right\}\tag{4-13}$$

式中，K_w 为速度比例系数。

对动叶进出口而言，其速度三角形相似，对应速度成比例。

3. 动力相似

动力相似就是实物与模型的流场中，对应点上同类力的方向相同而大小成比例。

对于压气机而言，气流微团所受的力主要有压力、惯性力、黏性力和重力。对于压气机中的工质而言，重力与其他力比较起来，可忽略不计。在相似理论中，根据对每种力的量纲分析，推导出了几个相似准则数，如雷诺数 Re、马赫数 Ma、普朗特数 Pr 和努赛尔数 Nu 等，而决定压气机中的相似准则数主要有雷诺数和马赫数，其他准则数是反映传热过程的相似准则，对压气机影响不大。下面主要介绍马赫数和雷诺数这两个相似准则数。

马赫数是惯性力与弹性力之比，是反映可压缩性对流动影响的相似准则。当马赫数大时，说明相对于惯性力，弹性力作用较小，也即压缩性大。所以当马赫数大时要考虑可压缩性的影

响。因为在压缩过程中,气流流动特性受气流马赫数大小的影响,并随着马赫数的增高,对气流流动特性的影响愈加显著。对两个几何相似的流道,当绝热指数 κ 相同时,只要进出口截面的马赫数相等,则流道进出口截面的温度比、增压比及速度比相等。

所谓雷诺数 Re 实际上就是惯性力和黏性力的比值。当雷诺数大时,说明黏性力的作用相对较小,黏性对流动的影响不大;若雷诺数小,则情况相反。所以雷诺数是反映流体黏性影响的相似准则。实验表明:当 $Re > Re_{cr} = (1.5 \sim 2) \times 10^5$ 时,雷诺数的变化对气流特性及阻力系数的影响很小,可忽略不计,这时进入"自动模化区"。在航空发动机中使用的压气机大多数在自动模化区内,可以不考虑雷诺数的影响。但在高空、低速飞行的侦察机由于空气密度小,雷诺数小,已不在自动模化区内,必须考虑雷诺数对压气机性能的影响。

由此可以看出,要保证两台压气机的动力相似,就必须保证马赫数和雷诺数相等。通常马赫数和雷诺数被称为"相似准则"或"相似判据"。由于雷诺数 Re 一般都在自动模化区,因而可不必考虑。如果两台压气机已经满足几何相似和运动相似,只要压气机进口马赫数相等,就保证了其余截面上马赫数相等,从而保证了动力相似。

对压气机转子而言,由于工作轮在旋转,因此应保持转子进口处相对气流方向 β_1 和相对速度马赫数 Ma_{aw1} 相等,才能保证动力相似。由速度三角形可知,只要保持 Ma_u,Ma_{c1} 和 α_1 角相同就可以了。当第一级工作轮之前没有导向叶片时,$\alpha_1 = 90°$,于是 $Ma_{c1} = Ma_{ca}$。当有导向叶片时,只要导向叶片进口处的绝对马赫数相等,即 Ma_{ca} 相等就可以了。因此,进口绝对轴向速度的马赫数 Ma_a 和轮缘速度的马赫数 Ma_u 保持相等就能保证动力相似。

$$Ma_a = \frac{c_a}{\sqrt{\kappa R T_a}} \qquad (4-14)$$

$$Ma_u = \frac{u}{\sqrt{\kappa R T_a}} \qquad (4-15)$$

综上所述,保证压气机中流动相似的条件是:

(1) 几何相似;

(2) 特征 Ma 相等,即实物与模型的 Ma_a 和 Ma_u 分别相等;

(3) 绝热指数 κ 相等,即实物与模型的绝热指数 κ 相等。

如果上述相似条件满足,那么两台压气机的流动相似,各对应点参数之比为常数。

二、相似理论的应用

1. 压气机的通用特性线

从相似理论知道,两个相似的压气机或同一个压气机的两个相似工况,只要满足相似条件,则压气机的增压比、效率相等。在各种情况下运行时,尽管进口条件、流量、转速不同,但只要保证 Ma_a 和 Ma_u 分别相等,就可以保证相同的增压比、效率。也就是说,可以用 Ma_a 和 Ma_u 来表示它们的性能曲线,显然这样的性能曲线与运行条件无关,所以称其为通用特性曲线。用数学关系可表示为

$$\left.\begin{array}{l} \pi_K^* = f_1(Ma_a, Ma_u) \\ \eta_K^* = f_2(Ma_a, Ma_u) \end{array}\right\} \qquad (4-16)$$

为了便于应用,可以采用与 Ma_u 和 Ma_a 成比例变化的相似参数来代替压气机进口马赫数 Ma_a 和 Ma_u。下面就来找这些相似参数。

$$Ma_u = \frac{u}{a} = \frac{\pi D n}{60\sqrt{\kappa R T_a}} = c_1 \frac{nD}{\sqrt{T_a}} \qquad (4-17)$$

$$Ma_a = \frac{c_a}{a} = \frac{c_a}{\sqrt{\kappa R T_a}} \frac{A_a}{A_a} = \frac{c_a A_a}{\sqrt{\kappa R T_a} \frac{\pi}{4} D^2 (1-\overline{d}^2)} = c_2 \frac{V_a}{\sqrt{T_a} D^2} \qquad (4-18)$$

式中，c_1，c_2 为常数；轮毂比 $\overline{d} = D_h/D_t$，所以用 $\dfrac{Dn}{\sqrt{T_a}}$ 来代替 Ma_u，$\dfrac{V_a}{\sqrt{T_a}D^2}$ 来代替 Ma_a。因 D 也是常数，故可以归入常数项 c_1 和 c_2 之内，则得如图 4-9 中所示的通用特性线。

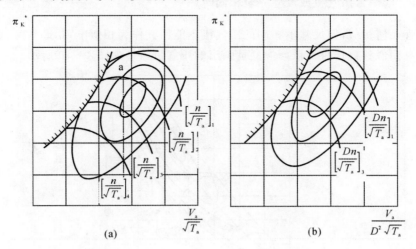

图 4-9 用相似参数 $\dfrac{n}{\sqrt{T_a}}$ 和 $\dfrac{V_a}{\sqrt{T_a}}$ 画出的通用特性线

图 4-9 中，图(a)为原型压气机，图(b)为模化压气机。通用特性线虽然是在压气机一定的进口条件下经过实验后整理得出的，但是由于采用了相似参数，图一经画出之后，它适用于其他的任意进口条件。这时只要算出 $c_a/\sqrt{T_a}$ 和 $n/\sqrt{T_a}$，在通用特性线中找出两个数值之后就可以得出压气机的增压比和效率，如图中 a 点所示。所以说通用特性线克服了流量特性线的缺点。

因为

$$T_a^* = T_a \left(1 + \frac{\kappa-1}{2} Ma_a^2 \right)$$

所以

$$\frac{n}{\sqrt{T_a^*}} = \frac{n}{\sqrt{T_a \left(1 + \frac{\kappa-1}{2} Ma_a^2 \right)}} = f_1(Ma_u, Ma_a) \qquad (4-19)$$

$$\frac{c_a}{\sqrt{T_a^*}} = \frac{m_a/(\rho_1 A_1)}{\sqrt{T_a^*}} = \frac{m_a R T_a/p_a}{A_1 \sqrt{T_a^*}} = m_a \frac{R}{A_1} \frac{\sqrt{T_a^*}}{p_a^*} \frac{p_a^*}{p_a} \frac{T_a}{T_a^*} = $$

$$m_a \frac{R}{A_1} \frac{\sqrt{T_a^*}}{p_a^*} \left(1 + \frac{\kappa-1}{2} Ma_a^2 \right)^{\frac{1}{\kappa-1}} = f_2(Ma_a) \qquad (4-20)$$

则从式(4-20)又可以得出随 Ma_a 而变的相似参数，即

$$\frac{m_a \sqrt{T_a^*}}{p_a^*} = f_3(Ma_a) \qquad\qquad (4-21)$$

这样找到了工程上最常用的相似参数,即

$$\frac{n}{\sqrt{T_a^*}} \qquad 和 \qquad \frac{m_a \sqrt{T_a^*}}{p_a^*}$$

从推导过程可以看出,只有当比热比 κ,进口面积 A_1 为常数时,上述参数才能作为相似参数,因此只有对同一台压气机或尺寸完全相同时,$\dfrac{n}{\sqrt{T_a^*}}$ 和 $\dfrac{m_a \sqrt{T_a^*}}{p_a}$ 才能作为压气机的相似准则。尽管几何相似,但尺寸不相同的压气机不能用其作为相似准则。

以这一对相似参数作自变量与参变量画出的压气机特性如图 4-10 所示。

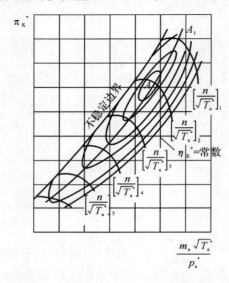

图 4-10　用相似参数表示的压气机通用特性线

2. 轴流压气机的性能换算

在进行压气机设计时,常常规定一个标准状态进气条件来提出对性能参数的要求,通常取标准的海平面的大气条件作设计状态($p_0 = 101\ 325$ Pa,$T_0 = 288$ K)。但是压气机实验总是在当地的大气压力和大气温度下进行的,在冬季和夏季,平原和高原情况下,其大气条件差别很大。如何来根据实验结果判断压气机的性能是否达到设计要求,这就需要根据相似理论把实验数据换算到标准大气条件。

假设大气条件为 p_a^*,T_a^*,在该条件下的实验转速 n,测量得到的流量 m_a,换算为标准大气条件下的流量 m_{acor} 及 n_{cor}。根据相似条件应该满足

$$\frac{n_{cor}}{\sqrt{288}} = \frac{n}{\sqrt{T_a^*}}$$

$$\frac{m_{acor} \sqrt{288}}{101\ 325} = \frac{m_a \sqrt{T_a^*}}{p_a^*}$$

所以

$$n_{cor} = n\sqrt{\frac{288}{T_a^*}} \tag{4-22}$$

$$m_{acor} = m_a\sqrt{\frac{T_a^*}{288}}\frac{101\ 325}{p_a^*} \tag{4-23}$$

这意味着在 T_a^* 下的 n 转，相当于在 288 K 下的 n_{cor} 转；在 T_a^*，p_a^* 下的 m_a 流量相当于在于 288 K 及 101 325 Pa 下的 m_{acor} 流量。这两种状态相似，它的增压比 π_K^* 及效率 η_K^* 一样。以换算转速和换算流量为参数和自变数的压气机特性线表示在图 4-11 上。

也可以采用相对值来表示流量和转速的换算关系，相对流量和相对转速分别为 $\bar{m} = m'/m_0$，$\bar{n} = n'/n_0$。m_0，n_0 分别表示设计工况下压气机的流量和转速，$\bar{m}$ 和 $\bar{n}$ 分别称为相对换算流量和相对换算转速。因此，可以采用相对换算参数来表示压气机的通用特性线，如图 4-12 所示。用相对参数表示的特性目前应用比较广泛。

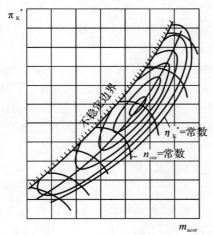

图 4-11　压气机的通用特性线

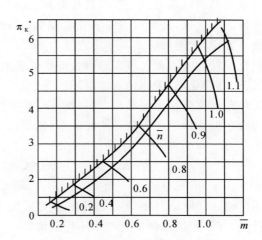

图 4-12　用相对换算参数表示的压气机特性线

3. 相似条件下模型与实物转速及功率的关系

当几何相似时，对应尺寸成比例，设模型与实物的长度比例为 $l'/l = m_l =$ 常数，根据 M_{2u} 相等的条件可知

$$\frac{u_2}{\sqrt{RT_a}} = \frac{u_2'}{\sqrt{R'T_a'}} \tag{4-24}$$

转速关系为

$$\frac{n}{\sqrt{RT_a}} = m_l\frac{n'}{\sqrt{R'T_a'}}$$

或

$$n' = \frac{1}{m_l}\sqrt{\frac{R'T_a'}{RT_a}}\,n \tag{4-25}$$

从式（4-25）可以看出，如果模型尺寸小于实物尺寸，则 m_l 小于 1，这样使得 $n' > n$，即需要增大模型的转速，才能保持流动相似。所以在模化实验时，可通过增大模型转速来减小模型的尺寸。

模型功率与实物功率之间的关系可通过两者质量流量及功之间的关系进行推导,其具体关系如下:

$$\frac{N}{p_a\sqrt{RT_a}} = \frac{1}{m_l^2}\frac{N'}{p'_a\sqrt{R'T'_a}} \qquad (4-26)$$

从式(4-26)可以看出,当进口条件相同时,尺寸比例常数 m_l 越小,达到相同增压比时模型所需的功率 N' 越小,功率 N' 与 m_l 的平方成比例关系。因此,为了减小模型功率,希望将模型尺寸做小,但模型的尺寸越小,从式(4-25)知,其所需的转速越大。从式(4-26)还可以看出,模型的功率 N' 与进气压力 p'_a 有关,当 p'_a 减小中,所需的功率 N' 也减小。所以在实验时,为了节省功率,通常在压气机进口采用进气节流,以降低压气机进口处的压力,从而减小功率。

4. 相似模化设计

根据相似原理来进行压气机设计的方法称为相似模化设计法。这种方法是根据现有的性能指标好的压气机,进行尺寸的放大或缩小,来设计流道形状相似的新的压气机。该方法的特点是设计方便,性能可靠。其不足之处为需要较多的性能良好的原型机。

模化设计的方法首先需要选取性能指标高的模型机器。根据模型机器在不同转速下的性能曲线,选取模化点,使模化点的增压比等于新设计压气机的增压比,而且模化点的效率要高,稳定工作范围宽广。确定模化点后,就可以得到模型机器的进口条件,确定新设计机器与模型机器符合相似条件的各参数之间的关系,包括尺寸比例关系,确定新设计压气机的性能曲线。

第五节　压气机的非稳定工况

压气机在实际运行中,并不总是在设计工况下工作的。当运行条件改变时,其工况点会偏离设计点,在一定的条件下会产生不稳定流动。当压气机在不稳定工况下工作时,不仅会降低性能参数,而且还会产生强烈的振动,甚至导致压气机叶片的断裂。因此,认识不稳定现象产生的机理和原因,探讨抑制不稳定现象发生的措施具有重要意义。

一、压气机中的不稳定流动现象

压气机在非设计状态下有几种典型的不稳定工况,包括阻塞工况、失速工况及喘振工况。这三种工况均属于气体动力不稳定工况。还有一种是压气机的颤振工况,它是一种气动弹性不稳定现象。下面分别对这几种不稳定流动现象予以介绍。

（一）阻塞工况

当压气机的转速固定时,逐渐增加节气门开度使得流量增加,我们分析这种情况下压气机中的流动。如图4-13所示,当流量增加时,压气机的轴向速度增加,进入动叶的气流冲角将减小。当流量加大到一定程度时,负冲角将会很大,这时在动叶叶盆将出现气流分离现象。动叶本身的旋转,气流有压向叶盆的趋势,使分离现象受到抑制,而不会像在小流量、大冲角时,叶背处的分离流动那样容易扩展。但由于存在气流分离,会使流道出口的有效流通面积减小,即 $F'_2 < F_2$,加上进口处由于负冲角增大,使 $F'_1 > F_1$,于是在流量增加到一定程度时,就会出现 $F'_1 > F'_2$ 的情况,气流在叶栅通道内由原来的扩压流动变为加速流动。不是受到压缩而是进行膨胀,产生了涡轮工况,气体压力不但得不到提高,而且还会降低,增压比小于1,这与轴流压气机的增压目的是不一致的。另外,在压气机转速高的情况下,叶栅通道中的气流因流量增大在叶盆产生分离,这时流道的最小截面也减小,从而使喉道截面处的气流速度增大,有可能达到声速,从而使气流相对速度的马赫数 Ma_{w_1} 达到最大值,通过叶栅的流量达到临界值,再增大进口气流速度也不能增加通过叶栅的流量,这种工况称为阻塞工况。

　　阻塞工况在压缩机的特性线上反映为在等转速线上,大流量的垂直段,如图 4-13 所示。在阻塞工况下,压气机的性能下降,压气机一般不允许在阻塞工况工作。

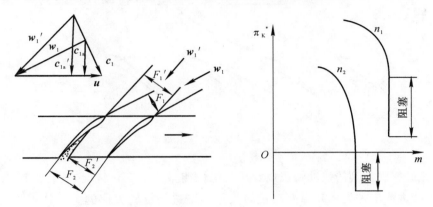

图 4-13　阻塞工况及其特性图

(二)旋转失速

　　当转速一定而空气流量减少时,就会引起转子动叶冲角的增加。空气流量减少到一定程度就能观察到压气机内的不稳定流动现象,转子后的速度及压力会出现明显的脉动,同时压气机运转的声音会发生明显的变化,声音增大,振动也增大。在动叶后对速度及压力进行动态测量表明:有一个或多个低速气流区以低于压气机转子转速沿转子旋转方向转动,这种非稳定工况被称为旋转失速。

　　失速分离区相对动叶旋转可用图 4-14 作以解释。当压气机空气流量减少而使动叶气流冲角增大到一定程度时,因为来流中的扰动或叶片排的加工误差,动叶排中的某几个叶片可能首先发生分离。由于气流分离,气流损失增加,静压下降,这几个叶片就不能保持正常的流动,于是,在这些出现分离区的叶片前面出现了明显的气流堵塞现象,如图 4-14 中的阴影减速流区或流量减小区,这个受阻滞的气流区使周围的流动发生偏转,从而引起左边 3 号叶片冲角增大并分离。但与此同时,右边 1 号叶片的冲角减小并解除分离,因而分离区相对于叶片排向转子旋转的反方向传播。分离区的大小除与叶排几何参数有关外,还与流量的减小程度有关。

　　通过实验观察到分离区的旋转速度低于动叶的旋转速度,如果站在动叶看,失速就朝着与叶片旋转方向相反的方向移动,如图 4-14 所示。站在绝对坐标系上观察时,旋转失速区以比压气机转速低的速度,并与压气机旋转方向相同作旋转运动,故称为旋转失速。通过对分离区移动机理的分析可以看出,不论叶片排是静止的或是旋转的,都会产生旋转失速现象。在平面叶栅及环型叶栅风洞中都出现了旋转失速现象。

　　分离区以一定速度传播,并且其压力较主流区低,使每个叶片承受周期性的气动负荷,周期性的气动负荷给叶片施加周期性的激振力。如果激振频率与叶片的自振频率相同,叶片就会产生振动,造成叶片断裂损坏。因此,研究旋转分离现象时,分离区的旋转速度及分离区数目是其重要的特征参数。扰动频率正是由旋转速度及分离区数目决定的,正确决定扰动频率对压气机叶片结构设计,避免叶片共振具有重要的意义。

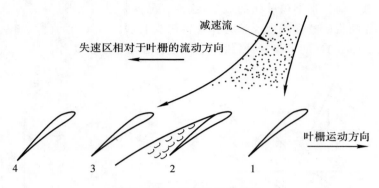

图 4 - 14 旋转失速示意图

　　根据实验研究观察到的流动特征以及压气机性能参数的变化情况,旋转失速现象可以分成两种类型:渐进型旋转失速和突变型旋转失速。渐进型旋转失速的主要特点为:① 增压比随流量的减小逐渐下降,等转速线上没有间断点;② 分离区数目随流量的减小而增加,分离区向叶高方向的范围逐步扩展;③ 分离区旋转速度不随分离区数目的增加而变化。如图 4 - 15(a)所示。而突变型旋转失速其特征是随着流量下降到一定程度,压气机性能会出现突然的下降,如图 4 - 15(b)所示。渐进型旋转失速往往发生在轮毂比较小的级,如多级压气机前面的一些级。这时由于叶片较长,旋转失速或分离区往往是叶片的叶尖先产生,随着流量逐步减小,向周向、径向发展。由于叶片较长,因此旋转失速还不至于“充满”整个环形面积或扩展至整个叶高,反映在特性线上还是连续变化的。渐进型旋转失速可以有多个失速区同时存在。突变型旋转失速往往产生在轮毂比比较大的级,因叶片较短,旋转失速一旦产生就可能波及整个叶高,在周向扩展也大,从而影响整个叶片环的正常工作,使压气机性能突然降低。突变型旋转失速往往只有一个或两个失速区。从图 4 - 15(c)中可以看出,当发生突变型旋转失速时,压力急剧下降,在等转速线上有间断点。特性线明显地分为右上支和左下支,并且有迟滞现象,带有明显的迟滞环。这就是压气机在减小流量出现旋转失速时,压气机的等转速特性线从右支的 a 点直接跳到左支的 b 点;当增大流量退出旋转失速,流量达到 b 点时,压气机内的旋转失速现象仍然继续存在。只有进一步增加流量,达到图中的 d 点以后,旋转失速才消失。这时工作点从特性线的左下支上的 d 点跳到右上支上的 f 点,压气机重新恢复了稳定工作。迟滞现象是突变型旋转失速的一个重要特征。

　　按发动机使用的观点,可以把发动机的不稳定流动现象分为可自行恢复的失速现象和不可恢复的失速现象即悬挂失速。一旦产生悬挂失速现象会引起严重的后果。美国 F100 发动机由于出现悬挂失速来不及采取紧急措施,从而造成 F-15 和 F-16 飞机的毁机事故。悬挂失速与一般旋转失速的主要区别在于,当转速不变时,出现一般旋转失速后,可以通过增大流量的方式退出旋转失速;而悬挂型旋转失速无论怎么增大流量,都不会退出旋转失速,只有降低转速,停车后才能消除该现象,而且悬挂失速往往伴随着气体的倒流。也有人认为,悬挂失速现象本身与压气机进行单独研究时出现的突变型旋转失速是相一致的,它们之间的不同之处在于进行压气机部件实验时,压气机所需的功率是单独供给的,只要改变动力装置功率或增加流量就能退出失速工况。但在发动机上,由涡轮带动压气机,而涡轮的功率在很大程度上取决于压气机增压比的大小及效率的高低。当压气机内出现突变型旋转失速时,其增压比和效率急剧下降,涡轮的功率下降。此时如果加大供油量,涡轮的富余功率基本上不增加,不能使发动机的转速增加,这样,压气机也就无法退出失速状态。如果不关车,就会使发动机部件过热烧蚀,或因失速振动时间过长而使叶片断裂。

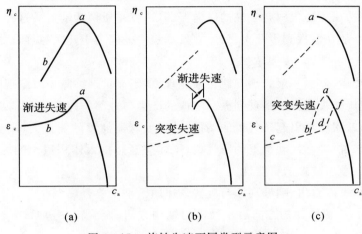

图 4-15　旋转失速不同类型示意图

旋转失速的特性可以归纳为以下几点:当旋转失速时,气流脉动是沿压气机周向变化和传播的;渐进型旋转失速时压气机的气流参数连续变化,突变型旋转失速时气流参数会发生突然的下降;旋转失速的流场是非轴对称的;旋转失速时,其气流脉动频率和脉动振幅与流路容积特性无关,主要取决于压气机的工况(轴向速度和转速),同时还和叶片排几何参数有关;旋转失速时,振动频率较高。描述旋转失速的主要特征参数有失速团个数、扰动频率和扰动强度。

旋转失速使压气机的气动性能明显恶化。突变型的旋转失速还会使压气机性能急剧恶化而无法工作;旋转失速出现会产生频率较高、强度大而危险的激振力,并可能导致叶片共振断裂。统计表明:旋转失速是使压气机叶片疲劳断裂的主要原因之一。

(三)喘振

当轴流压气机沿着等转速特性线减小流量时,随着沿叶高失速区的进一步发展,压气机和管路中全部气体的流量和压力将周期性、低频率、大幅度地上下波动。这种频率低、幅度大的气流脉动一经产生,则流经整个压气机的连续稳定流动被完全破坏,并伴随有强烈的机械振动,压气机的这种不稳定流动称为喘振。喘振的特征是气流沿压气机轴线方向发生的低频率、高振幅的气流振荡现象,压气机的空气流量在不同的截面上均随时间变化。这种低频率、高振幅的气流振荡是一种很大的激振力来源,它会导致发动机的强烈机械振动和热端超温,并在极短时间内造成机件的严重损坏。

压气机进入喘振工作状态伴随的主要现象是运转声音明显增大,音调低而沉闷;伴随非常强烈的机械振动,有时会产生从出口向进口的倒流,有时在发动机进口处有明显的气流吞吐现象,包括燃烧室内的高温高压燃气倒流"吐火"现象;有时则伴有放炮声等。

喘振现象的产生不但与压气机本身的气动参数和几何参数有关,而且与整个压气机系统有关。压气机产生喘振的原因主要是由于在小流量时,气流很容易在叶片背面产生失速分离。当发生失速的叶片多到一定的程度时,升压能力下降,整个压气机通道就无法维持升压的动态平衡。而后面的高压气体始终有一种回冲的趋势,当气流前进的动能不足以克服气流回冲趋势时,气流就要倒流。这一倒流消除了前后压差,使气流在叶片的推动下,又开始正向流动。节流状态没有改变,流量小,又重新出现失速分离,从而使后面的高压气体再次回冲出来。如此反复,就造成了压气内空气柱的纵向振荡,这就是所谓的喘振。这种气柱纵向振荡的频率在实验台上一般在一次到十几次每秒,在发动机中一般为十几次每秒,这主要与压气机系统的容积有关。

在压气机系统运行中,一般先出现旋转失速现象,当流量继续减小时出现喘振。在低转速下,也可能只出现旋转失速而不出现喘振。喘振的产生与外部条件有关,如果在压气机后面接一个大的集气箱,就很容易引起压气机的喘振,因为大容器储蓄的能量大,气流回冲的力量也就大。从这一点来说,装在发动机里的压气机,压缩空气是排入体积很小的燃烧室内的,因而减少了压气机产生激烈喘振的可能性。

从上面的介绍可以看出,喘振现象与旋转失速的区别主要表现为:

(1) 在喘振时,气流脉动的方向沿压气机的轴线方向;而旋转失速时,气流的脉动沿压气机的周向传播。

(2) 在喘振时流过压气机每个横截面的气体流量是随时间变化的,因而这时压气机所需要的功率及压气机的转速是脉动的;而旋转失速工作状态时,流过压气机各个横截面上的气体流量是不变的,因而压气机的转速也是稳定的。

(3) 在喘振时流场一般是轴对称的;而旋转失速时的流场不是轴对称的。

(4) 在喘振时气体的振动频率和振幅取决于排气部分容积的大小,而旋转失速时振动频率与排气容积关系不大;喘振时振动频率低,而旋转失速时振动频率高。

(5) 旋转失速属于压气机本身的气动稳定性问题;而喘振不是压气机单独的问题,是整个压气机管网系统的稳定性问题,必须联系整个管网系统来分析。

(四) 旋转失速与喘振的判别准则

在压气机中出现的两种不稳定形式 —— 旋转失速和喘振,它们对于压气机性能和结构上造成的后果不一样,而且解除这种气流不稳定的方式也有不少差别。因此,需要发展一种定量的判别准则,为设计研究人员鉴别出现何种不稳定流动方式。在以往的实验研究中已经积累了若干影响不稳定形式的知识,例如高转速易出现喘振,低转速易出现旋转失速,压气机出口收集容积大易出现喘振,收集容积小易出现旋转失速。

根据大量的实验研究结果,E. M. Greitzer 对压气机系统建立了模型,分别列出了压气机管道、节气门管道及收集器内的运动方程及连续方程,并考虑了时间滞后的影响,即考虑从开始出现不稳定气流状态到完全建立一个不稳定的流场需要经历一段时间,因而出现时间滞后。通过求解方程组,得出了一种简单实用的判别准则 —— 无因次参数 B。

$$B = \frac{u}{2\omega L_c} = \frac{u}{2a}\sqrt{\frac{V_p}{A_c L_c}} \qquad (4-27)$$

式中,u 为压气机叶栅平均半径处的圆周速度;ω 为相当于海尔姆霍兹型谐振器频率,$\omega = a\sqrt{\frac{A_c}{V_p L_c}}$;$A_c$ 为压气机通流部分环形截面面积;L_c 为压气机环形截面管道长度;V_p 为管网储气箱的容积;a 为声速。

图 4-16 给出了所研究的压气机管网系统示意图。

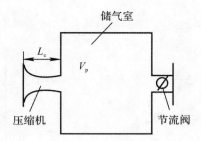

图 4-16　压气机管网系统示意图

在轴流压气机的后面,接有内外径与压气机通流环型截面内外径相等的管道,其后再接一定容积的储气室,组成压气机管网系统。假设压气机、连接管及节流阀等尺寸与储气室相比很小。在这种情况下,压气机管网系统中所发生的气流振荡可以认为相当于一种海尔姆霍兹型谐振器中发生的振荡现象。对具体的轴流压气机,A_c 和 L_c 的数值是给定的,判别准则数 B 值的大小取决于 u 和 V_p。当 B 值大于某临界值 B_{cr} 时,产生的不稳定流动现象为喘振现象;当 B 值小于 B_{cr} 时,只产生旋转失速现象,而不导致喘振现象的发生。

下面举例来说明当轴流压气机的 B 值由小到大变化时,进入不稳定工况后压气机工况点的变化规律。

当 $B=0.45$ 时,压气机的流量系数及管网储气室压力随时间的变化如图 4-17 所示。图中 Δp 为储气室压力与大气压力之差,图 4-17 相当于压气机的无因次特性线。因 B 值较低,相当于压气机工作于低转速或收集器容积小的情况。一旦系统受到干扰越过失速极限时,稳压箱中的压力和压气机的质量流量就从初始值单调地下降到一个新的稳定值。压升和流量降低,说明系统进入一个突变型的旋转失速状态,并且进入到这种不稳定流动状态时气流是无振荡过程的。

当 $B=0.60$ 时,压气机的流量系数及管网储气室压力随时间的变化如图 4-18 所示。与 $B=0.45$ 时不同之处在于压力和流量的变化具有振幅衰减的振荡,图中响应出现渐收的线,但最后仍达到与图(a)相同的不稳定平衡点。

当 $B=0.7$ 时,压气机的流量系数及管网储气室压力随时间的变化如图 4-19 所示。初始的振荡增大到一个等幅振荡,压缩系统的工作点沿着一极限循环式而运动着,这就是系统进入了喘振的不稳定状态,这个循环就称为喘振循环。在这个循环中,压气机流量振荡的幅值远远超过了旋转失速终止时的流量值。由此可知,该压缩系统在 $B=0.7$ 时将是旋转失速和喘振两种不稳定形式的分界线。

当 B 进一步增大时,极限循环的频率、振幅和波形都将发生变化,图 4-20 表示 $B=1.58$ 的计算结果。其值与实验系列的最高值差不多,作为一种比较将使问题更为明朗化。与 $B=0.7$ 相比可以看出,其波型不再是一种谐波的形式,振荡具有强烈的非线形性。

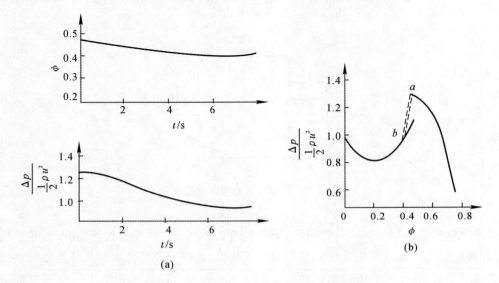

图 4-17　当 $B=0.45$ 时的压气机系统性能

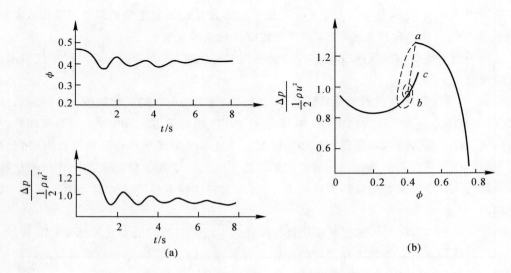

图 4-18　当 $B=0.60$ 时的压气机系统性能

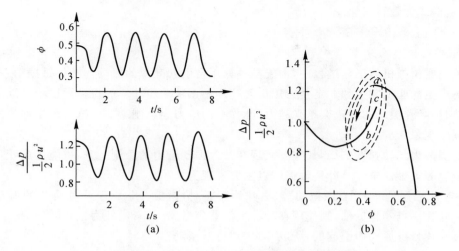

图 4 - 19　当 $B = 0.70$ 时的压气机系统性能

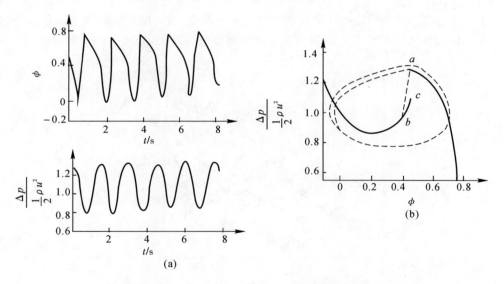

图 4 - 20　当 $B = 1.58$ 时的压气机系统性能

　　由上述结果可以看出,无因次参数 B 是一个影响不稳定性质的重要参数,从它的表达式可以看出,它包括了压缩系统的主要几何参数和工作参数,即

$$B = \frac{u}{2\omega L_c} = \frac{u}{2a}\sqrt{\frac{V_p}{A_c L_c}}$$

压气机的转速越高,收集器的容积越大,压气机的体积越小都将使 B 值增大,从而使压缩系统容易出现喘振;反之,就容易出现旋转失速。B 参数的这一概括从理论上解释了以前许多实验中得出的现象和结论。事实上,如果将压气机理解为一个供给气流动能的部件,而收集器可视为一个积蓄气流势能的部件,在一定的条件下,两个部件发生势能和动能的相互转换,由此形成喘振时的气流振荡现象。这个现象的产生条件就是振荡频率应当与压缩系统的固有频率相等。对于一个给定的压气机,B 值有一个临界值。当 B 值大时,不稳定形式为喘振;当 B 值小

时,不稳定形式为旋转失速。

（五）轴流压气机的颤振

1. 颤振的概念及分类

在风扇或压气机的工作过程中,由于某种原因会引起叶片的振动。叶片每振动一个周期,叶片振荡产生的非定常力和非定常力矩都对叶片做正功。当叶片的机械阻尼不足以消耗由此输入的功时,叶片振动的振幅会越来越大,叶片上的应力会急剧增加。这种现象称为压气机或风扇的颤振现象。

叶片颤振为气动弹性失稳,其主要表现在叶片振动应力的急剧上升,可能造成叶片产生裂纹甚至断裂等灾难性事故。叶片颤振特点主要表现为：

(1)叶片颤振是一种"自激振动"。当叶片颤振时,激振力是由于叶片自身的振动运动而形成的。叶片一旦停止振动,则作用在叶片上的非定常力 —— 激振力也就随之消失。由于激振力是靠叶片自身振动而引起的,所以称之为"自激振动"。

(2)在颤振时,在压气机或风扇的性能曲线上没有增压比的突然下降,也没有温升的突然增高现象。其发作主要表现在叶片颤振应力急剧增长,在短时间内,一次出现大量叶片裂纹甚至叶片折断。当发生颤振时,叶片的振型可以是弯曲振型、扭转振型或是弯扭耦合振型。

(3)在轴流压气机特性图上表示的叶片颤振可以分为四类,如图4-21所示。

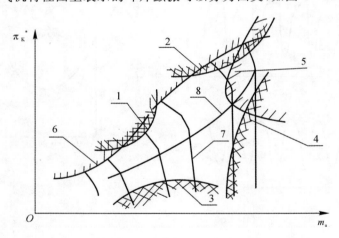

图4-21　叶片颤振分类示意图

1— 亚声速失速颤振边界；2— 超声速失速颤振边界；

3— 亚声速堵塞边界；4— 超声速非失速颤振边界；5—A100型颤振；

6— 压气机喘振边界；7— 等转速线；8— 发动机共同工作线

(1)失速颤振。失速颤振发生在风扇/压气机失速边界附近,与叶片高负荷和气流分离密切相关。在低折合转速下出现的是亚/跨声失速颤振,多为扭转振型,高折合转速出现的超声失速颤振通常对应着弯曲振型。失速颤振发作是以动应力或振幅突增为标志的,失速颤振故障具有高应力疲劳破坏的典型特征。

(2)堵塞颤振。堵塞颤振发生在压气机特性图上的堵塞线附近。多级轴流压气机在部分转速运行,中间级和后面级常常处于堵塞或接近堵塞状态,对应着小攻角、低反压出现的一类颤振。当多级轴流压气机中相邻两级转子叶片安装角的平均值有显著变化时,更易于出现堵塞颤振,堵塞颤振多为弯曲振型。

(3)超声非失速颤振。超声非失速颤振指风扇转子以超声相对进口速度运行,在低反压条件,叶片通道中气流未失速而出现的一类自激振动。超声非失速颤振边界在高转速时与共同工作线相交,发动机设计点也可能落入超声非失速颤振区。

(4)A100 型超声颤振。A100 型颤振是在美国 TF41-A100 型发动机上出现的,这种颤振对应超声风扇的叶尖部位,通常为扭转振型。A100 型颤振的一个主要特征是,颤振边界与等转速线有两个交点。当这类颤振发作时,风扇转子全部叶片以相同的频率和叶片间相角振动,动应力增加十分陡峭。

另外,从图 4-21 中可以看出不同形式的颤振在特性图上的位置及其限制的颤振边界,特性图上左上线一部分由喘振边界限制,一部分由颤振边界限制。

2. 叶片颤振的机理

发生颤振时,叶片振型比较复杂,可以是弯曲振型、扭转振型,也可是弯扭耦合振型。下面以气流流过风扇叶栅,叶片发生小弯曲振动,气流的相对速度 w、攻角 i 及叶栅所受气动力的变化对叶栅振型的影响,说明失速颤振的形成过程。假定叶片的旋转速度为 u,叶片沿弦长的法向向上振动的速度为 Δw。如图 4-22 所示,由相对运动的理论知,若认为叶片不动而气流相对叶片运动,则气流的相对速度由 w 变为 w'。

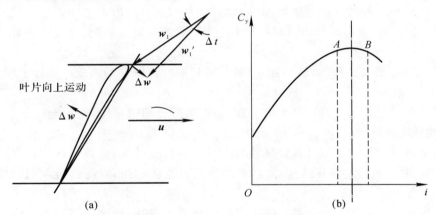

图 4-22 叶片失速颤振发生机理示意图

w 和 w' 分别为叶片没有振动时气流的相对速度和叶片振动时气流的相对速度。气流相对于叶片的速度为

$$w' = w + \Delta w$$

由图 4-22 可见,由于叶片向上振动时,气流相对速度由 w 变为 w',而攻角减小了一个 Δi 值。相反,若叶片向下振动,则攻角增加 Δi。图 4-22(b)所示为升力随攻角的变化曲线。其中升力表示叶片所受到的气动力在弦线的法向方向的分力,C_y 为升力系数。

首先来观察非失速情况下,由小振动引起的攻角变化及其后果。当叶片向上振动时,攻角减小,由图 4-22(b)可知,作用在叶片上的升力随攻角的减小而减小,这相当于在叶片上增加了一个垂直弦线向下的作用力,来阻止叶片的向上振动。当叶片向下振动时,随攻角增大,升力增加,这相当于在叶片上增加了一个垂直弦线向上的作用力,阻止叶片向下振动。因此,在非失速情况下,小振动所引起的攻角变化会产生一个与叶片振动方向相反的附加力来制止叶片振动,促使振动很快衰减。

当叶片处于失速区时,攻角 i 大于临界攻角。由于小振动使叶片向上运动,攻角减小,由升力系数与攻角的关系知,升力增加,这相当于增加了一个垂直弦线向上的作用力。而叶片向下振动时,攻角增大,升力减小,这相当于增加了一个垂直弦线向下的作用力。由上面分析可知,当叶片因小振动上下运动时,由于气流攻角的变化,产生一个与叶片运动方向相同的附加气动力,使振动加剧,而振动加剧又进一步强化了上述现象,并最终导致叶片颤振。

另外,从能量角度分析,在振动过程中,由于附加气动力不断对叶片做正功,叶片从周围气流中不断吸取能量,导致振动加强,形成颤振。并不是失速工况下,所有振动都一定会导致颤振,是否产生颤振与阻尼有关。这种阻尼主要是机械阻尼,它由结构阻尼与材料阻尼两部分组成。当叶片产生振动时,在相邻零件的接触面上会产生一种相对运动,这相对运动所产生的阻尼为结构阻尼。由于结构阻尼,消耗一部分能量,可使振动减弱,这种阻尼主要取决于叶片根部榫头的结构情况与安装情况。材料阻尼是指叶片材料循环应变所产生的能量消耗,不同的叶片材料,其材料阻尼的大小是不同的。如果机械阻尼足够大,则气动引起的激振会受到抑制,以致衰减下去,因而可避免颤振的发生。

3. 影响叶片颤振的主要设计因素

(1) 切线速度。叶片切线速度增加对加功及增压有利,但增大了叶尖进口气流相对马赫数,导致激波的增强,而激波与附面层相互干扰所导致的气流分离,会增大诱发叶片失速颤振的可能性。

(2) 展弦比。增加弦长,降低叶片展弦比,可抑制叶片颤振的出现。实践证明,小展弦比叶片不易出现颤振。

(3) 叶片气动负荷。叶片气动负荷参数,如扩散因子超过极限,会引起气流分离,对效率和气动弹性稳定性不利。

(4) 弯掠叶片设计。根据弯掠空气动力学设计的弯掠叶片,合理设计叶片前缘空间曲线的形状对降低激波前的法向马赫数,削弱激波强度有重要作用,对提高效率和抑制叶片颤振有利。

(5) 叶型设计。叶型对颤振的影响主要体现在重心、扭心和气动作用力中心三者相对位置的安排。叶型重心靠前稳定性好,前扭心叶片容易失稳,后扭心则可抑颤。对于前扭心,气动力中心位于扭心和重心之间稳定性好,位于重心之后稳定性差。

4. 常用的防颤振措施

(1) 增大弦长,减小展弦比。

(2) 叶片前缘曲线适当后掠。

(3) 合理安排叶片重心、扭心和气动力中心。

(4) 采用错频技术防颤振,增大叶片间的频差,削弱叶片间的气动弹性耦合。

(5) 采用多孔壁机匣防颤,在机匣上安装多孔壁消声衬垫,可消除超声非失速颤振。

(6) 采用减振凸台防颤振,特别是在早期大展弦比风扇叶片应用这项技术防颤,付出的代价是增加了质量,降低了效率。

(7) 采用复合材料叶片防颤振,风扇/压气机叶片采用金属骨架、空心填充物、复合材料蒙皮的结构形式,利用复合材料的特性改变叶片的固有振动特性,抑制颤振的发作。

二、压气机与其他部件的共同工作线及其稳定裕度

在发动机系统中的轴流压气机是由涡轮带动而旋转的,压气机必须和涡轮及尾喷管等部件共同协调工作。当尾喷管出口面积不变时,在压气机特性图上的很多工作状态无法实现,压气机只能沿着一条固定的共同工作线工作。共同工作线由下列因素确定:首先,压气机和涡轮的转速、流量应相等;其次,压气机所需的功率与涡轮发出的功率之间有一定的平衡关系;最后,发动机内部的压力平衡。这样在燃气涡轮喷气发动机中,通常只能依靠转速的变化来使空气流量发生变化。因此,在每一条特性线上只有一个点,在该点上压气机能在指定的条件下工作。把这些点连起来,就可以得到压气机在发动机中的工作曲线,如图 4-23 所示,AC 线为压气机的工作曲线,也称共同工作线。

由图 4-23 可以看出,当共同工作线与喘振边界相交时,就会发生喘振,这在运行中是不允许的。为了反映压气机运行时的安全程度,引入了稳定裕度的概念。压气机的稳定裕度表示在给定的换算转速下,压气机工作点与喘振边界线之间的距离,如图 4-23 所示。因此,它涉及工作点和稳定边界点两者的位置。对于发动机上的压气机而言,工作点由共同工作线来决定,对于实验台上的压气机不可能得到共同工作线,一般选一个参考工作点作为它的正常工作点,最适合的位置是选择在最高效率点所对应的增压比和流量位置。另外,应注意到稳定边界点的形式。对于失速边界而言,定义出的裕度称为失速裕度,按喘振边界定义出的裕度称为喘振裕度,在不严格区分时统称为喘振裕度。稳定裕度可以用工作点和边界点的流量来反映,称为流量裕度;也可以用流量和增压比综合反映,称为综合裕度。

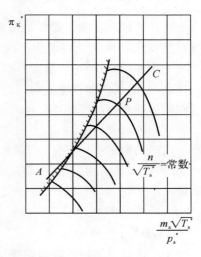

图 4-23　压气机特性图上的
共同工作线

流量裕度定义为

$$\text{SM} = (m_{a0}/m_{as} - 1) \times 100\% \qquad (4-28)$$

式中,SM 为在某折合转速下压气机工作的稳定裕度系数;m_{as} 为与上述折合转速对应的不稳定边界点上的流量,也就是等折合转速线和边界线的交点;m_{a0} 为与上述折合转速对应的工作点上的流量,也就是等折合转速线和"共同工作线"的交点。

流量裕度的定义是早期提出来的,它适合于特性平缓的单级轴流压气机和低增压比的离心压气机。但对特性陡峭的超跨轴流压气机及多级轴流压气机就不合适了,这种情况下的增压比流量特性可能几乎变成垂直于流量轴的直线,因此有按流量、压力定义的裕度,称其为综合裕度。

综合裕度定义为

$$\text{SM} = \left(\frac{\pi_{K_s}^*/m_{as}}{\pi_{K_0}^*/m_{a0}} - 1\right) \times 100\% \qquad (4-29)$$

式中,SM 为在某折合转速下压气机工作的稳定裕度系数;m_{as},$\pi_{K_s}^*$ 为与上述折合转速对应的不稳定边界点上的流量和增压比,也就是等折合转速线和不稳定边界的交点;m_{a0},$\pi_{K_0}^*$ 为与上述折合转速对应的工作点上的流量和增压比,也就是等折合转速线和共同工作线的交点。

综合裕度是目前普遍采用的稳定裕度定义式,它既考虑了流量的影响,也考虑了增压比的影响。

从上述公式可以看出,工作点与边界点越近,喘振裕度越小。一般情况,在设计转速下,压气机的喘振裕度应为 $15\% \sim 20\%$。

影响喘振裕度的因素是多方面的,如压气机的特性、共同工作线的走向、叶片的展弦比、进口流场畸变以及机件的磨损,其中进口流场畸变、叶片负荷及展弦比影响较大。

三、进口畸变对轴流压气机特性的影响

叶片机的气动设计通常是在均匀边界条件下进行的,即认为上游的气流参数是均匀的。可是在实际应用中,叶片机几乎无一例外地必须在非均匀进气条件下工作,亦即在进口流场畸变下工作,因为至少进气道出口的流场是不均匀的。流场畸变对叶片机工作的影响是多方面的,除了使增压比和效率比均匀进气条件下的有所降低外,更重要的是进气畸变对压气机及其所在的压缩系统的气动稳定性有重大影响,使之提前失速。流场畸变引起压气机转子强迫振动和叶片的耦合振动,影响了压气机颤振边界,增加了涡轮的热负荷与热应力,降低了推进系统的性能和稳定工作裕度,威胁飞机的飞行安全。尤其是对 20 世纪 90 年代以后的先进战斗机,战术技术要求更为苛刻,非常规机动性和超声速机动性要求更高,使发动机进口的流场品质进一步恶化,因而对进气畸变问题要给予特别的关注。

(一) 压气机进口流场畸变的来源

1. 进气道气动问题

超声速进气道内激波与附面层相互干扰引起进气道出口气流分布不均匀,既有稳态畸变,又有脉动畸变。在高功率低速飞行时,唇口容易分离,造成压气机入口流场不均匀;进气道中若有中心锥式中心体,当有攻角飞行时产生升力和脱落涡,压气机进口流场也会产生畸变。

2. 外来气体吸入

外来气体可能来自编队飞行中其他飞机的排出燃气,武器发射的烟火,弹射的蒸汽及喷射废气的回流等。外来气体与空气比热比及气体常数不同,即使外来气体的温度与空气相同,由于声速不同,也能引起压气机失速。

3. 分流板的气流分离

当发动机工况改变使核心流流量增大时,涡轮风扇发动机的分流板前面气流有较大的径向分速,分流板内表面易发生分离,在压气机入口造成非定常的畸变流场。

4. 地面涡吸入

地面涡被吸入压气机或风扇,引起气流方向畸变,易引起压气机失速。大气中的紊流度使发动机进口的速度波动,也是一种畸变。

5. 外部空气动力学问题

飞机飞行攻角或偏航角变化自然造成进气道入口流场畸变。此外,机翼摆动、方向舵和襟翼展开、冲压涡轮使用等均会造成进口流场不均匀。

（二）流场畸变分类

流场畸变有各种分类方式，主要的几种分类方式如下：

（1）按畸变的气流参数，可以分为总压畸变，总温畸变，总压、总温组合畸变，气体成分畸变（指有外来气体吸入时），气体方向畸变（如当有地面涡吸入时）。

（2）按畸变的坐标关系，可以分为周向畸变、径向畸变、周向与径向组合畸变。

（3）按是否定常，可以分为稳态畸变和动态畸变。稳态畸变指畸变的参数只是空间不均匀，但不随时间变化；动态畸变或瞬态畸变指畸变参数随时间而变化。

（三）流场畸变对压气机或发动机工作的影响

由于进口流场不均匀，压气机各部分将工作于不同的工作点上，因此引起压气机部件特性图发生变化。进口畸变不仅使压气机工作于不均匀的气流之中，同时也使发动机各部件都工作于程度不同的畸变气流中。以总压畸变为例，尽管经过低压压气机和高压压气机的衰减，总压畸变的强度沿气流方向变得越来越弱了，但却产生了总温畸变。这一总温畸变经过燃烧室的传递在涡轮进口仍呈现总温畸变，至尾喷管也不能完全消失。

流场畸变对压气机和发动机工作影响更重要的一个方面是降低了压缩系统的稳定裕度。如图 4-24 所示，当有进口畸变时，低流量或低总压的部分必以较大的攻角进入压气机的转子叶排。当平均流量尚未到达喘振边界时，低流量部分即已抵达，因而造成整台压气机或发动机失速提前。对于总温畸变，高总温部分的气流不仅使转子的折合转速降低，并且使折合流量降低，从而促使失速提前发生。

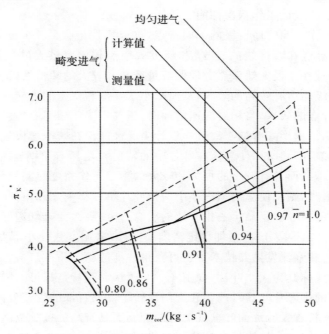

图 4-24　压气机进口流场畸变对其特性的影响

关于压气机对畸变流场的响应，以及畸变流场对压气机稳定边界影响的定量分析仍然属于研究探索的领域，要满足工程设计的需要，仍然有大量的研究工作要做。

第六节 改善多级轴流压气机非设计工况性能的方法和防喘措施

从前面的基础理论可知,压气机气动设计和叶片造型设计是根据设计点参数进行的,当工作状况偏离设计点时,压气机的各级速度三角形也和设计点不同,也就是非设计点的气动参数与压气机的几何形状不协调。这时,各级流量系数 c_a 偏离了设计值,从而造成冲角过大或过小,前者导致喘振,后者造成堵塞。改善多级压气机特性的出发点主要是调整结构或运行参数,使非设计状态下的速度三角形与叶型参数相适应。改善的途径一方面从气动设计着手,通过气动设计使压气机在偏离设计点时,压气机有较少的气流参数偏离或对非设计状态的分离扩展有较强的抗衡力;另一方面是增设调节机构,使压气机叶片或者流路的几何形状能随着工作情况改变,达到气流参数和压气机几何相互协调的目的。

一、气动设计方面的措施

由前面部分分析可知,压气机在非设计状况时,压气机的前面级和后面级偏离设计点工况很远,而中间级的速度三角形和设计点基本保持一致,因此,在进行多级压气机气动设计时,应对压气机的进口级进行特别考虑,采取特别措施。在进行气动设计时,可以减小前面级和末尾级的级负荷,增加中间各级的级负荷,将总负荷在各级的分配上进行调整,使全台压气机获得最佳的效率和最佳的非设计工作状态性能。

考虑到非设计工作情况时前后级的不同特点,可以不按最大效率点选取它们的设计点。比如,前面级的设计点选在特性线的右支,和最大效率点相比有较大的流量系数和较小的冲角;后面级的设计点选在比最大效率点有较低流量系数和较大的冲角处,这样在压气机的相对转速减小时,前后各级均可有较高的效率,从而减小了喘振和堵塞的可能性。但这样做的缺点是降低了压气机设计点的效率,当相对转速增加时,压气机工作情况变得更不利。

采用一些特殊的结构形式有助于改善非设计工况性能。在跨声速压气机或高负荷亚声速压气机中,经常采用双列叶片排,使气流在叶片中的转向及增压分给两排叶片完成,这样可以采用较小的翼型弯度,从而具有较小的损失和较大的稳定工作裕度。实验研究表明:若叶片之间的相互位置安排适当,则可使总的损失小于两排叶片单独损失之和;在每排叶片具有相同的负荷时,第二排叶片的前缘应紧靠第一排叶片的后缘,并离吸力面排气边缘有少许的周向距离(见图4-25),可使气流不易分离,增加稳定裕度。另外,采用宽弦长小展弦比叶片设计,采用叶背附面层抽吸技术和紊流发生器技术等也可获得较高的稳定裕度。值得一提的是一种超声转子的串列式叶栅,也称其为大小叶片,如图4-26所示。其特点是可以增加转子的转角而不发生分离,因为附加的小叶片叶盆可改善和抑制原转子叶栅背部的气流分离,而小叶片本身的叶背则由于附面层薄且有大叶片的叶盆气动力的抑制而具有高的抗分离能力。在相同转速条件下,大小叶片方案能够较大幅度提高轴流压气机的加功增压能力、失速裕度和效率。这种在不增加转子轴向长度的前提下提高做功能力的手段,对发展超声、高负荷的压气机,提高稳定裕度具有重要意义。目前带大小叶片转子的压气机已有用于小发动机的实例,将其应用到大发动机上仍需解决一系列技术问题,目前仍处于研究探索阶段。

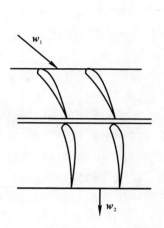
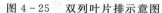

图 4-25　双列叶片排示意图

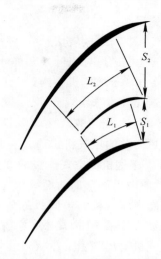

图 4-26　带大小叶片的超声转子串列叶栅

二、采用调节机构方面的措施

除了气动设计方面采取措施外,另外一类办法就是采用专门的调节机构,在压气机工况偏离设计点时,改变叶片相对于气流的位置、通道的大小和转速的高低来减小压气机几何和气流的不相适应的状态。压气机在非设计工作情况下,主要表现为叶片进口的气流速度三角形和叶片的相对位置不相适应,因此改变进口气流速度三角形的形状,保持进入叶片的气流方向和设计时基本一致,这种几何和气流不相适应的情况就可以改变。如图 4-27 所示,工作叶片进口气流速度三角形由 u,c_u 和 c_a 三个参数决定,因此,要使气流冲角和设计值基本一致,有三种办法来改变速度三角形。

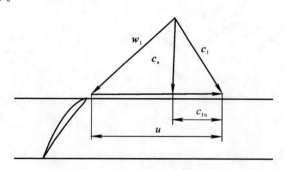

图 4-27　压气机进口速度三角形

（1）改变轴向分速 c_a 的大小,实际上就是改变进入压气机的空气流量。当圆周速度 u 增加时,加大空气流量可以减小气流冲角。

（2）改变切向分速 c_{1u},实际上就是改变气流进入压气机前预旋的大小,以达到保持气流冲角的目的。

（3）改变圆周速度 u,实际上就是改变压气机的转速,使 u 与非设计状况下的气流轴向速度相适应,以减小气流冲角的变化。

与上述三种情况对应,目前在改善压气机非设计工作性能,防止压气机喘振的调节结构上主要有以下三种途径：

    （1）多级压气机中间级放气法；

    （2）可转动压气机进口导流叶片和静叶法；

    （3）双转子或三转子压气机结构。

下面分别就这几种方法予以介绍。

1. 多级轴流压气机中间级放气法（以及末级压气机后放气）

级间放气是最简单的压气机扩稳方法之一。这种方法是改变进入压气机的气流轴向分速 c_a，也就是改变进入压气机的空气流量的方法。当发动机在小的换算转速下工作时，多级压气机的工作特点是"前喘后涡"，即前面级压气机在大的正冲角下工作，后面级压气机在大的负冲角下工作。如果能在压气机的中间级处放走一些空气，就可使压气机脱离"前喘后涡"的状态。当打开中间级放气系统时，减小了空气流路的阻力，前面级压气机流量增加，轴向速度增加，冲角减小，压气机退出喘振工作状态进入稳定工作。图 4-28 所示的第一级压气机特性上的工作点由 N 点变到 M 点。此外，多级压气机的后面级即放气系统后面的几级因为前面放走了气体，气流冲角增加，脱离堵塞状态，如图 4-28 所示的末级压气机特性工作点由 N 变到 M。因此，放气的结果使压气机前后各级均朝着有利的工作状态变化，改善了压气机非设计工况下的运转可靠性。

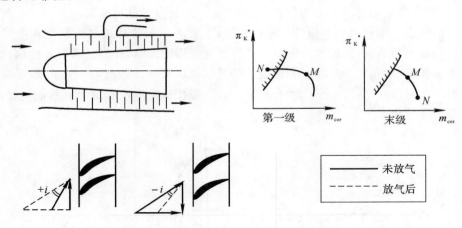

图 4-28　放气机构防喘原理示意图

放气一般都在压气机转速低（低换算转速）时才能取得好的效果。当转速值增高时，级间的匹配与上述情况相反，气流的分离首先出现在后面级，放气反而减小了稳定裕度。因此，高换算转速时，在末级压气机后放气可以减少后面级压气机冲角，使其退出喘振。

放气机构可以采用放气带，具体构造是在压气机机匣上，沿着整个圆周钻出一排排气孔，并用钢质放气带来开启放气孔。国产涡喷 6 的压气机放气带就是这种构造。有的发动机上采用放气活塞，如涡桨 5 的 10 级轴流压气机在第五级和第八级上各安置两个放气活塞。放气带和放气活塞可以手动操作和自动操作。由于在中、低转速下，共同工作线已进入不稳定工作区域，因此在发动机启动时放气系统一直打开，直到压气机转速已加速到稳定工作状态时才把放气系统关闭。

通常放气量为进入压气机空气流量的 15%～25%，而且放气量与转速有关。级间放气方法的优点是结构简单,操作方便;其缺点是将具有一定能量的气流放出,使发动机的经济性降低。因此,级间放气方法适合在增压比小于 10 的多级轴流压气机上采用。

2. 可转动进口导流叶片和静子叶片

旋转进口导流叶片及静子叶片来防止喘振,实质上就是在非设计工况时改变压气机进口速度三角型上的预旋速度 c_{1u},从而使相对气流 w_1 的方向改变,使其接近设计值,如图 4-29 所示。当在低转速时,第一级动叶的进气气流冲角很大,可能导致不稳定流动现象。现将进口导流叶片旋转一个角度,使进口气流速度 c_1 的方向朝着动叶旋转的方向偏斜,这样就改变了第一级动叶进口处的速度三角形,使相对气流方向基本上与设计状态下的进气方向一致。由于冲角减小了,压气机能稳定正常的运行。反映在性能图上,原来在 A 点工作的压气机,通过调节叶片转角变成在 A' 点工作,使工作点远离边界线。

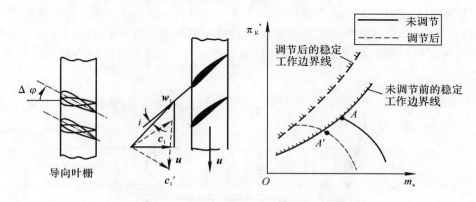

图 4-29　可转进口导流叶片防喘机理示意图

图 4-30 所示为采用可旋转进口导流叶片和前三级静子叶片可调后压气机特性改善示意图。

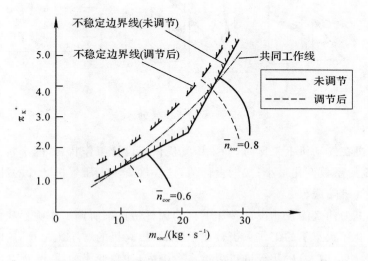

图 4-30　某 9 级压气机低转速特性改善示意图

当多级压气机的增压比很高,又没有其他的防喘结构时,则需要调节的静叶排数会越多。这种防喘方法的优点是防喘效果好,非设计工况下的经济性好,可以改善发动机的加速性;其缺点是结构复杂,而且只能改善气流沿叶高某一半径上的流动情况,如以平均半径处的气流方向为调整目标,就不可能完全适应叶根及叶尖处的流动情况。

调整进口导流叶片角度在增大压气机稳定工作裕度的同时,其本身的工作条件因攻角加大而恶化,使进口导流叶片的效率下降。解决的办法是采用可变弯度进口导流叶片,即叶片从弦长的2/3处分开,前半段是固定的,后半段则是全程调节的。例如在F-100加力式涡轮风扇发动机上,压气机的总增压比为23,前面是3级风扇,后面是10级高压压气机,高压压气机的前三级装有可调静子叶片,它的进口导流叶片就采用了变弯度叶片。

3. 双转子和三转子发动机

该方法的实质是通过改变圆周速度 u 来改变动叶进口的速度三角形,使相对速度方向接近设计方向。双转子结构的压气机是由装在同心轴上串联排列的两个转子构成的,如图4-31所示。前面的压气机称为低压压气机,由低压涡轮带动;后面的压气机称为高压压气机,由高压涡轮带动。

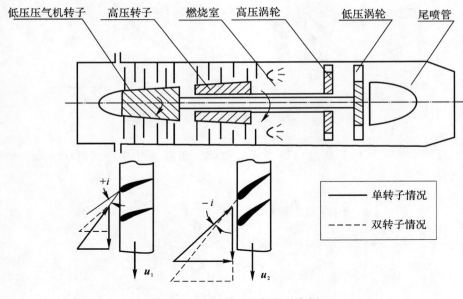

图 4-31 双转子压气机示意图

双转子压气机在发动机上工作时,如果压气机偏离设计工作状态,两个转子会自动调整转速,使得各级的流量系数变化很小,接近设计值,这样气流流入压气机叶片的冲角变化也很小,能有效地防止压气机喘振。

双转子压气机为什么能在非设计转速下自动调整转速来协调工作呢?我们首先来分析单转子压气机在非设计状态下的工作。当转速下降时,压气机的增压比减小,这时压气机前几级的流量系数变小,冲角增大;后几级进口流量系数增大,冲角变小。因此,前几级压气机耗功与后几级压气机耗功的比值要比设计状态时两者的比值大,即前几级压气机相对变重,后几级压气机相对变轻。双转子压气机的低压压气机相当于单转子压气机的前几级,高压压气机相当于后几级。因此,当换算转速下降,增压比减小时,低压压气机负荷相对变重,高压压气机负荷相对变轻,显得"前重后轻"。

对涡轮而言,当转速减小时,高压涡轮和低压涡轮所发出功的比例增加,低压涡轮发出的功更显得不足,而高压涡轮发出的功显得更富裕。

在发动机中,压气机由涡轮带动,低压涡轮所发出的功应等于低压压气机消耗的功。当转速减小时,低压压气机显得重,而低压涡轮发出的功相对小,涡轮带不动压气机,因此必然使低压压气机转速下降多,高压压气机转速下降少,结果使低压压气机气流轴向速度、高压压气机气流轴向速度与各自的圆周速度自动趋于协调。

涡轮喷气发动机的双转子压气机在进行设计时,除了单转子压气机方面的考虑外,还要考虑高、低压转子的转速比,高、低压转子的功的分配。

双转子压气机具有一系列优点,可以在较宽广的范围内工作而仍可以保持较高的效率,不容易发生喘振,易起动。现代航空发动机上,双转子压气机得到广泛的应用。在现代涡轮风扇发动机上,还成功地制造出三转子结构的压气机,但其结构十分复杂。转子数目多于三个的方案目前未见有使用。

三、机匣处理扩稳技术及其发展

1. 机匣处理扩稳技术简介

机匣处理作为一种新的有效的扩大压气机稳定工作范围的方法,已经广泛地应用于航空发动机上,如美制 PW-4000,CFM-56 和 JT9D 等,俄制的苏-27 所装发动机和我国生产的 WP-13 等均采用了不同的机匣处理形式。究竟什么是机匣处理呢? 以轴流压气机为例,机匣处理就是在正对压气机转子叶片排顶部的机匣上开有不同结构形式的槽、缝或孔,使其成为具有一定柔性的机匣结构,以达到改善转子叶端气流流动,推迟失速发生,从而实现扩大稳定工作范围的目的,如图 4-32 所示。如果静子叶排的顶部是悬臂的,且静叶顶部为旋转的轮毂壁,同样也可以对其进行扩稳处理,以实现与转子进行机匣处理同样的效果,这种方法就称之为轮毂处

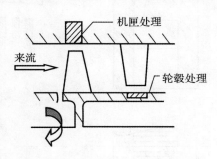

图 4-32 机匣处理示意图

理,如图 4-32 所示。采用机匣处理最大的优点就是结构相对简单,不需要变动价格昂贵的叶片。

机匣处理结构改善压气机稳定工作裕度是人们在实验过程中发现的,对于进口畸变的压气机转子,研究者们原计划进行三种状态下转子尖部的放气实验,放气的位置位于转子的正顶部,放气孔为圆形直孔,呈蜂窝状布置。放气量为实际流量的 4%。在设计转速下,通过放气能使转子的稳定工作裕度提高 15% 左右。当蜂窝状放气系统意外地没有打开,放气量为零时,令研究者们吃惊的是,即使放气量为零,蜂窝状的外机匣仍使转子的稳定工作裕度提高10% 左右,由此第一次提出了"机匣处理"的概念。

目前机匣处理的类型多种多样,经过大量实验筛选,已经确认有效的机匣处理结构形式主

要有两大类。一类是所谓"槽类"机匣处理,其特点为机匣处理开槽的方向是沿着压气机转子的圆周方向,因而槽中的气流也被限制在圆周方向内,如图4-33所示。另一类称为"缝类"机匣处理,其开缝的方向主要沿着轴向,或与轴向成一定的偏斜角,如图4-34～图4-36所示。

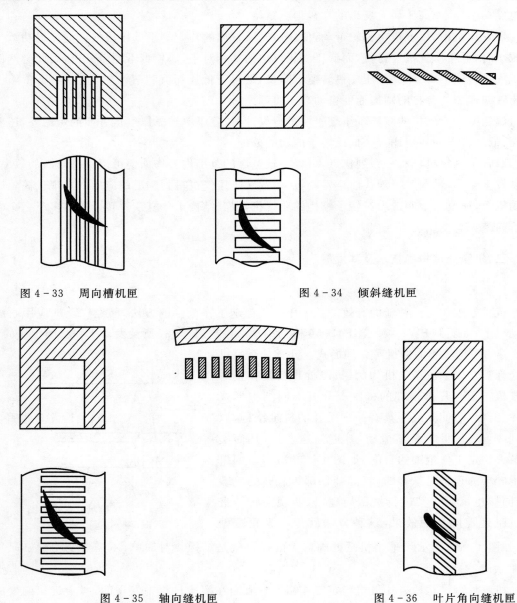

图4-33 周向槽机匣   图4-34 倾斜缝机匣

图4-35 轴向缝机匣   图4-36 叶片角向缝机匣

上述机匣处理的嵌环是针对一个特定的实验转子设计的,其中几何参数和相对于转子的位置均具有一定的代表性。特别应当指出的是,无论是槽类机匣或缝类机匣,其上的开口面积必须遵循如下的规则,即开口面积占叶顶面积2/3的比例,否则将不能获得预期的扩稳效果。另外,倾斜缝式机匣处理(见图4-34)中缝的倾斜方向必须与转子的转向相反,否则同样达不到任何扩稳效果。有关机匣处理的详细设计准则请参考有关专著,这里就不再详述。

图 4 - 37 给出了机匣处理对一台跨声风扇性能影响的示意图。

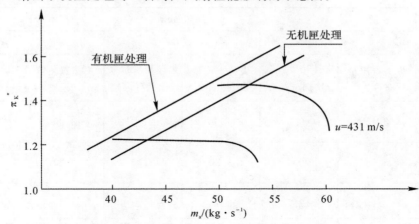

图 4 - 37 机匣处理对跨声风扇性能的影响

评定一个机匣处理设计的好坏有两点,一点是看它的失速裕度改进了多少,另一点是看它对压气机的效率有无重大影响,以上两点必须综合考虑。

失速裕度的改进按如下定义:

$$\Delta SM = \left[\left(\frac{\pi_{CT}^*}{m_{CT}} \right)_S - \left(\frac{\pi_0^*}{m_0} \right)_S \right] / \left(\frac{\pi_0^*}{m_0} \right)_S \qquad (4-30)$$

即

$$\Delta SM = \left[\left(\frac{\pi_{CT}^*}{\pi_0^*} \right)_S \cdot \left(\frac{m_0}{m_{CT}} \right)_0 - 1 \right] \times 100\% \qquad (4-31)$$

其中,参数下标 CT 表示带机匣处理的,0 代表未处理的,S 代表失速边界点的。

对于机匣处理对压气机效率的影响,通常是取压气机峰值效率这个特征点来评定,即压气机峰值效率的改变量按如下定义:

$$\Delta \bar{\eta}_m^* = \left[\frac{(\eta_m^*)_{CT}}{(\eta_m^*)_0} - 1 \right] \times 100\% \qquad (4-32)$$

其中,参数下标 m 代表峰值点。

现给出一台单转子压气机在不同机匣处理条件下的总性能参数变化实例,如表 4.1 所示。从表4-1中可以看出,失速点处的质量流量与叶尖间隙尺寸基本无关,说明处理机匣的影响完全胜过了顶部间隙的效应,机匣处理对泄漏流、二次流等端部流动有着特别的作用效果。采用方向正确的斜壁槽机匣处理,可使喘振裕度改善 20%;采用轴向槽处理,可使喘振裕度改善 13%;如果斜壁槽的方向不正确,反使喘振裕度下降 11% ~ 14%。

表 4 - 1 三种叶尖间隙的八种结构形式的机匣处理的实验结果

结构形式	间隙/mm					
	0.3		0.6		1.2	
	失速点流量 kg/s	失速裕度提高比例/(%)	失速点流量 kg/s	失速裕度提高比例/(%)	失速点流量 kg/s	失速裕度提高比例/(%)
实壁机匣	3.95	—	4.05	—	4.25	—

续 表

结构形式	间隙/mm					
	0.3		0.6		1.2	
	失速点流量 kg/s	失速裕度提高比例/(%)	失速点流量 kg/s	失速裕度提高比例/(%)	失速点流量 kg/s	失速裕度提高比例/(%)
深轴向斜槽机匣	3.15	20.3	3.2	21.0	3.20	24.7
浅轴向斜槽机匣	3.15	20.3	3.20	21.0	3.20	24.7
轴向槽机匣	3.45	12.7	3.45	14.8	3.35	21.2
叶片槽机匣	3.75	5.1	3.95	2.5	4.10	3.5
周向槽机匣	3.80	3.8	3.95	2.5	4.15	2.4
反向深轴向斜槽	4.40	−11.4	4.40	−8.6	4.30	−1.2
反向浅轴向斜槽	4.50	−13.9	4.50	−11.1	4.45	−4.7

根据大量的实验结果统计,按上述两个参数评定槽类机匣和缝类机匣的扩稳效果有如下的结果:

槽类机匣处理的失速裕度改进量ΔSM一般可以获得3%～10%的大小,但处理后峰值效率的变化不大,若设计得当,可以略为提高1%～2%。而缝类机匣处理的情况不同,其失速裕度改进量比槽类机匣大,可达到8%～25%,但往往伴随着压气机效率降低,峰值效率可以下降3%～8%,当然这和设计师的经验有很大关系。如国内某型高压压气机采用类似倾斜缝机匣处理结构形式,结果不仅大大改善了发动机中低转速下的失速裕度,而且使发动机设计转速下的耗油率降低,推力有所提高。

机匣处理对提高抗进口气流畸变能力有显著的效果,无论对径向畸变还是周向畸变,采用机匣处理可获得与均匀进口流场条件下相同的喘振裕度,有时还会超过均匀进口流场时的喘振裕度。图4-38给出了叶尖径向畸变条件下,机匣处理增大级的喘振裕度的情况。

机匣处理研究基本明确了这样的研究结论,即机匣处理可以提高压气机的裕度,一般情况下会降低压气机的效率,在裕度和效率这两个关键的压气机性能指标之间,设计机匣处理时应有所侧重,只有当机匣处理结构设计得十分合理,与叶尖叶片参数及气流参数配合到最佳位置时,才有可能在扩大稳定工作范围的同时,不降低效率或使效率有少量的提高。

关于机匣处理的扩稳机理,目前还不够清楚,但对于它的实际应用已大大超前于对它的机理的了解。目前已有一些分析模型在一定程度上能解释它的扩稳机理,但还不够完善。归纳起来主要从下面几个方面进行解释:

（1）对于不同类型的机匣处理，具有不同的扩稳机理。如果一定要获得统一的说明，只有从机匣处理对压气机平均性能的影响上才有可能。

（2）机匣处理的存在必然影响到与它邻近的叶排通道的流场，在它们之间进行流体的质量和动量的交换，交换的剧烈程度与机匣处理的结构形式有密切的关系。交换越剧烈，扩稳的效果越大。

（3）多孔内壁与叶排通道间流体质量与动量的交换结果，对叶排通道中的低能气流有激励作用，推迟或延缓了分离流的形成和发展，从而推迟了失速的发生，实现了扩稳的效果。

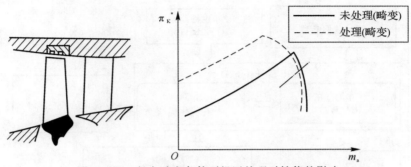

图 4-38　径向畸变条件下机匣处理对性能的影响

2. 机匣处理扩稳结构的发展

在众多机匣处理结构形式中，缝式机匣处理的扩稳效果最为显著，诸多国内外研究者结合压气机顶部的流动情况及机匣处理结构的特点，对机匣处理的结构进行优化研究，相继设计出了折线、弧形、半圆弧形式等缝式机匣处理结构，相关结构的发展及研究结果详见附录三。

由于扩稳效果显著，凹槽导叶式机匣处理在低速轴流压气机上得到了广泛的应用。该型机匣处理亦名空气分流器，结构如图 4-39 所示。针对特定的压气机而言，由于凹槽内的流动不参与转子叶片做功，凹槽导叶式机匣处理并不会导致压气机效率的下降，有时候甚至会改善叶顶流场使得效率得到提升。这使得凹槽导叶式机匣处理在实际应用方面具有广阔前景，因而在近十几年来得到了国内外相关研究人员的广泛关注。关于凹槽导叶式机匣处理结构的发展及相关研究结果详见附录四。

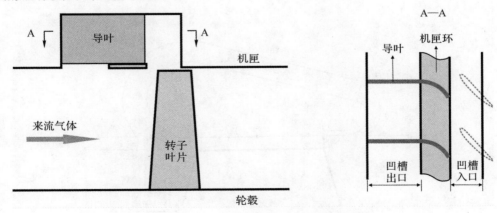

图 4-39　凹槽导叶式机匣处理示意图

自循环机匣处理利用高速射流改善叶顶流场,具有提高压气机失速裕度,同时不降低或提升压气机效率的优势。图4-40给出了自循环机匣处理总体结构示意图(图中h_b为桥路高度)。如图4-40所示,自循环机匣处理可以看作是在转子叶顶机匣内部打通一个与主流相连通的供气流循环的通道。由于扩稳效果显著,且对效率的影响明显低于其他类型的机匣处理,该型机匣处理在高负荷轴流压气机中得到了广泛的研究。但值得注意的是,在实际工程应用中,自循环机匣处理在叶顶相对于转子叶片的位置与其自身的结构参数等对应用效果有着十分重要的影响。

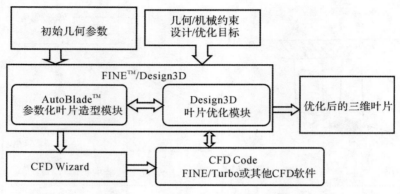

图4-40　自循环机匣处理总体结构示意图

图4-41给出了自循环机匣处理的二维结构示意图,其中包含自循环机匣处理的位置参数(喷气位置、引气位置)和结构参数(喷嘴喉部高度、引气结构放缩比)。图4-42给出了自循环机匣处理的三维结构示意图,其中主要体现了自循环机匣处理在转子周向的一个重要参数:周向覆盖比例(自循环机匣处理周向宽度/转子周向宽度)。此外,还有两个参数对自循环机匣处理的效果也存在着重要影响,分别是自循环机匣处理的周向分布个数和喷气结构的喷气偏航角(自循环机匣处理俯视图中喷气结构型线与轴向的夹角)。因此,在具体的工程应用实际中,针对不同的扩稳对象,如何选择自循环机匣处理的位置参数(喷气位置、引气位置、喷气偏航角)、结构参数(喷嘴喉部高度、引气结构放缩比)、周向覆盖比例,周向个数,是成功设计自循环机匣处理的关键。

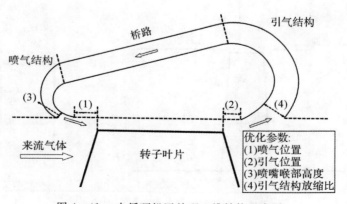

图4-41　自循环机匣处理二维结构示意图

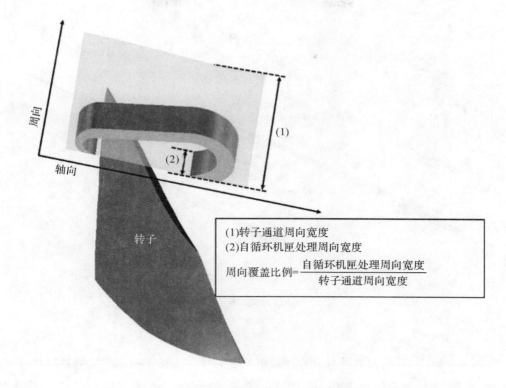

图 4-42　自循环机匣处理三维结构示意图

　　压气机的失速类型主要分为模态失速和突尖失速两种,后者根据压气机转子叶顶的流动特点又可分为叶顶过载失速和叶顶堵塞失速,如图 4-43 所示。从已有研究成果来看,当压气机的失速类型表现为模态失速或者突尖失速中的叶顶过载失速时,无论是传统的机匣处理还是自循环机匣处理,都很难有效提高压气机的失速裕度。只有当压气机发生叶顶堵塞失速时,机匣处理技术才能发挥较好的扩稳作用。

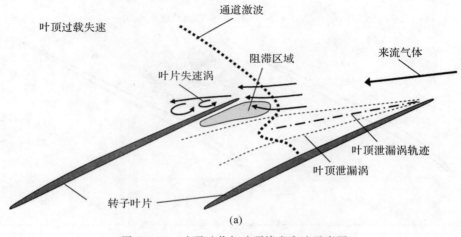

图 4-43　叶顶过载与叶顶堵塞失速示意图

(a)叶顶过载失速示意图;

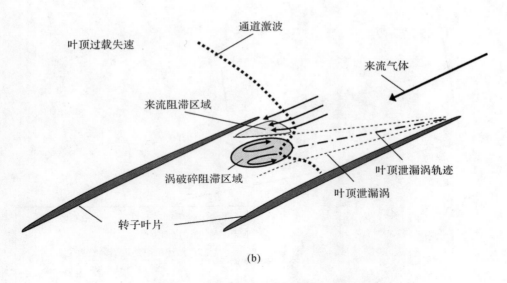

续图 4-43　叶顶过载与叶顶堵塞失速示意图
(b) 叶顶堵塞失速示意图

如图4-44(a)所示,没有进行自循环机匣处理的叶顶流场在濒临失速边界时,叶顶前缘部位存在着巨大的低能流体堵塞团,这一堵塞团几乎充斥着整个叶片通道,严重阻滞来流气体进入叶片通道,最终诱发压气机失速。运用自循环机匣处理后,如图 4-44(b)所示,在引气口的抽吸作用和喷气口的高速射流的共同作用下,叶顶前缘部位的低能流体堵塞团大幅减小并朝叶片通道下游移动,降低了叶顶的堵塞程度,极大地改善了叶顶的流通能力,从而使得来流气体能够顺利地进入叶片通道,延迟了失速的发生并最终扩大了压气机／转子的稳定工作范围。关于自循环机匣处理结构的发展及相关研究结果详见附录五。

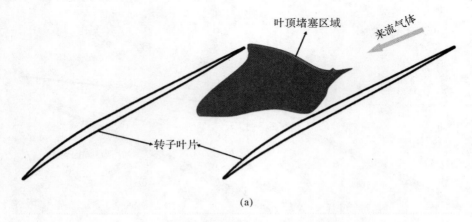

图 4-44　自循环机匣处理前后叶顶区域流场对比
(a) 无自循环机匣处理的叶顶流场;

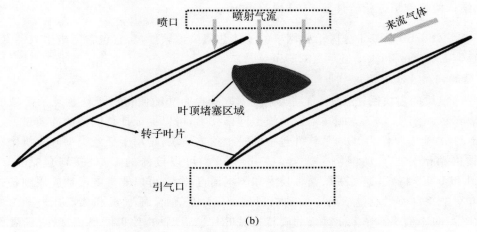

（b）

续图 4－44　自循环机匣处理前后叶顶区域流场对比

（b）有自循环机匣处理的叶顶流场

第七节　　压气机内部流动仿真简介

计算流体力学在叶片机的发展过程中起着举足轻重的作用，计算流体力学（Computational Fluid Dynamics，简称 CFD）是通过计算机数值计算和图像显示，对包含有流体流动、热传导、气动声学等与流体流动相关物理现象的系统所做的数值分析。CFD 的基本思想可以归结为：把描述流体流动的数学模型，如由质量守恒方程、动量守恒方程和能量守恒方程等构成的 Navier－Stokes 方程组，以及在时间域及空间域上连续的物理量场，如速度场、温度场和压力场等，用一系列由有限个离散点上的变量值构成的集合来代替，通过一定的数值算法和边界条件，建立起关于这些离散点上场变量之间关系的代数方程组，然后求解代数方程组获得场变量的离散值。通过这种数值模拟，可以得到极其复杂问题的流场内各个位置上的基本物理量（如速度、压力、温度、浓度等）的分布，以及这些物理量随时间的变化情况，确定旋涡分布特性、空化特性及脱流区等，还可据此算出相关的其他物理量，如旋转式流体机械的转矩、功率、增压比和效率等。

计算流体力学软件一般由三部分组成：前处理器、求解器和后处理器。前处理器用于计算域的空间离散化。网格质量（包括分布规律、长宽比、正交性和延伸比等）和网格数目直接影响 CFD 结果的精度。求解器将基于选定的流体物性参数（如黏性系数、比热比和热传导系数等）、数学模型（如无黏流、层流、湍流以及湍流模型等）、边界条件（如进出口条件、固壁条件）、数值离散方法（如迎风格式和中心格式等）以及其他求解方法等进行数值计算迭代。后处理器将采用图形方法，分析和展示数值分析的数据。

计算流体力学方面的软件较多，但专门针对叶片机流场分析而开发并便于使用的 CFD 软件主要是 NUMECA 软件。该软件用于叶片机设计及分析的部分包括：结构网格流场分析软件包 FINE™/Turbo，全六面体非结构网格流动分析软件包 FINE™/Hexa，叶轮优化软件包 FINE™/Design3D。

一、结构网格流场分析软件包 FINE™/Turbo

FINE™/Turbo 是基于分区结构网格的流体数值模拟软件包,它包含网格生成器 IGG™、流场求解器 Euranus 和流场显示器 CFView™。

1. 结构网格生成器 IGG™

IGG™ 模块的多块网格技术、自动吸附技术以及投影功能使得对于任意复杂区域的网格划分非常容易,由于采用了光顺技术以及蝶型网格技术,可以保证计算网格的高质量。

AutoGrid™ 模块作为 IGG™ 软件包中的一个独立模块,是用于任意类型叶片机中圆形回转面结构网格剖分的自动网格生成器。AutoGrid™ 可以接受的 CAD 接口包括 Catia v5,Parasolid 和 IGES 格式,通过采用模板技术和脚本语言技术,可以非常方便地应用到各式各样的设计方案中并自动生成包括航空发动机风扇、压气机(轴流压气机和离心压气机)和透平(轴流透平和向心透平)等多种对象的旋转机械叶片通道网格,使得网格正交性、延展比及其长宽比等参数能够得到高质量的保证。对于旋转机械中的特殊几何形状(例如间隙、汽封、平衡孔、零半径、拉筋、倒圆角、叶片钝头、非轴对称结构、任意个数分流叶片、双涵道等结构),AutoGrid™ 具有高度快捷的自动网格生成功能,并且所有边界条件类型都是自动设定(进出口、固壁面、周期、连接及镜像等)。

2. 全二阶精度结构网格流动求解器 Euranus

Euranus 求解器是全二阶精度结构化块网格求解器,其通过求解时间相关的雷诺平均 Navier-Stokes 方程组来模拟包括蠕变流动、不可压的液体流动、可压缩的亚声流/跨声速流动以及超声速流动等各种速度范围下的流动,提供了 Baldwin-Lomax 代数湍流模型、Spalart-Allmaras 方程模型及 4 种线性湍流输运模型(高雷诺数＋壁面函数法、低雷诺数 Yang-Shih、低雷诺数 Launder-Sharma、低雷诺数 Chien 模型)和两种非线性湍流输运模型(高雷诺数＋壁面函数法及低雷诺数 Yang-Shih 模型),以及 V2F 四方程模型等丰富的湍流模型,包括了共轭传热、流体-颗粒耦合、边界层转捩、可凝结流体、多孔介质、ANSYS 接口输出、空化、冷却/抽吸、两相流等多种可选模块。

3. 专业的叶片机后处理器 CFView™

利用 CFView™ 中功能全面的流场可视化技术可以很容易地实现定性、定量参数的分析,实现直接与实验数据比较,做任何定性或定量的矢量标量的显示。利用其强大的宏系统技术可以非常快速地提供流场图片;并提供针对透平机械的参数显示功能、叶片机专用视图功能(如子午平均、叶片-叶片)。该软件已经被国际工业部门认为是用于叶片机最好的后处理软件。

二、全六面体非结构网格流动分析软件包 FINE™/Hexa

FINE™/Hexa 是基于全六面体非结构网格的流体数值模拟软件包,包含网格生成器 HEXPRESS™、流场求解器 HEXSTREAM™ 和流场显示器 CFView™。

HEXPRESS™ 是一套高度自动化的非结构六面体网格生成软件,可用于任何复杂二维和三维几何体的网格生成。它采用由体到面的方式,将复杂模型计算域的网格生成简化为仅需使用者选择几个参数和轻点几次鼠标的过程,其精心设计的优化算法更可保证获得高质量的网格。

HEXSTREAM™是基于全六面体非结构网格的流场求解器,可广泛用于各种低速、亚声速、跨声速和高超声速流动的模拟。它通过求解基于密度的全可压缩形式三维雷诺平均 NS 方程来模拟流场。求解器中提供 7 种湍流模型,即:Spalart - Allmaras 模型,SARC 模型,三种 k-ε 模型(包括壁面函数、低雷诺数和高雷诺数模型、M-SST)和两种 k-ω 模型等。空间离散可选用一阶、二阶精度的中心格式和迎风 Roe 格式,并采用多重网格,特别是新颖的控制体聚合(Control Volume Agglomeration)多重网格处理方法、残差光滑和当地时间步长加速收敛技术,使计算具有很高的收敛速度和计算精度。计算中还可以按照密度、速度或压力梯度准则,进行网格的自适应计算,在流场参数梯度大的区域自动加密网格,在流场参数梯度小的区域自动粗化网格,从而实现对流场变化的精确捕捉。

FINE™/Hexa 的流场显示器 CFView™与 FINE™/Turbo 的流场显示器 CFView™具有基本相同的功能。

图 4-45 给出了压气机叶片通道网格示意图。

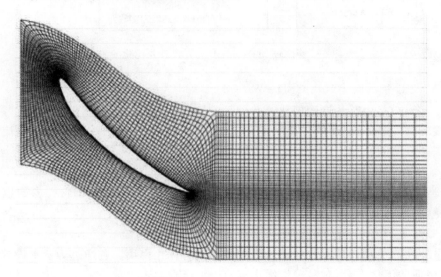

图 4-45　压气机叶片通道网格示意图

三、FINE™/Design3D 三维叶片设计及优化软件

FINE™/Design3D 是把现代优化理论和计算流体动力学相结合的三维叶片设计及优化平台。FINE™/Design3D 包含参数化建模 AutoBlade、叶轮参数化拟合模块 Autoblade -Fitting、自动 CFD 模拟向导模块 CFD-Wizard、数据库生成和管理模块 Database-Generation 及优化模块 Optimizition。图 4-46 是使用 FINE™/Design3D 进行叶片设计及优化的流程。

1. 参数化造型模块 AutoBlade™

参数化造型模块 AutoBlade™是通用的旋转机械叶片及通道几何造型工具。软件内置有 7 种参数化模板文件,包括轴流压气机、离心压气机、带分流叶片离心压气机、轴流涡轮、风力机、径向扩压器和直纹面。几何定义参数通用(压力面 / 吸力面型线或者中弧线 / 叶片厚度等）并且高度灵活（切向及子午倾斜及掠置等独立控制，多种叶片的三维积叠方式，多分流叶片、圆弧型或多种切割断面形式的进出口边类型等），嵌接二维及三维的喉部面积及位置计算、转动惯量计算、重心位置、叶片型线曲率以及厚度分布等计算功能。此外，它还提供与现有设计的参数化拟合功能。

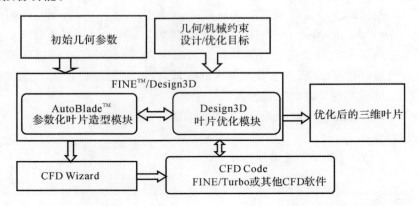

图 4-46　FINE™/Design3D 叶片设计及优化的流程

2. 自动 CFD 模拟向导模块 CFD-Wizard

CFD-Wizard 是将叶片造型模块 AutoBlade 与 NUMECA CFD 软件包 Fine™/Turbo 进行耦合嵌接的软件模块，使从叶片造型到 CFD 分析报告自动地进行，为透平机械流动分析提供了非常快速方便的途径。

3. 数据库生成和管理模块 Database Generation

根据设定的自由参数和样本数目，全自动生成包含所有样本的叶型特征参数以及性能结果的数据库，并针对每一个样本自动生成三维流场报告。

4. 优化模块 Optimization

Optimization 是功能强大的集成现代优化理论的优化模块。它通过为透平设计行业量身定制、内容全面的优化平台，对每一步优化实施以下步骤：

（1）对优化程序所存储的参数进行自学习过程。

（2）利用梯度法、模拟退火算法及基因遗传算法进行优化。

四、数值模拟结果显示

图 4-47 给出了轴流压气机机匣壁面上不同间隙下的静压系数分布，从图上可以明显看出由于顶部间隙泄漏引起的泄漏涡的轨迹。图 4-48 给出了轴流压气机最高效率点工况及失速边界点吸力面上的极限流线，从图中可以明显看出分离区域的大小，为进一步的设计改型可以提供参考。

下面以十级压气机为例，给出软件的具体计算结果及相应的处理。图 4-49 给出了十级压气机的实体建模图；图 4-50 为十级压气机粗网格显示图；图 4-51 给出了十级压气机三个不同截面的马赫数分布云图，在叶顶和叶中可明显看出激波的形成。从图 4-51 可以看出不同级中流动结构的变化。

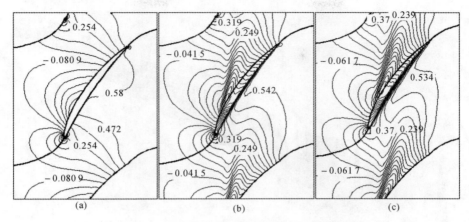

图 4 - 47　不同间隙下机匣壁上静压系数的分布

(a)$\tau = 0.0$ mm；(b)$\tau = 0.3$ mm；(c)$\tau = 0.6$ mm

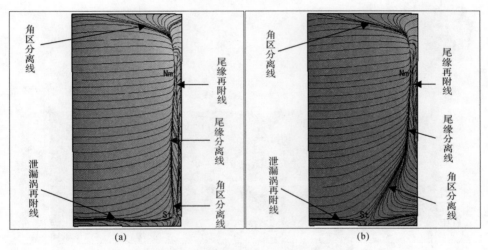

图 4 - 48　最高效率点和失速边界点吸力面上的极限流线图

(a)$\beta = 57.4°$；(b)$\beta = 62.5°$

图 4 - 49　十级压气机实体建模图

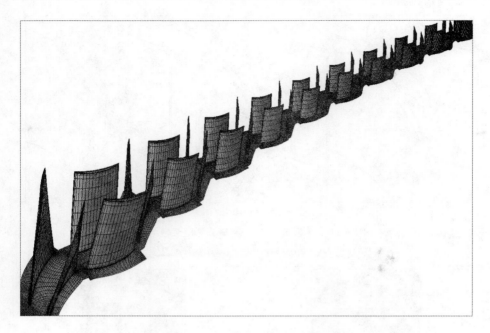

图 4-50　十级轴流压气机粗网格图

图 4-51　十级轴流压气机定常计算马赫数云图

思考与练习题

4-1　压气机进口的参数哪些对压气机特性线有影响？试述其原因。

4-2　和单级轴流压气机特性相比，多级轴流压气机特性的特点是什么？简述理由。

4-3　压气机的转速 n 和进气条件 p_1^* 和 T_1^* 均和压气机设计状态值相等，但流经压气机的流量 m_a 略低于设计状态的流量 m_{a0}，试分析气体流入压气机的攻角和增压比变化。

4-4 假定双级轴流压气机中没有临界截面,证明第一级工作状态相似,则双级压气机出口绝对马赫数 Ma_c 保持不变。

4-5 证明 $\left(\dfrac{L_u}{T_1^*}, \dfrac{n}{\sqrt{T_1^*}}\right)$ 也是保证压气机不同工况状态相似的相似准则,即只要这组参数保持不变,则压气机的性能参数 π_K^*, η_K^* 保持不变。

4-6 一台高涵道比风扇,在标准海平面大气条件下($T_H = 288$ K,$p_H = 101\,325$ N/m²),风扇流量为 360 kg/s,风扇增压比为 1.65,风扇效率为 0.89,风扇直径为 1.6 m,风扇转速为 $n = 5\,000$ r/min。

(1)计算传动这台风扇动力的功率数值;

(2)按缩型比为 0.6 缩型此风扇进行实验研究时,其动力源功率为多少千瓦?

(3)实验台动力必须达到的转速是多少?

4-7 列举提高多级轴流压气机稳定裕度的途径,并就其机理进行讨论。

4-8 机匣处理的结构形式有哪些?

4-9 多级轴流压气机在低换算转速下,前面级及后面级的工作特点是什么?

4-10 常用的防喘方法有哪些?解释其防喘机理。

4-11 什么是颤振?失速颤振产生的原因是什么?

4-12 进气畸变有哪些类型?对压气机性能有什么影响?

4-13 什么是旋转失速?试述其产生的原因。

4-14 导致压气机进口流场畸变的因素都有哪些?

4-15 为什么在试验高增压比、大流量的压气机时,采用进气节流的方法可以节省功率?

第五章　　轴流式涡轮

第一节　　概　　述

　　在航空涡轮喷气发动机中,涡轮部件的作用就是将来自燃烧室的高温高压燃气所具有的能量转化成轴上的机械功,从而带动风扇、压气机以及其他附件工作。为什么燃气流过涡轮会使涡轮产生旋转的机械功呢？这是与涡轮的特定结构形式及涡轮中的燃气流动性质密切相关的。我们首先来看一下涡轮的基本结构。图5-1为某航空发动机的涡轮结构简图,从图中可以看到,涡轮结构布局与压气机是不同的,紧接着燃烧室出口的第一排叶片是静子叶片,又称为导向器,导向器后面才是转子叶片排(即工作轮)。在压气机中,第一排动叶前的静子叶片为进口导流叶片,它并不是必须存在的,有些压气机是没有进口导流叶片的。在压气机中,是由动叶排与其后的静叶排构成了压气机的基本结构 —— 压气机级。而在涡轮中,则由导向器与其后的工作轮一起构成了涡轮的基本结构,即涡轮级。此外,压气机的子午流道是收缩的,而涡轮的子午流道正好相反,是扩张型的。在研究整个发动机工作的时候,通常将涡轮部件的进口截面和出口截面分别定义为"3"截面及"4"截面。但在研究涡轮级的工作时,往往采用与压气机中类似的定义方法,即工作轮的进口和出口分别为"1"和"2"截面,而导向器进口则定义为"0"截面,如图5-1所示。图5-2是两叶片组成的气流通道示意图,可以看到相邻叶片组成的叶栅通道是收敛式的,这与压气机叶栅的扩张式通道也是相反的。这是涡轮与压气机结构上的第二个不同之处。

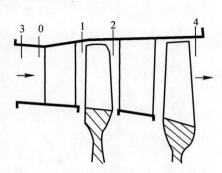
图5-1　轴流式涡轮结构简图

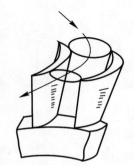
图5-2　轴流式涡轮叶片通道

　　通过上述的对比可知,涡轮和压气机都是由很多排叶片按照一定的顺序排列组成的,都属于气体通过叶片进行能量与机械功之间交换的机械,统称为叶片机,这就决定了它们之间有许多相似之处。但是,涡轮和压气机与气流之间的能量交换过程是相反的,它们结构之间的差异恰恰是由这种内在规律和工作性质决定的。当压气机工作时,必须对气流加入机械能,从而使气体压力升高;而涡轮运转时,其轴上旋转的机械功是从流过的高温高压燃气中得到的,燃气对外输出能量,压力降低。我们学习本章内容的目的就是要了解和掌握涡轮内部燃气流动的内在规律,研究怎样在损失较小的情况下把高温高压燃气的能量转化成涡轮轴上的机械功。

上面我们讨论的是轴流式涡轮,即气流流动方向与涡轮轴轴线方向一致,这是目前航空涡轮发动机和地面燃气轮机上广泛采用的涡轮形式。除此以外,在一些小型或微型的涡轮发动机和地面燃气轮机以及涡轮增压器上也常采用径流式涡轮(又称为向心式涡轮),如图5-3所示。其特点是气体流动方向垂直于涡轮的轴线。径流式涡轮的优点在于结构简单、加工方便,而且在小的燃气流量时效率比轴流式要高。

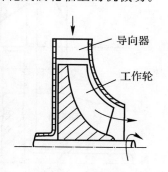

图5-3　径流式涡轮

一般来说,大、中型及大多数小型航空涡轮发动机上普遍采用轴流式涡轮的结构,所以本章只对这种轴流式涡轮的工作原理进行讨论分析。

在研究压气机的工作时,采用循序渐进的方式,首先将一个复杂的多级压气机的问题简化为研究基元级的问题,然后再研究压气机级和多级压气机。涡轮虽然与压气机有较大的区别,但同样作为叶片机来说,它们具有很多的共同之处。因此,在分析涡轮工作原理时,也是先从基元级入手,然后再研究单级涡轮和多级涡轮的工作特点。将多级涡轮分解成若干个单级,然后用不同半径的圆柱面对每个级进行切割而得到基元级。在下面讨论分析涡轮基元级工作原理的同时,也将其工作特点与压气机进行比较。

第二节　　涡轮基元级

一、涡轮基元级的工作原理

图5-4所示为一单级涡轮简图。它由静止的和旋转的两排叶片构成,由燃烧室出口流出的高温高压燃气首先进入前排静止的导向器叶片(又称为喷嘴环),然后才流入导向器后面的转子叶片。涡轮级中导向器在前、工作轮在后的结构安排是由涡轮所担负的工作任务决定的。涡轮的作用就是将燃烧室出来的高温高压燃气的能量转换成涡轮轴上的机械功,导向器在工作轮之前的结构就是为了有利于实现这个能量的转换。燃烧室流出的高温高压燃气首先在导向器中进行膨胀加速,使气流得到很大的动能,其速度一般可达到700 m/s左右。当燃气以这样大的速度去冲击工作轮叶片时,就可使涡轮发出大的功率。同时,由于燃气在导向器中进行了相当程度的膨胀,燃气温度有了显著的降低,大大改善了在高温下高速转动的工作轮的工作条件,提高了涡轮的寿命和安全可靠性。导向器叶片中的燃气温度虽然很高,但由于叶片是静止的,较适于采用冷却措施。

为了研究涡轮的工作原理,与压气机一样,涡轮级也可以看成是由无限多的"基元级"组成的。用一个任意半径的圆柱面去切割涡轮级,就可以得到一个涡轮基元级。将其展开成平面后,得到如图5-5中所示的涡轮基元级平面叶栅,包括一个静叶叶栅与一个动叶叶栅。静叶前的截面用$0-0$截面表示,静叶后动叶前的截面用$1-1$截面表示,动叶后的截面则定义为$2-2$截面,在这些截面处的气流参数将分别以相应的下标来表示。

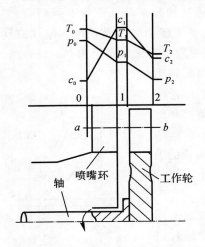

图 5-4　轴流式涡轮级简图

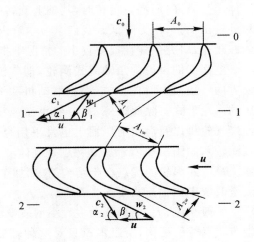

图 5-5　轴流式涡轮的基元级叶栅

(一)为什么工作轮能旋转做功?

为什么燃气流过涡轮,工作轮就能发出功,从而带动压气机一起转动?这当然是气体与叶片之间相互作用的结果。简单地说,就是由于当具有一定压力的高温燃气流过涡轮时,其热焓降低,并转变为驱动涡轮转子转动的机械功。那么,这样的转换是如何实现的呢?气流参数(如温度、压力、速度)在这个转换过程中是怎样变化的呢?

从图5-5中可以看到,静叶进口(即燃烧室出口)的燃气通常是轴向的,气流角α_0约为90°,燃气速度也较低,一般约为一百多米每秒,但燃气温度较高,马赫数较小。如以斯贝发动机设计点状态为例,燃烧室出口温度$T_3^* = 1\,358\,\text{K}$,速度为$164\,\text{m/s}$,可以得出涡轮进口燃气马赫数等于0.246。经过静叶叶栅拐弯加速,静叶出口气流角为α_1,即气流方向相对于发动机轴线"由正变斜",静叶进口截面面积A_0大于出口截面面积A_1。静叶叶栅所形成的气流通道是收敛的,气体在这样的收敛型通道中进行膨胀,压力和温度下降,速度提高,如图5-4所示。亚声速涡轮静叶叶栅出口气流速度小于当地声速,而跨声速涡轮级静叶叶栅出口气流马赫数可达到1.2左右。从静叶中流出的气流以w_1的相对速度流入动叶叶栅,同样,动叶的进口截面面积A_{1w}也比出口截面面积A_{2w}大,燃气在动叶叶栅中继续膨胀,使出口的相对速度w_2大于w_1(也有不膨胀的)。

由静叶中流出的高速气流冲向动叶叶栅,就会产生很大的气动力作用在动叶上,推动工作轮使其旋转做功。与压气机类似,我们定义向外凸的表面为吸力面(又称为叶背),向里凹的一面为压力面(又称为叶盆)。与压气机叶栅中的流动一样,涡轮叶栅的叶背表面气流速度要大于叶盆表面的气流速度,因此,动叶叶盆表面上所受到的气流静压强同样比叶背上要大得多。在图5-6中,我们用正号表示叶盆表面的高压强,用负号代表叶背表面的低压强,叶片上所受到的压差就形成了巨大的推动力,这个力的方向由叶盆指向叶背。因此,要实现气流推动工作轮旋转做功,叶片运动的方向应与其受到的气动力方向一致,即涡轮动叶由叶盆向着叶背方向旋转,这与压气机相反(压气机动叶由叶背向叶盆方向旋转)。燃气在涡轮基元级中膨胀的热力过程可用图5-7的焓熵图表示。

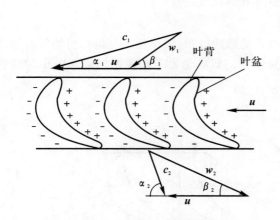

图5-6 气流在动叶叶栅中的流动

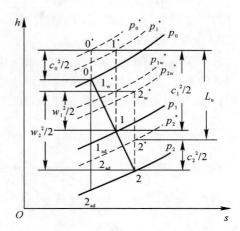

图5-7 涡轮基元级流动焓熵图

　　燃气流过涡轮基元级时,在静止不动的喷嘴环中只进行膨胀加速,而在动叶中高速气流冲击工作轮叶片使其旋转做功。下面,我们研究一下单位质量燃气在涡轮基元级所做的轮缘功。写出工作轮进出口截面1—1和2—2的能量方程式为

$$L_u = (h_1 - h_2) + \frac{c_1^2 - c_2^2}{2} = c_p(T_1^* - T_2^*) = h_1^* - h_2^* \qquad (5-1)$$

上式表明:由于静叶是不动的,不考虑气流与外界的热量交换,则 $T_0^* = T_1^*$,因此 1 kg 质量燃气所发出的轮缘功 L_u 等于动叶进、出口截面上的总焓之差。如果我们站在与旋转的动叶一同旋转的相对坐标系上来观察,并假设进出口圆周速度 $u_1 = u_2$,应有

$$h_1 - h_2 = \frac{w_2^2 - w_1^2}{2} \qquad (5-2)$$

即

$$h_{1w}^* = h_{2w}^* \qquad (5-3)$$

如将式(5-2)中的静焓差代入式(5-1),则得

$$L_u = \frac{c_1^2 - c_2^2}{2} + \frac{w_2^2 - w_1^2}{2} \qquad (5-4)$$

　　式(5-4)说明,轮缘功的大小取决于流过基元级的气流绝对动能和相对动能的变化量。在涡轮中,相对动能的变化较小,一般只占 L_u 的 25% ～ 40%,有些甚至相对动能不发生变化。通常将相对动能不变的涡轮称为冲击式涡轮,而相对动能发生变化的涡轮则称为反力式涡轮。

　　(二)涡轮与压气机的异同

　　正如前面所提到的,压气机与涡轮同属于叶片机,因此,不论从结构形式或工作原理上来看,它们都有许多相似之处。但是,由于能量转换过程的不同,两者又各自有其自身的特殊性。为了更加深入地理解压气机和涡轮工作的原理,以下对它们之间的差异进行系统的分析比较。

1. 能量转换过程

压气机是把涡轮传给它的机械功转换为空气的压力能和热能,而涡轮则是把高温燃气所具有的能量转变为涡轮旋转的轴功率(即涡轮所具有的机械能)。

2. 叶型通道形式

为了实现各自的能量转换过程,由气体动力学的原理可知,亚声速压气机叶栅的气流通道形式必须是扩张的,空气在其中完成减速增压的任务。而涡轮为了实现燃气加速降压的膨胀过程,其叶栅通道形式必须是收敛的,如图 5-8 所示。

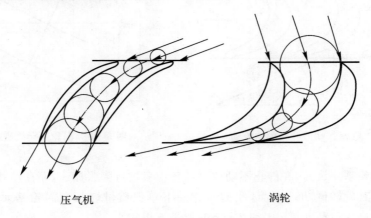

压气机   涡轮

图 5-8   压气机和涡轮叶栅的通道形状

3. 级的轮缘功 L_u

在亚声速压气机中,由于气体的流动是减速扩压,在逆压力梯度(沿流动方向压力逐渐升高)的作用下,叶片表面附面层内的一部分气体微团的动能不足以反抗高的压差而容易产生分离,所以压气机一级的静压提高不允许太多,气流转折角不能过大。因此,压气机中的 L_u 大约在 37 kJ/kg 左右。而在涡轮中,由于叶栅通道是收敛的,燃气在其中是加速降压流动,存在着顺压力梯度(沿流动方向压力逐渐降低),所以叶片表面附面层内气体微团的动能即使很小,在压差的作用下仍可继续向前流动,不容易产生分离,气流转折角就可以很大。此外,涡轮中燃气的温度比压气机中空气的温度要高得多,当地声速也高得多,在同样的马赫数情况下,燃气速度远比压气机中空气的速度大,这对于增大燃气对涡轮的做功非常有利。涡轮级的轮缘功通常在 200 ~ 300 kJ/kg 之间,而目前的大流量单级涡轮可以发出一两万千瓦的功率,而压气机要完全吸收这些功率,一般需要 7 ~ 8 级或更多的级。因此,在航空发动机中,涡轮的级数要比压气机的级数少得多。

4. 气流转折角

气流流过叶片所允许的转折角取决于叶栅通道的性质。气流在压气机中的扩压程度较大时容易引起叶片表面附面层分离,因此,所允许的气流转折角较小,一般不超过 $\Delta\beta = 30° \sim 40°$;而涡轮则由于叶栅通道的收敛性,气流不容易分离,气流转折角较大,通常都在 95° 以上(除了第一级导向器叶片以外)。

5. 滞止绝热效率

单级轴流压气机的效率一般为 0.88 ~ 0.90,多级的效率为 0.83 ~ 0.87;而单级轴流式涡轮的效率通常在0.88～0.91的范围内,多级涡轮的效率则更高,可达0.91～0.94。涡轮效率高于压气机效率的根本原因也是由于叶片通道的性质不同,使涡轮叶片通道中气流加速降压流动时的流动损失比压气机要小得多。

6. 叶片形状

由于压气机叶片通道为扩张型,气流进行减速扩压流动,附面层易分离,气流转折角不能过大,因此叶片弯得少。同时,压气机叶片进口马赫数较高,为了提高叶型的临界马赫数,避免出现进口马赫数超过临界马赫数的情况,减少流动损失,则叶片不能太厚。因此,压气机叶片看起来都很薄,且弯得也少。而对于涡轮叶片来说,其通道形式是收敛的,燃气在其中的流动为加速降压过程,附面层薄、不易分离,气流的转折角可以很大,叶片就弯得很多。此外,涡轮叶片进口气流马赫数较低,没有进口临界马赫数的问题,因而叶片都比较厚。涡轮叶片厚还可以带来另外一些好处,如对来流方向的变化不敏感,有利于提高叶片的强度,便于叶片冷却等。

二、基元级速度三角形

研究涡轮基元级与研究压气机基元级的方法是一样的,都要以速度三角形为基础,从基元级速度三角形中就可以清楚地了解燃气流过静叶和动叶的膨胀情况,并由此计算出轮缘功的大小以及流过涡轮的燃气流量等参数。

1. 确定速度三角形的主要参数

如果将图5-5中的工作轮叶片进出口速度转换的三角形画在一起,就可以得到图5-9所示的涡轮基元级速度三角形。

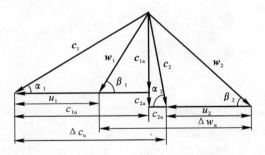

图5-9 涡轮基元级的速度三角形

在压气机基元级中,决定简化速度三角形的主要参数有四个,分别为轴向速度c_{1a}、预旋c_{1u}、圆周速度u和扭速Δw_u,根据这4个参数就可以唯一确定压气机基元级简化速度三角形。那么,决定涡轮基元级速度三角形的主要参数有哪些呢?是否也是上述的参数呢?基元级速度三角形之所以如此的重要,是因为速度三角形是实现预期流动的关键,是基元级叶栅与气动性能之间联系的桥梁,其参数的确定与设计要求密切相联。如在压气机中,轴向速度c_{1a}决定了流过压气机的流量,圆周速度u和扭速Δw_u确定了压气机轮缘功的大小。因此,涡轮基元级速度三角形的主要参数也应与设计要求联系起来。

我们首先看一下决定涡轮轮缘功L_u的参数是哪些。与压气机中的方法类似,可以从动量矩定理导出燃气对涡轮动叶做功的表达式,并注意对涡轮来说,燃气对外做功,L_u前面应加负

号。根据图 5-9 可得涡轮轮缘功的计算式为

$$L_u = u_1 c_{1u} + u_2 c_{2u} \tag{5-5}$$

当 $u_1 = u_2$ 时,则为

$$L_u = u\Delta c_u = u(c_{1u} + c_{2u}) \tag{5-6}$$

压气机轮缘功的计算式可以写为 $L_u = u(c_{2u} - c_{1u})$ 的形式,因而决定压气机轮缘功大小的参数除了圆周速度 u 以外,主要是动叶出口的切向分速 c_{2u},预旋 c_{1u} 可以为零(轴向进气时)。对于涡轮来说,其出口紧接的是尾喷管,一般总是希望出口绝对速度 c_2 的方向尽可能接近轴向,因此 c_{2u} 的数值一般都很小(轴向出气时 $c_{2u}=0$),则决定涡轮轮缘功 L_u 大小的主要是 c_{1u}。在涡轮中,反映燃气流量的参数一般采用静叶出口的气流角 α_1,而不是像压气机中那样直接采用轴向速度 c_{1a},因为气流角 α_1 不但能反映轴向速度 c_{1a} 的大小($c_{1a}=c_{1u}\tan\alpha_1$),而且它还与叶片的长短等参数有关。此外,在压气机中,单级的增压比较小,轴向速度变化不大,可以近似认为 $c_{1a} \approx c_{2a}$。但是单级涡轮的膨胀较大,轴向速度变化也就比较大了,如果再假设 $c_{1a} \approx c_{2a}$,将会带来较大的误差。根据目前的设计经验,两者之比 $c_{1a}/c_{2a} \approx 0.75 \sim 0.85$。综合以上分析,就可以得出决定涡轮基元级速度三角形的主要参数有 5 个:c_{1u},α_1,c_{2u},u 和 c_{1a}/c_{2a}。在进行涡轮的设计时,根据设计要求确定了这 5 个参数之后,速度三角形就完全确定了。

2. 基元级反力度的概念

像压气机中一样,涡轮中也采用反力度来衡量燃气在工作轮中的膨胀降压占整个基元级总膨胀功的比例。根据这一定义,涡轮基元级反力度可以表示如下:

$$\Omega_T = \frac{\frac{1}{2}(w_2^2 - w_1^2)}{L_u} \tag{5-7}$$

根据式(5-4),可用 $L_u - \dfrac{c_1^2 - c_2^2}{2}$ 代替 $(w_2^2 - w_1^2)/2$,并假设 $c_{1a} \approx c_{2a}$ 以便简化计算,再应用式(5-6),就得到了涡轮基元级反力度的计算式

$$\Omega_T = 1 - \frac{c_{1u} - c_{2u}}{2u} \tag{5-8}$$

这个反力度是在 $c_{1a} \approx c_{2a}$ 的简化假设条件下得到的,它取决于速度 c_{1u},c_{2u} 和 u,故将其称为运动反力度。涡轮级平均半径处的运动反力度在 $0.25 \sim 0.35$ 之间,但现代多级涡轮设计中的后面级可以大于此范围,甚至有的涡轮可达到 0.5 左右。但为了防止在叶根处反力度进入负值范围(即在动叶根部截面流动进入扩压状态,使 $p_2 > p_1$),以保证涡轮效率不至于下降过多,用式(5-8)计算的运动反力度的数值就不够准确。为此,在涡轮设计中还常用能量反力度的概念,即工作轮中的等熵焓降与涡轮级的等熵焓降之比,用理想膨胀功可表示如下:

$$\Omega_{T0} = \frac{L_{ad,R}}{L_{ad,st}} = \frac{L_{ad,st} - L_{ad,S}}{L_{ad,st}}$$

式中的注脚 st,R,S 分别表示级、工作轮和导向器。

按照反力度的概念,可以根据它的数值来了解燃气在动叶中的膨胀情况。例如,对于前面提到的相对动能不变的冲击式涡轮来说,燃气的加速膨胀全部在静叶中完成,在动叶中不进行膨胀,$w_1 = w_2$。由式(5-7)可知,此时的运动反力度 $\Omega_T = 0$,这种涡轮又称为零反力度涡轮。这种涡轮动叶之所以会转动,完全是依靠静叶中流出的高速气流对它的冲击,做功能力大,且由于燃气的膨胀完全是在静叶中完成,因而静叶中的膨胀程度很大,温度降低多,改善了动叶

的工作条件。这种涡轮在汽轮机中得到广泛应用。但在航空燃气涡轮发动机中,基本上不采用冲击式涡轮,因为在这种涡轮的动叶中,气流没有加速膨胀,也就不存在沿流动方向的顺压力梯度,气流容易分离,涡轮的效率较低。所以,目前航空上通常采用的是反力度不等于零的反力式涡轮。

3. 基元级速度三角形的确定

涡轮轮缘功 L_u 的计算公式有多种形式,如式(5-1)是由热焓形式的能量方程得出的,而式(5-6)则由动量矩方程得到。在实际应用中,还常常采用下列方式计算涡轮轮缘功:

$$L_u = u\Delta c_u = u^2 \frac{\Delta c_u}{u} = \frac{c_{1u} + c_{2u}}{u}u^2 = \bar{H}_T u^2 \tag{5-9}$$

式中, $\bar{H}_T = \frac{c_{1u} + c_{2u}}{u} = \frac{\Delta c_u}{u}$,称为载荷系数,对于单级涡轮来说, $\bar{H}_T = 1.4 \sim 1.7$ 。当然,在工程实际中,为了得到较大的级负荷,载荷系数可以选取更大的数值。

前面我们讨论过,涡轮基元级速度三角形可以由 c_{1u} , α_1 , c_{2u} , u 和 c_{1a}/c_{2a} 这 5 个主要参数唯一确定,但在航空燃气涡轮设计的实践中,常常会利用一些无量纲的系数,如常采用 3 个系数及角度 α_1 来确定速度三角形,这 3 个系数分别为运动反力度 Ω_T 、载荷系数 $\bar{H}_T$ 、进出口轴向速度比 c_{1a}/c_{2a} 。当已知轮缘功的大小时,选定载荷系数 $\bar{H}_T$ 以后,就可以得到圆周速度

$$u = \sqrt{\frac{L_u}{\bar{H}_T}}$$

再根据反力度的计算式及载荷系数的定义式,可得

$$\Omega_T = 1 - \frac{c_{1u} - c_{2u}}{2u}$$

$$\bar{H}_T = \frac{c_{1u} + c_{2u}}{u}$$

由上两式可以解出 c_{1u} 和 c_{2u} :

$$\left. \begin{array}{l} c_{1u} = u\left[\frac{\bar{H}_T}{2} + (1-\Omega_T)\right] \\ c_{2u} = u\left[\frac{\bar{H}_T}{2} - (1-\Omega_T)\right] \end{array} \right\} \tag{5-10}$$

然后再选定 c_{1a}/c_{2a} 和 α_1 的数值,则可得到

$$\left. \begin{array}{l} c_{1a} = c_{1u}\tan\alpha_1 \\ c_{2a} = c_{1a}/\left(\frac{c_{1a}}{c_{2a}}\right) \end{array} \right\} \tag{5-11}$$

这样,基元级速度三角形就完全确定了。

三、气体在涡轮叶栅中的流动

航空燃气涡轮发动机中主要采用的是反力式涡轮,即燃气在动叶和静叶中均为膨胀加速流动,动叶中气流的相对运动与静叶中气体的绝对运动是类似的。下面就通过平面叶栅来介绍基元级的流动。当然,它既可以看成是涡轮静叶,又可以看成是涡轮动叶。

涡轮与压气机不同,其叶栅进口的马赫数通常较小,更不可能大于 1.0,反而是在叶栅出口有可能是亚声速或超声速流动。因此,在分析涡轮叶栅流动时,如果已知叶栅出口的静压,

则常用栅后等熵马赫数 Ma_2 作为涡轮叶栅的工况马赫数,其定义为

$$Ma_2 = \sqrt{\frac{2}{\kappa-1}\left[(p_1^* / p_{2m})^{\frac{\kappa-1}{\kappa}} - 1\right]}$$ (5-12)

式中,p_1^* 为栅前燃气总压;p_{2m} 为栅后平均静压。

涡轮叶栅的通道形式一般可分为两类,一类是纯收缩型,另一类是收缩-扩张型,如图5-10所示。亚声速涡轮叶栅以及 Ma_2 小于1.2的跨声速涡轮叶栅一般采用纯收缩型,$Ma_2 > 1.2$ 的叶栅则采用收缩-扩张型。实践证明,叶栅栅距、叶型表面型线设计等对气流的绕流特性有很大影响,因而不同的叶栅流动情况也不同。对于一个叶型和叶栅几何参数完全确定的叶栅,当进、出口气动参数改变时,涡轮叶栅的流场也会发生变化。

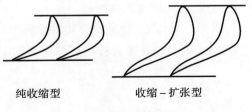

纯收缩型　　　　收缩-扩张型

图5-10　涡轮叶栅通道形式

对于实际应用的涡轮来说,普遍采用的是纯收缩型的通道形式。下面就针对纯收缩型通道的典型涡轮叶栅,讨论一下当进口气动参数(例如 β_1 和 p_1^*)不变而降低叶栅后反压 p_2 时的流动情况。

(1)涡轮叶栅中气流是膨胀加速流动的,当反压 p_2 较高时,叶栅进口处流动速度很低。当燃气流到叶片上后,在叶片前缘的某一点(前驻点)处,气流分别沿叶背和叶盆表面流动。随着涡轮叶栅通道不断收缩,气流逐渐加速。但此时叶栅前后的压差不大,叶栅中的降压膨胀加速并不多,整个流场是纯亚声速流动,出口马赫数 Ma_2 较小。

(2)随着反压 p_2 的逐渐降低,涡轮叶栅中降压膨胀加速的程度也逐渐加大。气流沿叶背表面加速较大,就有可能在通道内叶背曲率最大的部位出现局部超声速区,该区以声速线开始,并大体上以一道正激波结尾。局部超声区以外的区域都是亚声速流动,如图5-11所示。

叶型表面上最大速度等于声速时的工况马赫数定义为涡轮叶栅的临界马赫数 Ma_{2cr},对一般的涡轮叶栅来说,其大小为 $0.7 \sim 0.8$。

随着反压的继续降低,局部超声区也逐渐扩大,其后的结尾正激波亦相应地向尾缘方向移动。

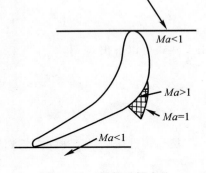

图5-11　涡轮叶栅中的
局部超声速区

(3)当反压降低到某一数值时,在叶片的尾缘处,由于气流的急剧转弯加速,压力下降,出现了另一个局部超声速区。从叶片表面流出的气流离开尾缘后出现两道分离激波,两股气流在尾缘后某一处会合,产生转折,同时产生两组压缩波,并最终形成一对燕尾形的斜激波。其右支(顺着气流流动方向看)伸向叶栅通道内(称为内尾波),而左支则伸向栅后(称为外尾波),如图5-12所示。

(4)反压继续降低,当内尾波与叶背局部超声速区结尾的正激波相遇时,叶片表面超声速区(声速线)贯穿整个通道,叶栅进入阻塞工况,此时的工况马赫数称为阻塞工况马赫数,一般约为1.0(或略小于1.0)。同时,栅前进口马赫数 Ma_1 亦不再随 Ma_2 的加大而增大,达到最大值 Ma_{max},该值称为栅前阻塞马赫数,与之对应的叶栅流量亦不再加大而达最大值。这时栅后

反压与栅前总压之比 p_2/p_1^*，称为临界压力比，用$(p_2/p_1^*)_{cr}$表示。这时，叶栅通道内的速度分布如图 5-13 所示，正激波（垂直激波）和内尾波相交贯穿的位置在喉部附近。

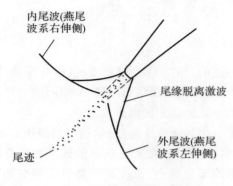

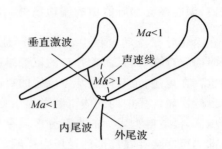

图 5-12　涡轮叶栅尾缘激波系　　　　　图 5-13　阻塞工况时通道内的速度分布

（5）反压继续降低，$(p_2/p_1^*) < (p_2/p_1^*)_{cr}$，叶栅出口气流超过声速，这是叶栅的超声速工况段。

正激波沿叶背迅速推向叶栅通道喉部以外的空间，气流绕叶盆尾缘急剧加速，从尾缘发出一系列膨胀波，在斜切口（叶栅喉部以后至出口额线之间的区域）内形成一组扇形膨胀波射向相邻叶片的叶背，并在叶背上形成反射膨胀波。气流穿过该组膨胀波及反射膨胀波在斜切口继续超声速膨胀，这就是所谓的"超声速斜切口膨胀"。随着出口马赫数的增大，内尾波逐渐变斜，射向叶背，内尾波作用在叶背壁面，与表面附面层相互干扰后产生反射激波。在叶背上的入射点随 Ma_2 的增大而向尾缘移动。跨声速涡轮叶栅在超声速工况下通道中波系情况如图 5-14 所示。

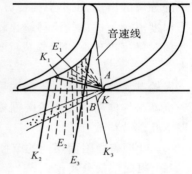

图 5-14　超声速工况的通道波系
---膨胀波系　——压缩波系

在超声速工况时，有时还可以从一些叶栅的纹影照片上看到一种原生激波，这是由于有些叶栅的叶背型线突变所引起的。此时，型线突变，使壁面附面层突然增厚，叶背有效轮廓外凸，气流绕流时形成压缩波。在亚声速工况时，该压缩波隐藏在局部超声速区内，或声速线与垂直激波之间的超声速区内。在超声速工况，通道内声速线后全为超声速时，该原生激波就传递出来，尤其在叶栅外可以清晰地看到。因此，图 5-14 中所示的超声速工况时通道的波系，主要由原生膨胀波 E_1、反射膨胀波 E_2、原生激波 E_3、尾缘脱离激波 K、内尾波 K_1、内尾波在叶背上的反射波 K_2、外尾波 K_3 所构成。

（6）在 Ma_2 增大到某一数值后，内尾波在叶背上的入射点移至尾缘处，其反射波与另一叶片的外尾波重叠，膨胀波系的最后一道波也大致与叶栅出口额线平行。这时，叶栅达到了它的极限负荷工况，斜切口的膨胀能力得到了充分利用，与额线相垂直的气流分速度即气流轴向分速度也达到了当地声速。

如果反压 p_2 在低于极限负荷工况对应数值的情况下继续降低，则气流只能在叶栅外面不受制约地膨胀，并使轴向分速度继续增加。但是，叶片表面的压强分布不再受到反压进一步下降的影响，气流作用在叶片上的气动力也不会改变，决定涡轮输出功的切向分速度同样不会增加。所以,在叶栅几何参数确定以后,叶栅的最大膨胀能力也就确定了。

以上所列举的多种涡轮叶栅工况中,亚声速涡轮叶栅大体以工况(2)(3)(4)所对应的反压或者更高一些反压工作;跨声速涡轮叶栅大体以工况(5)对应的反压工作。

四、涡轮基元级叶栅中的流动损失

在涡轮叶栅流动过程中,由于实际流动是有黏性的,所以沿叶型表面(包括叶背和叶盆)都有附面层存在,而且涡轮叶片的尾缘厚度相对较大,因此,与压气机叶栅中一样,在叶片尾缘后面也存在尾迹,也有尾迹与主流区的掺混,并因此导致尾迹和掺混损失。

虽然涡轮叶栅中的气体流动过程从总体上说是一个加速降压的过程,进口的静压高,出口的静压低,沿着叶型表面的大部分区域存在顺压力梯度,但是,在某些局部的区域如叶背型面的后部仍可能会存在局部的逆压力梯度。例如当出现激波时,在激波和叶型表面相交处就有陡峭的静压升高,也就是很大的逆压力梯度,从而造成激波与附面层的干扰,引起气流分离,使损失加大。

与压气机叶栅相比,涡轮叶栅中是顺压力梯度流动的,叶片表面附面层薄,不易分离,即使有小的分离区出现,也不会促使分离区扩大,因此损失较小而效率较高。由于涡轮叶栅中的顺压力梯度流动与进口气流马赫数较小,以及叶型前缘小圆半径一般比压气机叶型大等原因,涡轮叶栅对气流攻角不如压气机叶栅那样敏感,在较大的攻角变化范围内不会导致损失急剧增大。

涡轮基元级是由固定不动的导向器叶栅和转动的工作轮叶栅组成的,因而基元级的流动损失也就是导向器和工作轮叶栅流动损失的总和。与压气机中一样,涡轮叶栅叶型损失也是由以下几部分构成:

(1)叶型表面附面层内的摩擦损失;

(2)附面层的分离损失;

(3)尾迹损失;

(4)尾迹与主流的掺混损失;

(5)波阻损失。

虽然涡轮叶型损失的组成部分和物理意义与压气机是完全相同的,但各部分损失的大小是有差别的。涡轮叶型表面的附面层薄,不易分离,附面层摩擦损失和分离损失较小;由于涡轮是在高温条件下工作的,为了保证叶片有足够的强度储备以及叶片冷却等原因,叶片尾缘比压气机的厚,尾迹损失也可能会相应大一些。

如果用 $T\text{-}S$ 图表示这些损失,则如图 5-15 所示。实际过程线 $0-2$ 下面的面积 $02DC0$ 就是流动损失 L_f,这个面积是由再生热(面积 $022_{ad}0$)和动能损失(面积 $2_{ad}2DC2_{ad}$)两部分组成。我们知道,所谓再生热,就是指流动损失转变为机械功的那一小部分热量,而动能损失则不能被回收利用。

与空气在压气机中流动会有损失一样,燃气在涡轮的实际流动过程中,气体的黏性、涡轮叶片的径向间隙等种种因素造成的损失也是客观存在的,燃气流动时必须克服损失而消

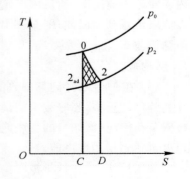

图 5-15　涡轮基元级流动损失

耗掉一部分功。但是,涡轮与压气机不同的是,流动损失转变为热量后对气体加热,导致气体温度升高这个结果,对于压气机和涡轮中能量转换过程的影响是截然相反的。在压气机中,流动损失导致气体温度上升,使气体更难于压缩,也就是说,同样的增压比的条件下需要更多的压缩功,这部分额外的压缩功叫作热阻功。但在涡轮中,流动损失所产生的热量加给气体的结果,使气体温度升高而体积比原来有所增大,得到了一部分额外的膨胀功,这就是再生热。应该指出的是,涡轮中能够被回收的再生热只占流动损失的一小部分,不能认为涡轮中的流动损失不但无害反而有益。因此,在涡轮的设计中,同样要力求减少流动损失。

五、涡轮叶栅出口参数的计算

从涡轮的发展来说,首先出现的是蒸汽涡轮,然后才是燃气涡轮,因而很多设计计算方法沿用了蒸汽涡轮的习惯做法,如在估计叶型损失方面就沿用了蒸汽涡轮的速度损失系数来表示叶型损失的大小。对静叶而言,如果已知叶片进口总温 T_0^* 和总压 p_0^*,以及出口静压 p_1,假设流动过程是等熵的,则出口速度为

$$c_{1\mathrm{ad}} = \sqrt{2(h_0^* - h_{1\mathrm{ad}})} = \sqrt{2c_p(T_0^* - T_{1\mathrm{ad}})} =$$

$$\sqrt{2\frac{\kappa}{\kappa-1}RT_0^*\left(1 - \frac{T_{1\mathrm{ad}}}{T_0^*}\right)} = \sqrt{2\frac{\kappa}{\kappa-1}RT_0^*\left[1 - \left(\frac{p_1}{p_0^*}\right)^{\frac{\kappa-1}{\kappa}}\right]} \tag{5-13}$$

但是,实际的膨胀过程并不是等熵的,而是有损失的,如出口实际速度为 c_1,显然 $c_1 < c_{1\mathrm{ad}}$。令 $\varphi = c_1/c_{1\mathrm{ad}}$,称为速度损失系数,则

$$c_1 = \varphi c_{1\mathrm{ad}} = \varphi \sqrt{2\frac{\kappa}{\kappa-1}RT_0^*\left[1 - \left(\frac{p_1}{p_0^*}\right)^{\frac{\kappa-1}{\kappa}}\right]} \tag{5-14}$$

如在 $0.96 \sim 0.98$ 范围内选定速度损失系数 φ,就可用式(5-14)求出 c_1。静叶中的动能损失则可以表示为

$$\Delta L_{f,\mathrm{S}} = \frac{1}{2}(c_{1\mathrm{ad}}^2 - c_1^2) = \frac{c_1^2}{2}\left(\frac{1}{\varphi^2} - 1\right) \tag{5-15}$$

采用总压损失能够较全面地反映出总的能量损失,而总压损失又常用总压恢复系数来表示,在航空涡轮设计中,可根据下式由速度损失系数得到总压恢复系数:

$$\sigma_{\mathrm{S}} = \frac{p_1^*}{p_0^*} = \frac{p_1/\pi(\lambda_{c_1})}{p_1/\pi(\lambda_{c_{1\mathrm{ad}}})} = \frac{\pi(\lambda_{c_1}/\varphi)}{\pi(\lambda_{c_1})} \tag{5-16}$$

类似地,对动叶来说也有相应的表达式。当气流以绝对速度 c_1 流出静叶时,即以相对速度 w_1 流向动叶。如果站在旋转的动叶上观察气流的流动,则气流在动叶通道中的流动就如同静叶中的流动一样,气流相对速度由进口的 w_1 膨胀到出口的 w_2。如果用 ψ 表示动叶中的速度损失系数,σ_{R} 表示动叶中的总压恢复系数,$\Delta L_{f,\mathrm{R}}$ 表示动叶中的动能损失,并设 $u_1 = u_2$,则可以得到下列公式:

$$\left.\begin{array}{l} w_2 = \psi \sqrt{2\frac{\kappa}{\kappa-1}RT_{1\mathrm{w}}^*\left[1 - \left(\frac{p_2}{p_{1\mathrm{w}}^*}\right)^{\frac{\kappa-1}{\kappa}}\right]} \\[3mm] \sigma_{\mathrm{R}} = \frac{p_{2\mathrm{w}}^*}{p_{1\mathrm{w}}^*} = \frac{\pi(\lambda_{w_2}/\psi)}{\pi(\lambda_{w_2})} \\[3mm] \Delta L_{f,\mathrm{R}} = \frac{w_2^2}{2}\left(\frac{1}{\psi^2} - 1\right) \end{array}\right\} \tag{5-17}$$

式中,速度损失系数 ψ 可在 $0.95 \sim 0.97$ 的范围内选取,T_{1w}^* 和 T_{2w}^* 分别为动叶进、出口相对总温,当 $u_1 = u_2$ 时,$T_{1w}^* = T_{2w}^*$;p_{1w}^* 和 p_{2w}^* 分布为动叶进、出口的相对总压;p_2 为出口静压。

第三节　涡轮级工作原理与设计

一、燃气在涡轮级中的流动

如同在压气机中一样,一个涡轮级也可以看成是由沿叶高不同半径处的"基元级"组成,所以,涡轮级的基本工作原理及燃气的流动过程与基元级是大致相同的。但是,在涡轮级中,由于导向器叶片排安装在机匣(外壳)上,而动叶排则是安装在工作轮的轮盘上,在涡轮工作时,就会产生一些基元级中所没有的流动损失,在涡轮设计时就需要把这些损失分配到不同半径的基元级上。为了研究问题方便,对这些损失分别予以讨论。

(1)端壁附面层损失。造成涡轮级端壁附面层损失的原因与压气机相同,只是由于涡轮每级的膨胀较大,子午流道扩张较大,在端壁附近就有可能出现轴向速度 $c_{2a} \leqslant c_{1a}$ 的情况,从而引起端壁附面层加厚,使损失增加。为了防止由于壁面扩张角过大而造成这部分损失增加,应适当控制每级的内外壁面扩张角以使轴向速度有一定的加速,即 $c_{2a} > c_{1a}$,减少附面层分离的影响。实践证明,只要适当控制扩张角(一般内外壁面扩张角应限制在 $15° \sim 18°$ 以内),这部分损失在涡轮损失中所占的比例不大。

(2)潜流损失。由于动叶尖部与机匣之间存在径向间隙,则叶盆表面的高压气体就会通过这个间隙流向叶背,造成损失,这与压气机中是类似的,如图 5-16 所示。

(3)漏气损失。同样,涡轮动叶进口压力大于出口压力,且由于径向间隙的存在,进口的高压气体通过径向间隙流到出口。注意,这部分气体的流动方向与主流方向是一致的,而压气机径向间隙中的倒流是与主流方向相反的(见图 5-17)。

图 5-16　涡轮的潜流

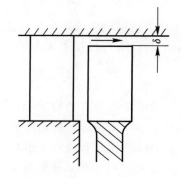

图 5-17　漏气损失

由于涡轮转动方向的原因,机匣相对动叶运动的方向虽起到了阻止气流通过叶尖自叶盆向叶背流动的作用,使潜流损失有减少的趋势,但是,涡轮叶片是在高温下工作的,且温度变化范围大,再加上叶片机械负荷应力大,使叶片的热膨胀伸长量也大,因而涡轮的径向间隙一般比压气机大,所以潜流损失也会比压气机大一些。涡轮中的轴向漏气更是值得重视的问题,这一方面是因为涡轮的径向间隙大,另一方面是由于涡轮级的前后压差大,这些因素都造成轴向漏气损失较大。

在涡轮中,上述的三项损失又统称为二次损失,并且根据某些实验分析,由于径向间隙的存在,涡轮效率大约下降 2%。涡轮基元级的损失与涡轮级的损失在处理方法上是有区别的。在同样的燃气流量和进口条件下,由于基元级中损失较少,涡轮的轮缘功 L_u 较大,而实际涡轮级的涡轮功 L_T 因考虑了二次损失的影响,因此 $L_T < L_u$。在涡轮的气动设计中,常采用二次损失系数 δ_{se} 来考虑二次损失的大小,即

$$L_T = \delta_{se} L_u \qquad (5-18)$$

在计算时 δ_{se} 一般在 $0.97 \sim 0.98$ 范围内选取。

为了减少二次损失提高涡轮效率,在涡轮结构中采用了各种不同的措施。有的采用在机匣上嵌石墨块来减少径向间隙,如某涡轮采用此法将径向间隙由原来的 2.3 mm 减小到 0.6 mm,使发动机的推力增加 3.7%;更为普遍的是采用以下方法。

(1) 安装轮箍(即叶片带"冠"),如图 5-18 所示,以减少潜流损失。实践证明,带冠叶片的方法可使间隙中的损失减少 0.5%。

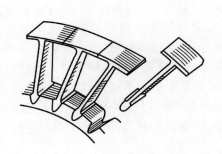
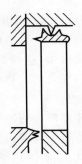

图 5-18 带轮箍的工作轮叶片 　　　图 5-19 带迷宫装置的工作轮

(2) 安装封严装置(又称迷宫装置),如图 5-19 所示,以减少漏气损失。

对于大流量发动机的涡轮来说,往往最后一级涡轮叶片过长,考虑振动等因素,常采用在叶片上穿拉筋的方法,这种结构在地面发电蒸汽轮机中应用较多。由于拉筋的存在,使尾迹损失明显增加,在拉筋的后面气流分离损失增加。据某型发动机的实验,由于拉筋问题致使该机地面台架试车时,最大状态下推力降低了约 50 kg,耗油率增加了 0.04。所以,在实际的设计中,采用拉筋的方法应慎重。

二、涡轮效率和涡轮功率

涡轮效率是用来评定燃气的能量在涡轮中转换的完善程度,是涡轮的一个重要参数。参照压气机等熵效率的概念,将实际得到的涡轮功 L_T 与等熵条件下的膨胀功 $L_{ad,T}^*$ 进行比较,定义它们的比值为涡轮的滞止绝热效率(简称涡轮效率),即

$$\eta_T^* = \frac{L_T}{L_{ad,T}^*} = \frac{\delta_{se} L_u}{L_{ad,T}^*} \qquad (5-19)$$

式中的等熵膨胀功为

$$L_{ad,T}^* = \frac{\kappa}{\kappa-1} R T_3^* \left(1 - \frac{1}{\pi_T^{*\frac{\kappa-1}{\kappa}}}\right) \qquad (5-20)$$

若将式(5-19)用温度比和膨胀比的形式来表示,其表达式为

$$\eta_{\mathrm{T}}^* = \frac{1 - T_4^*/T_3^*}{1 - 1/\pi_{\mathrm{T}}^{*\frac{\kappa-1}{\kappa}}} \delta_{\mathrm{se}} \qquad (5-21)$$

根据目前发动机的气动设计和制造工艺水平,单级涡轮效率一般在 $0.88 \sim 0.91$ 之间。

如果已知通过涡轮的燃气流量 m_{g} 和涡轮功 L_{T},就可参照压气机中相同的方法求得涡轮轴上输出的功率 N_{T},即

$$N_{\mathrm{T}} = m_{\mathrm{g}} L_{\mathrm{T}} \qquad (5-22)$$

或

$$N_{\mathrm{T}} = m_{\mathrm{g}} \frac{\kappa}{\kappa-1} R T_3^* \left(1 - \frac{1}{\pi_{\mathrm{T}}^{*\frac{\kappa-1}{\kappa}}}\right) \eta_{\mathrm{T}}^* \qquad (5-23)$$

三、涡轮气动设计要求和步骤

燃气涡轮发动机中的涡轮设计,要保证能够流过给定的燃气流量,并能提供给定的功率带动压气机(对于涡轮螺旋桨发动机和涡轮风扇发动机,还包括带动螺旋桨和风扇的功率)及附件。对涡轮的气动设计所提出的主要要求为在保证强度可靠的条件下,涡轮应流过给定的燃气流量并提供足够的功率,而且应质量轻、尺寸小,并尽可能获得高的涡轮效率。应当指出的是,在涡轮的气动设计中,这些要求本身有其特殊性(与压气机相比)。由于涡轮部件在高温燃气中工作,叶片的机械负荷及热负荷大,材料的许用应力降低,因此,保证叶片强度可靠性的要求比压气机更为突出。另外,单级涡轮所发出的功率比单级压气机消耗的功率大得多,涡轮的级数较少,加上涡轮叶栅中流速较高,在给定流量条件下叶片可以设计得短一些,这些都有利于减小尺寸、降低质量。再者,涡轮中的加速流动,为避免气流分离创造了有利条件,也有助于降低流动损失,所以,一般涡轮级效率比压气机级效率高。

至于偏离设计点的工作情况,在涡轮中由于气体流动性质是膨胀加速,沿着流动方向压力是降低的,叶片表面附面层不容易分离,即使附面层发生了分离,栅后压力低于栅前,也不易出现气流倒流的不稳定现象,所以一般来说,涡轮的气动设计和实验调整过程比压气机要简单一些。

涡轮气动设计的原始数据包括:
(1)由发动机总体设计提供的涡轮功率和燃气流量;
(2)涡轮的进口总温和总压,其中总温的数值是根据发动机总体性能和选定的叶片材料、叶片是否采用冷却措施以及发动机的寿命长短来确定的;
(3)由涡轮和压气机共同确定的转速;
(4)根据现有的水平和发展提出对涡轮效率的要求;
(5)其他限制,如外径、质量和级数的限制等。

依据以上的条件进行涡轮的气动设计,其设计的过程大体上与压气机设计的过程相同,也可以分为三个阶段,即流程设计、扭向设计和叶片设计。

目前,在许多燃气涡轮发动机中,由于压气机增压比的不断提高,涡轮中的膨胀比也随之提高,无法用单级涡轮带动整台压气机,因此采用多级涡轮。

四、涡轮级的扭向设计

涡轮级可以看成是由沿叶高不同半径处的"基元级"叠加组成的,其工作原理与基元级是

类似的。但是，不同半径上基元级的工作和气体流动各有其自身的特点，因此就必须找出各基元级间的相互联系及制约关系，从而能够得到整个涡轮级空间气流参数沿径向的分布规律。

与压气机级的扭向设计一样，涡轮级的扭向设计也只限于研究动叶与静叶两排叶片轴向间隙中的气流。因为类似的内容已在第三章中讨论比较详细，这里只简单地介绍一下，有关细节参见相关的章节。

若假设轴向间隙中的气体沿圆柱面流动，且静叶进口的气流参数沿径向是均匀的，则气流所应满足的简化径向平衡方程为

$$\frac{\mathrm{d}p}{\mathrm{d}r} = \rho \frac{c_u^2}{r} \tag{5-24}$$

在满足上述简化径向平衡方程的条件下，参照压气机中的推导过程，并注意到涡轮的轮缘功 L_u 前面应取"—"号（气流对外界做功），及假设沿径向等熵，就可以得出轮缘功 L_u、轴向速度 c_a 和切向速度 c_u 沿径向分布应满足的微分方程式

$$\frac{\mathrm{d}L_u}{\mathrm{d}r} + \frac{1}{2}\left[\frac{1}{r^2}\frac{\mathrm{d}(c_u r)^2}{\mathrm{d}r} + \frac{\mathrm{d}c_a^2}{\mathrm{d}r}\right] = 0 \tag{5-25}$$

式(5-25)表明：在 L_u，c_a 和 c_u 这三个参数之中只能任意给定两个参数沿径向的变化规律，第三个参数的变化规律则必须按照式(5-25)来确定。下面就简单介绍几种在涡轮叶片设计中常用的扭向规律。

1. 等环量扭向规律

与压气机相同，在环量沿径向不变及沿径向等功的条件下，其参数的变化规律为

$$\left.\begin{array}{l} c_u r = 常数 \\ c_a = 常数 \\ L_u = 常数 \end{array}\right\} \tag{5-26}$$

根据速度三角形的关系，可得到

$$\left\{\begin{array}{l} \alpha_1 = \arctan\dfrac{c_{1a}}{c_{1u}} \\[2mm] \beta_1 = \arctan\dfrac{c_{1a}}{c_{1u} - u} \\[2mm] \beta_2 = \arctan\dfrac{c_{2a}}{c_{2u} + u} \end{array}\right.$$

这样就可以分析气流角度 α_1，β_1 和 β_2 沿径向的变化趋势。

采用等环量扭向规律设计的优点是：轴向速度 c_a 沿径向分布均匀，与实测数据结果符合较好，效率较高，计算简单。

这种扭向规律的缺点是：随着半径的增大，圆周速度 u 增加，而切向分速度 c_u 则减小，导致反力度沿径向变化剧烈。对于长叶片来说，就可能会在叶片根部截面处出现反力度为负的现象，这将引起涡轮叶片根部基元级效率下降较多，这在涡轮设计中是不允许的。长叶片根部负反力度实际上就是根部基元级 $\beta_2 > \beta_1$，这时叶片通道出现了局部扩张的情况，从而使损失增加，这对涡轮中的气流流动是不利的。所以，等环量规律的叶片只适用于叶片较短的前面级。同时，导向器叶片出口绝对气流角、动叶进出口相对气流角沿叶高变化比较大，这样就使得导向器和工作轮叶片扭曲较厉害。

2. 等 α_1 扭向规律

现代涡轮发动机的设计中,由于流量和膨胀比增大,所以后面级涡轮叶片愈来愈长,这样,等环量扭向规律的缺点就显得更突出。为了解决这些矛盾,压气机中采用了等反力度扭向规律,在涡轮中则不采用等反力度规律,而是采用等功、等 α_1 规律来解决长叶片设计中的一些矛盾。这种叶片沿静叶的叶高满足

$$\left.\begin{array}{l} \alpha_1 = 常数 \\ L_u = 常数 \end{array}\right\} \tag{5-27}$$

由式(5-25)和式(5-27),可以得到静叶出口处 c_{1u},c_{1a} 的分布规律为

$$\left.\begin{array}{l} c_{1u} r^{\cos^2 \alpha_1} = 常数 \\ c_{1a} r^{\cos^2 \alpha_1} = 常数 \end{array}\right\} \tag{5-28}$$

动叶出口的参数可以根据 $L_u = u(c_{1u} + c_{2u})$ 沿半径不变的条件,对式(5-25)积分得到。由式(5-28)可以看出,采用等 α_1 的扭向规律后,c_{1u} 沿半径的变化与等环量规律相近似,但变化较平缓,c_{1a} 则随半径增加而减小,这种规律能够部分弥补等环量规律的缺点。

等 α_1 叶片的优点如下:

(1)按等 α_1 规律设计的叶片不但 α_1 沿叶高不变,而且 β_1,β_2 的变化比等环量规律要小,因此动叶的扭曲也比较小,可以改善反力度和静叶出口马赫数 Ma_1 等参数沿叶高变化剧烈及根部出现反力度为负的缺点,因而适用于 α_1 较小的长叶片。

(2)导向器叶片不扭曲,基本上是直叶片,加工方便,而且容易做成空心叶片,进行叶片内部冷却。在有的发动机结构设计中,还利用这种不扭的静子叶片,在其内部安装承力支杆。

3. 中间扭向规律

在涡轮叶片设计中,如果等环量及等 α_1 规律都不能满足要求,也可以和压气机一样采用中间规律(又称为混合规律)。在涡轮中,中间规律常写为

$$\left.\begin{array}{l} c_{1u} r^m = 常数 \\ L_u = 常数 \end{array}\right\} \tag{5-29}$$

式中,m 为任意常数。

由式(5-29)可以看出:令 $m=1$,就可以得出等环量扭向规律;若令 $m=\cos^2 \alpha_1$,便得到等 α_1 的扭向规律。因此,只要根据具体设计要求,在 $\cos^2 \alpha_1 \leqslant m \leqslant 1$ 的范围内选定 m 的某一数值,就能得到介于等环量和等 α_1 扭向规律之间的一种扭向规律。对于轮毂比 $\bar{d}$ 很小的长叶片,若仍不能避免动叶根部出现反力度为负的情形,还可在 $\cos^2 \alpha_1 > m > 0$ 的范围内选取 m 的数值。实践证明,选取这样低的 m 值可以使根部截面反力度增加。

4. 可控涡设计概念

上面介绍的几种涡轮叶片设计的扭向规律,是早期涡轮设计时所采用的方法。20世纪60年代中期开始采用求解完全径向平衡方程的方法计算涡轮流场,并采用可控涡设计,这样设计出的涡轮具有较大的做功能力,而且在动叶根部截面不会出现负反力度。

所谓可控涡设计方法,指的是规定环量 $c_u r$(或称控制旋涡)沿叶片高度按一定规律变化。实际上,"可控涡"设计是相对于早期常用的"自由涡"($c_u r =$ 常数)设计而言的。要显著提高涡轮的性能(高负荷及高效率),主要不在于是否控制"涡",而是尽量接近实际地考虑熵的径向梯度,根据叶片径向位置和做功能力的不同而采用沿叶高变功设计,在高负荷的条件下使叶

根反力度不太小而叶尖反力度也不太大,并考虑流线曲率的影响等,使计算结果尽可能符合实际,气流参数分布更为合理。显然,采用可控涡设计的基础是运用能够反映变功、变熵和流线曲率等因素对流场影响的准三元流场计算方法。

涡轮流场计算所遵循的基本方程组与压气机中的完全相同,因而可以借鉴压气机准三元流场计算方法。

为了说明可控涡的设计概念,这里列出涡轮子午面流场的径向运动方程(参见压气机)

$$\frac{1}{\rho}\frac{\partial p}{\partial r} = \frac{c_u^2}{r} + c_m^2\left(\frac{\cos\phi}{R_m} - \frac{\sin\phi}{c_m}\frac{\partial c_m}{\partial m}\right) \qquad (5-30)$$

式中,m 为子午面流线;c_m 为子午面上的气流速度分量;R_m 为子午面流线的曲率半径;ϕ 为 c_m 与轴线方向的夹角;r 为所考虑的气体微团的径向坐标。

式(5-30)中压力变化如果用焓熵的变化来表示,则可改写为

$$\frac{\partial c_m}{\partial r} = \frac{1}{c_m}\left[\left(\frac{\partial H}{\partial r} - T\frac{\partial S}{\partial r}\right) - \frac{c_u}{r}\frac{\partial(c_u r)}{\partial r}\right] - c_m\left[\frac{\cos\phi}{R_m} + \frac{\sin\phi}{c_m}\frac{\partial c_m}{\partial m}\right] \qquad (5-31)$$

由式(5-30)和式(5-31)可见,通过控制环量 $c_u r$、流线曲率 $1/R_m$ 和流线斜率 $\tan\phi$ 等,就可以控制气流压力沿径向的分布,即控制反力度沿叶高的变化,甚至可以做到使反力度沿叶高变化不大。

可控涡设计与自由涡设计相比,具有以下优点:

(1) 由于反力度沿叶高分布较均匀,提高了根部反力度,降低了尖部反力度,因此改善了动叶根部的流动条件,同时减少尖部径向间隙的漏气量。

(2) 由于提高了动叶根部反力度,降低了尖部反力度,因此可以使静叶根部出口马赫数和动叶尖部出口马赫数相应减小。这样,如果在这两处原为超声速流动,则可使它们变为亚声速流动,从而使流动的能量损失减小;如果在这两处按常规方法设计得到了亚声速流动,则采用可控涡设计可使级的焓降提高,增加单级做功能力。

五、多级涡轮设计简介

以下将对多级涡轮气动设计中的一些问题进行分析和讨论,并简要介绍多级涡轮参数选择的基本原则。

在发动机中,当压气机的增压比在 6 以下时,一般用单级涡轮就足以带动压气机了。随着多级压气机增压比越来越高(军用发动机的总增压比目前已达 25 ~ 30,民用发动机的总增压比已超过了 40),以及大涵道比民用涡轮风扇发动机的发展,要求涡轮的膨胀比和功率也越来越大,不可能用单级涡轮实现带动压气机(包括风扇)的任务,因此普遍采用多级涡轮。例如,美国的 JT3D-3B 涡轮风扇发动机共有四级涡轮,其中的第一级高压涡轮带动了七级高压压气机,剩下的三级涡轮则带动二级风扇和六级低压压气机。

一般来说,从质量和结构方面考虑,如果单级涡轮能够输出带动压气机和附件所需的功率,应该尽量采用单级,因为级数多就意味着发动机质量增加以及涡轮结构复杂。但在以下几种情形应考虑采用多级涡轮:

(1) 单级涡轮的功率不能够满足要求。

（2）由于轴流压气机第一级动叶进口 Ma_{1w} 受到的限制，圆周速度一般较低。如果为了提高单级涡轮的功率而过分加大圆周速度，则势必造成涡轮的外径大大超过压气机的外径，使发动机的迎风面积增大，这显然是不合理的。这时应考虑采用多级涡轮，降低圆周速度，使涡轮的外径减小。

（3）当涡轮的最大尺寸受到限制或者需要保证一定的效率时，不宜采用单级涡轮。

1. 多级涡轮效率与单级涡轮效率的关系

单级涡轮效率一般在 $0.88 \sim 0.91$ 之间，而多级涡轮的效率可以达到 $0.91 \sim 0.94$，约比单级高 $1\% \sim 3\%$。我们已经知道，多级压气机的效率比单级平均效率低，为什么涡轮却是相反的呢？

为了说明这个问题，我们来看一个三级涡轮的 $T\text{-}S$ 图（见图5-20），图中 p_1^*，p_2^*，p_3^* 分别为各级进口总压。由图5-20可见：多级涡轮的流动损失等于各级涡轮流动损失之和，即

$$L_{fT} = \sum L_{fi}$$

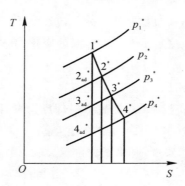

图 5-20　三级涡轮热力过程

同时，多级涡轮的轮缘功也等于各级涡轮轮缘功之和，即

$$L_{uT} = \sum L_{ui} \tag{5-32}$$

但是，多级涡轮的等熵膨胀功与单级涡轮的等熵膨胀功之和是不相等的，由图5-20可知，第一级的等熵膨胀功为

$$L_{ad,1}^* = \frac{\kappa}{\kappa - 1} R T_1^* \left[1 - (p_2^*/p_1^*)^{\frac{\kappa-1}{\kappa}} \right]$$

第二级与第三级涡轮的等熵膨胀功分别为

$$L_{ad,2}^* = \frac{\kappa}{\kappa - 1} R T_2^* \left[1 - (p_3^*/p_2^*)^{\frac{\kappa-1}{\kappa}} \right]$$

$$L_{ad,3}^* = \frac{\kappa}{\kappa - 1} R T_3^* \left[1 - (p_4^*/p_3^*)^{\frac{\kappa-1}{\kappa}} \right]$$

而多级涡轮等熵膨胀功为

$$L_{ad,T}^* = \frac{\kappa}{\kappa - 1} R T_1^* \left[1 - (p_4^*/p_1^*)^{\frac{\kappa-1}{\kappa}} \right]$$

由于第一级的流动损失中的一部分（再生热）使第二级进口的总温从等熵的 T_{2ad}^* 提高到

实际的 T_2^*，在膨胀比不变的情况下，则第二级的等熵膨胀功 $L_{ad,2}^*$ 增大。同样，由于前两级的流动损失，第三级的进口总温从 T_{3ad}^* 升到 T_3^*，等熵膨胀功也相应增大。所以，与压气机中的一样，涡轮各级的等熵膨胀功之和也大于多级涡轮的等熵膨胀功，即

$$L_{ad,T}^* < \sum L_{ad,i}^* \qquad (5-33)$$

涡轮效率的定义式为

$$\eta_T^* = \frac{\delta_{se} L_{uT}}{L_{ad,T}^*}$$

因此，由式（5-32）的关系可得

$$\frac{\eta_T^* L_{ad,T}^*}{\delta_{se}} = \sum \frac{\eta_{Ti}^* L_{ad,i}^*}{\delta_{sei}}$$

若不考虑 δ_{se} 与 δ_{sei} 的差别，并假定各级的效率相等，即取其平均值 η_{Tst}^*，则有

$$\eta_T^* = \eta_{st}^* \frac{\sum L_{ad,i}^*}{L_{ad,T}^*}$$

则根据式（5-33）就可得出

$$\eta_T^* > \eta_{st}^* \qquad (5-34)$$

也就是说，多级涡轮效率高于各级的平均效率，这个结果从物理概念上也是不难理解的。在忽略燃气对外散热的条件下，涡轮实际膨胀过程中由于再生热的作用，相同的膨胀比情况下，膨胀终了的气体总温总是高于等熵膨胀终了的总温。在膨胀过程的多变指数 n 和膨胀比相同的情况下，气体的总温愈高，则其所做的膨胀功就愈大，因此在气体膨胀过程中产生的流阻损失，可以在后面级的膨胀过程中回收一部分。膨胀比越大，则回收的越多，涡轮的效率也越高。这里应该指出的是，在涡轮膨胀过程的多变指数 n 一定的前提下（即图5-20中的膨胀过程线 $1^* \sim 4^*$ 不变），膨胀比越大，则涡轮的效率越高，而与具体的涡轮级数无关。因此，在多变指数和膨胀比均为定值的条件下，将单级涡轮改成多级涡轮，除了使涡轮结构更为复杂以外，并不会在效率方面带来任何好处。实际上，合理的单级改多级的涡轮设计就意味着多变线的改进（更靠向等熵过程线），因而效率可以提高。同时，合理的多级涡轮设计本身也意味着膨胀比大，则在一般情况下，所谓多级涡轮效率高于单级涡轮效率的提法也是符合实际的。尽管如此，也不能仅仅根据级数的多少来判断涡轮效率的高低。

综上所述，提高涡轮效率的正确途径在于减少气体流过涡轮的流阻损失，使多变线尽可能向等熵线靠近。合理的多级设计能够避免气流拐弯过大或马赫数过高所引起的损失增加，降低流阻损失，因而在相同的膨胀比条件下，涡轮效率通常会得到提高。

2. 多级涡轮中各级主要参数的选择

与压气机正好相反，燃气在涡轮中经历了逐渐膨胀的流动过程，前面级的燃气压力高（密度大），后面级压力低（密度小），因此前面级的通道环形面积必然小于后面级的面积，也就是说，前面级的叶片比后面级的叶片要短。叶片过短则二次损失相对较大，在前面级的设计中，往往要考虑如何避免叶片过短，如何减少二次损失，特别是小流量的发动机尤其应当注意。从强度和振动的角度来看，叶片太长是不利的，也容易在叶根使反力度过小而降低效率，因此，在后面级的设计中，应注意如何减少叶片长度，特别是大流量发动机的后面级涡轮更要注意这个问题。多级涡轮是由数个单级涡轮组合而成的，在设计时必须考虑各级之间相互的匹配及其与尾喷管的协调工作。

一般来说,多级涡轮的膨胀功(焓降)宜采取逐级下降的分配原则,这样做的好处是:

(1) 最后一级涡轮的功小,容易保证出口气流接近轴向,能量损失小。对于带加力燃烧室的发动机,可以减少扩压段的整流损失。

(2) 有利于改善第一级涡轮工作轮叶片的工作条件。在一定的反力度的情况下,第一级分配的功大,则第一级导向器中气流的膨胀就大,出口气流温度的降低也多,使第一级动叶以及后面各级动叶叶片工作的环境温度低,有利于保证强度、延长寿命。

但是,这种功的分配方式也有其不利的一面。如第一级的轴向速度一般较低,α_1 较小,涡轮功大就意味着气流的转折角大,流动损失也相应增大。由于涡轮再生热的特点,第一级损失的能量还可以在后面的级中得到部分地回收利用,所以,这种分配方式仍常常被采用。

导向器叶片出口气流角 α_1 在各级中的变化原则,主要从避免叶片过长或过短的方面来考虑。叶片的长度取决于通道环形面积的大小,根据连续方程可得

$$A_1 = \frac{m_g \sqrt{T_0^*}}{\sigma_s p_0^* K q(\lambda_{c_1})} \frac{1}{\sin\alpha_1}$$

可见,环形面积 A_1 与 $\sin\alpha_1$ 成反比,α_1 越小,则环形面积越大;反之,α_1 越大,环形面积就越小。面积大则叶片长,面积小叶片就短。考虑到多级涡轮各级的特点,第一级 α_1 应当小一些,有利于增大叶片高度,减少二次损失;后面级的 α_1 可以大一些,使叶片短一些。

平均半径处反力度变化也是前小后大。在焓降前大后小的分配方案下,第一级的 Ω_T 小就可以降低工作轮前的温度,同时,第一级叶片短不会出现动叶根部反力度过小的情况。后面几级 Ω_T 要选得大,则有利于避免出现叶片根部负的反力度。

多级涡轮的流程形式与多级压气机一样,也有三种基本形式,即等内径、等外径和等中径,如图 5-21 所示。采用每种形式的优、缺点也与多级压气机相类似,这里不再赘述。

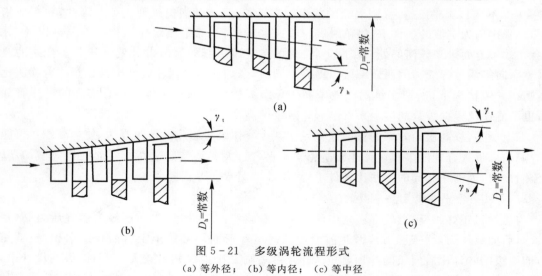

图 5-21　多级涡轮流程形式

(a) 等外径;　(b) 等内径;　(c) 等中径

除了这三种基本形式外,实际中还广泛采用了一些折中方案(内径、中径、外径均不为常数)和组合方案(如前几级用等中径、后几级采用等外径)。

多级压气机的子午流程是收敛的,但涡轮的子午流程则是扩张的,因此,在选择流程形式时,还要考虑对质量和扩张角的影响,设计中应避免子午扩张角过大。显然,等外径流程的扩

张角最大,等内径次之,等中径最小。

第四节 涡轮特性

一、涡轮的工作状态

涡轮的气动设计计算都是针对涡轮的设计工作状态进行的。涡轮在设计状态工作时,气动参数与叶片的几何参数是协调的,流过涡轮叶栅的燃气没有撞击和分离的,因而效率较高。涡轮的设计状态,相当于发动机的最大工作状态或额定工作状态。这时,涡轮工作状态的参数有设计转速 n、设计的燃气流量 m_g、设计的涡轮功 L_T 及设计效率 η_T^*。

在涡轮安装在发动机上后,随着发动机工作状态的不断变化,涡轮也常常是在偏离设计工作状态的情况下工作,这样的工作状态称为非设计工作状态。那么,哪些参数可以改变涡轮的工作状态呢? 我们知道,决定压气机工作状态的参数有流过压气机的空气流量、压气机的转速、压气机进口的总温和总压。决定涡轮工作状态的参数与压气机是基本相同的,所不同的是,仅根据流过涡轮的流量并不能完全确定涡轮的工作状态(关于这一点,后面会讲到),因而用涡轮后面的反压 p_4 来替代。也就是说,涡轮的转速 n、涡轮前的总温 T_3^* 和总压 p_3^* 以及涡轮后的反压 p_4 这 4 个参数是决定涡轮工作状态的参数,只要其中有任何一个参数发生了变化,涡轮的工作状态就改变了,表征涡轮性能的基本参数(如涡轮功 L_T、燃气流量 m_g、涡轮效率 η_T^* 等)就要相应地产生变化。

为了更好地了解和使用涡轮,就必须知道涡轮在非设计状态下,表征涡轮性能的基本参数与决定涡轮工作状态的参数之间的相互关系,也就是涡轮特性。

在涡轮设计并加工完成后,涡轮的几何(包括叶片的几何)也就固定了。当涡轮的工作状态改变时,也就是速度三角形发生了变化。例如,发动机在起动过程中,转速低于设计值,膨胀比也低,流量也小。流过的燃气流量小了,必然使静叶出口气流速度 c_1 减小。当 c_1 的减小与转速 n(即圆周速度 u)的降低成比例时,此时的速度三角形与设计时保持相似(见图 5-22),动叶前的气流流过叶片时无撞击和分离。然而,大多数情况下 c_1 与 u 的变化不一定是成比例变化的,因而气流进入叶栅的进口气流角(如 β_1)就会偏离设计方向。虽然决定涡轮工作状态的4 个参数 n,T_3^*,p_3^*,p_4 的变化形式可以不一样,然而,若从速度三角形的气动参数与叶片的几何参数这一对矛盾进行分析,则可分为下面的三种情形。

(1) u/c_1 等于设计值(见图 5-22),这时的动叶进口速度三角形与设计的速度三角形相似,因此气流流过叶栅不发生撞击和分离。

(2) u/c_1 大于设计值(见图 5-23),这时叶栅进口攻角减小,为负值。若负攻角的绝对值过大,气流会在叶盆表面发生分离。实验表明:气流攻角低于 $i = -25° \sim -20°$ 以后才导致涡轮效率明显地下降。

(3) u/c_1 小于设计值(见图 5-24),这时的叶栅攻角增大,为正值。若攻角过大,气流将在叶背表面发生分离。实验表明:气流在叶背分离时对涡轮效率的影响较大,当气流攻角大于 $12° \sim 15°$ 时,将使涡轮效率产生明显的下降。

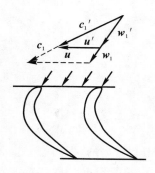
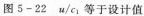
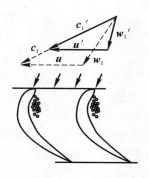
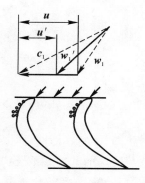

图 5-22 u/c_1 等于设计值   图 5-23 u/c_1 大于设计值   图 5-24 u/c_1 小于设计值

实际上,在涡轮叶栅的非设计工况下,只要 u/c_1 与设计值不相等,气流进入涡轮叶栅时,就会不同程度地与叶片发生撞击,并可能引起气流分离,影响涡轮的效率。

为了对涡轮在非设计状态下工作时性能参数(L_T,m_g,η_T^* 等)的变化进行量化的估计,应该如同分析压气机特性时那样,用各种坐标将涡轮特性绘制成各种曲线,使用起来就比较方便。同时,如果这样的特性曲线利用相似参数绘制出来,就是通用特性曲线。

二、涡轮的相似特性

决定涡轮工作状态的独立变量至少有 4 个,其中的进口条件(T_3^*,P_3^*)和转速 n 与压气机中的参数是类似的,而与压气机不同的是,燃气流量 m_g 在涡轮中不能作为决定工作状态的参数,因为气流在涡轮静叶(当然也可能是动叶)中的流动有可能达到阻塞状态,流量达到最大后将不再随膨胀比的增加而改变了,就不存在 m_g 与涡轮工作状态的对应关系,但涡轮出口的反压 p_4 与工作状态却是存在着对应的关系。我们一般所说的涡轮特性是指涡轮性能参数与决定工作状态的这四个独立变量的函数关系,如果像压气机中那样采用相似参数绘制曲线,这种特性曲线就是涡轮的通用特性曲线。同样,燃气在涡轮中流动相似时,也应该分别满足几何相似、运动相似及动力相似,其分析的方法与压气机是类似的。

燃气在涡轮中流动满足动力相似,也就是对应点上气体流动的马赫数和雷诺数要相等。马赫数相等,也就是 Ma_u 和 Ma_a 对应相等,而 Ma_u 相应于 $n/\sqrt{T_3^*}$(转速相似参数),Ma_a 对应于 $m_g\sqrt{T_3^*}/p_3^*$(流量相似参数)。对于几何相似(指同一台,或尺寸相同)的涡轮,如果静叶处于亚临界工作条件下,当其雷诺数在自模区时($Re > (3.5 \sim 4.0) \times 10^4$),只要 $n/\sqrt{T_3^*}$ 和 $m_g\sqrt{T_3^*}/p_3^*$ 分别相等,其流动就是相似的。

当涡轮中的流动状态相似时,空间对应点上的对应物理量应成比例,所以,相应的无因次参数(如膨胀比 $\pi_T^* = p_3^*/p_4^*$ 和效率 η_T^*)就分别相等。或者说,膨胀比和效率是转速相似参数和流量相似参数的函数,即

$$\begin{cases} \pi_T^* = f_1(n/\sqrt{T_3^*}, m_g\sqrt{T_3^*}/p_3^*) \\ \eta_T^* = f_2(n/\sqrt{T_3^*}, m_g\sqrt{T_3^*}/p_3^*) \end{cases}$$

这也是与压气机相似特性相类似的。

涡轮功的公式为

$$L_{\mathrm{T}} = \frac{\kappa}{\kappa-1} R T_3^* \left(1 - \frac{1}{\pi_{\mathrm{T}}^{*\frac{\kappa-1}{\kappa}}}\right) \eta_{\mathrm{T}}^*$$

由于 π_{T}^* 和 η_{T}^* 都是 $n/\sqrt{T_3^*}$ 和 $m_{\mathrm{g}}\sqrt{T_3^*}/p_3^*$ 的函数,因此 L_{T}/T_3^* 也是这两个相似参数的函数,称为功相似参数,即

$$L_{\mathrm{T}}/T_3^* = f_3(n/\sqrt{T_3^*},\quad m_{\mathrm{g}}\sqrt{T_3^*}/p_3^*)$$

如果涡轮中存在临界截面(不论是在静叶通道中或动叶通道中),涡轮就工作在临界或超临界状态,再增大膨胀比(降低出口反压),流量相似参数就保持为最大值而不再改变,这时,它与涡轮工作状态的对应关系就遭到了破坏,也就不能作为相似参数了。因此,涡轮中通常是用膨胀比(因 p_4 与 p_4^* 是对应的)取代其作为相似参数,而将流量相似参数 $m_{\mathrm{g}}\sqrt{T_3^*}/p_3^*$、功相似参数 L_{T}/T_3^* 和效率 η_{T}^* 表示为 $n/\sqrt{T_3^*}$ 和 π_{T}^* 的函数,即

$$\left.\begin{array}{l} m_{\mathrm{g}}\sqrt{T_3^*}/p_3^* = f_4(n/\sqrt{T_3^*},\pi_{\mathrm{T}}^*) \\ \dfrac{L_{\mathrm{T}}}{T_3^*} = f_5(n/\sqrt{T_3^*},\pi_{\mathrm{T}}^*) \\ \eta_{\mathrm{T}}^* = f_6(n/\sqrt{T_3^*},\pi_{\mathrm{T}}^*) \end{array}\right\} \qquad (5-35)$$

这就是用相似参数表示的涡轮通用特性,绘制成的相应曲线就是涡轮通用特性曲线。当然,上述表达式对于涡轮的亚临界工作状态也是完全适用的。

三、单级涡轮特性

图 5-25 是一单级涡轮特性曲线,图中分别给出了设计、高于设计和低于设计的三个转速的特性曲线,在每个转速下画出了涡轮效率、流量与级出口绝对气流角随膨胀比的变化。下面就来分析一下特性曲线变化的原因。

1. $n/\sqrt{T_3^*}$ = 设计值

当 $n/\sqrt{T_3^*}$ 不变时,随着级膨胀比 π_{T}^* 增大,静叶中的压降也会相应增大,从而引起了静叶出口气流速度增加,所以 $m_{\mathrm{g}}\sqrt{T_3^*}/p_3^*$ 增大。但是,这种变化规律只能持续到静叶的压降接近临界(静叶阻塞),或者是其后的动叶叶片通道喉部的流动达到声速(动叶阻塞)为止。接着再进一步增加 π_{T}^*,$m_{\mathrm{g}}\sqrt{T_3^*}/p_3^*$ 将不再变化,一直保持为最大值。

π_{T}^* 变化对速度三角形和攻角的影响引起了效率 η_{T}^* 的变化。π_{T}^* 降低时,燃气流速减小,当 $n/\sqrt{T_3^*}$ 不变时,就使得 u/c_1 增大,而 $\alpha_1 \approx$ 常数,则 β_1 增大,攻角 i 减小。相反,当 π_{T}^* 增大时,β_1 减小,攻角 i 增大。在某一 u/c_1 值(设计值)下,$i \approx 0$,这就对应于 $(u/c_1)_{\mathrm{d}}$ 点。在设计点附近,η_{T}^* 随 π_{T}^* 的变化不大。图 5-25 中是在 $(u/c_1) > (u/c_1)_{\mathrm{d}}$ 时达到最高效率的。

涡轮功相似参数 L_{T}/T_3^* 随 π_{T}^* 的增大而增大(图 5-25 中未画出),这是因为

$$\frac{L_{\mathrm{T}}}{T_3^*} = \frac{\kappa}{\kappa-1} R \left(1 - \frac{1}{\pi_{\mathrm{T}}^{*\frac{\kappa-1}{\kappa}}}\right) \eta_{\mathrm{T}}^* \qquad (5-36)$$

它主要取决于涡轮膨胀比 π_{T}^*,而效率 η_{T}^* 对它的影响不大。π_{T}^* 增加,L_{T}/T_3^* 增大。

在图 5-25 中也给出了 α_2 角的变化,π_{T}^* 增大引起动叶中压降增大,从而使出口相对速度增大,而其方向变化很小($\beta_2 \approx$ 常数),由动叶出口速度三角形可知 α_2 减小。

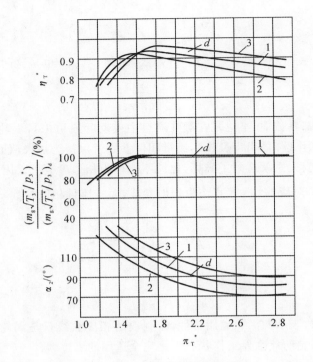

图 5-25　单级涡轮特性曲线

$$1—n/\sqrt{T_3^*}=(n/\sqrt{T_3^*})_d;2—n/\sqrt{T_3^*}<(n/\sqrt{T_3^*})_d;3—n/\sqrt{T_3^*}>(n/\sqrt{T_3^*})_d$$

2. $n/\sqrt{T_3^*}$ 偏离设计值

（1）当 $n/\sqrt{T_3^*}$ 减小时，$(u/c_1)=(u/c_1)_d$ 所对应的 λ_1 相应减小，对应的 π_T^* 也减小，所以 $\eta_T^*=f(\pi_T^*)$ 曲线左移，最高效率值有所下降。

（2）在静叶（或动叶）临界以后，$n/\sqrt{T_3^*}$ 的变化对 $m_g\sqrt{T_3^*}/p_3^*$ 无影响。但当涡轮中的燃气为亚临界流动时，$n/\sqrt{T_3^*}$ 的下降使 $m_g\sqrt{T_3^*}/p_3^*$ 增大，这是由于当 $\pi_T^*=$ 常数时，降低 $n/\sqrt{T_3^*}$ 意味着 u/c_1 下降，即角度 β_1 减小。因为 $\beta_2\approx$ 常数，β_1 减小就使动叶叶栅通道的收敛度 $\sin\beta_1/\sin\beta_2$ 也相应减小，使动叶中的压降减小（反力度下降）。又由于级的 π_T^* 不变，所以静叶中的压降必然增大，从而使 $m_g\sqrt{T_3^*}/p_3^*$ 增大。然而，反力度的这种变化幅度通常是不大的，所以对级的流量相似参数 $m_g\sqrt{T_3^*}/p_3^*$ 的影响实际上是很小的。

（3）当 $\pi_T^*=$ 常数时，降低 $n/\sqrt{T_3^*}$，分析速度三角形的变化可以知道 α_2 减小。

（4）增大 $n/\sqrt{T_3^*}$ 对涡轮级主要性能参数的影响正好与上述的情况相反，如图 5-25 中的曲线 3 所示。

与压气机特性相比，涡轮特性曲线的变化要平缓得多，不会出现不稳定工作现象，但其可能的工作范围受到极限膨胀的限制，如图 5-25 中各曲线右端所示。极限的 π_T^* 值对应于涡轮出口气流轴向分速达到声速，也就是出口动叶叶栅斜切口达到极限的膨胀能力。

四、多级涡轮特性

多级涡轮特性与单级是相似的，但几个单级共同工作时又有其自身的特点。为了弄清这些特点,我们先分析一下多级涡轮在非设计工作状态工作时,各级膨胀比的分配和各级涡轮功将会以怎样的比例变化,这对于分析双轴以及三轴发动机的特性或了解发动机工作情况很重要。

下面以一个三级涡轮(见图 5-26)为例来说明。

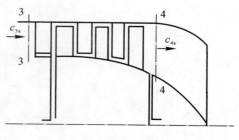

图 5-26 三级涡轮简图

如果各级涡轮中气流是亚临界流动,当涡轮总膨胀比 π_T^*(或 p_3/p_4)减小时,各级膨胀比是怎样变化的?

列出涡轮进口截面 3-3 和出口截面 4-4 的流量方程

$$c_{3a}A_3\rho_3 = c_{4a}A_4\rho_4$$

而

$$\frac{\rho_3}{\rho_4} = \left(\frac{p_3}{p_4}\right)^{\frac{1}{n}}$$

所以

$$\frac{c_{4a}}{c_{3a}} = \frac{A_3}{A_4} \times \frac{\rho_3}{\rho_4} = \frac{A_3}{A_4}\left(\frac{p_3}{p_4}\right)^{\frac{1}{n}} \qquad (5-37)$$

式(5-37)说明,涡轮在非设计状态工作时,如果膨胀比(p_3/p_4)小于设计值,由于面积比(A_3/A_4)为定值,则轴向速度比(c_{4a}/c_{3a})减小,以保证流动连续,且膨胀比下降越多,c_{4a}/c_{3a} 减小得也越多。从物理意义上来说,在设计状态时涡轮膨胀比大,膨胀做功后密度降低得多,为了通过设计燃气流量,涡轮出口环形面积 A_4 要比进口环形面积 A_3 大得较多才能保证流动连续。在非设计状态时,膨胀比小了,密度降低也相应小了,涡轮出口截面处气流的密度增大,这时,出口面积就显得过大了,为了保持流动连续就必须减小轴向速度 c_{4a}。在多级涡轮中,越是后面的级,其轴向速度减小得越多,加上静叶出气角 α_1 在非设计状态下变化不大,因此,后面级的静叶出口速度也就减小得越多。这就使后面级涡轮做功量和膨胀比降低较多,而前面级的轴向速度减小得最少,涡轮功和膨胀比变化就较小。多级涡轮的这个特点对双轴发动机的工作是有利的。

当膨胀比增加而超过设计值时,由式(5-37)可以看出,只有轴向速度比(c_{4a}/c_{3a})增大才能保持流动连续,因为气流密度的降低比设计状态要大,这时涡轮出口环形面积相对来说就显得小了,则 c_{4a} 必须增加更多才行,所以后面级涡轮膨胀比的增加较前面级更多一些。

因此,当多级涡轮中不存在临界截面时,燃气在各叶片通道中均为亚临界流动。如果涡轮总膨胀比(p_3/p_4)偏离了设计值,不论增大还是减小,对前面级(特别是第一级)涡轮影响小,而对后面级涡轮影响大。同样,对每一级涡轮而言,对前面的静叶影响小,对动叶影响大。

随着涡轮的总膨胀比不断增加,如果多级涡轮最后一级动叶达到了极限膨胀,那么整个涡轮膨胀比就不能继续增加了,且保持各级膨胀比也不再变化。

综合以上的分析可知,多级涡轮的膨胀比在很宽广的范围内变化时,第一级的压降实际上几乎不发生变化。为了更清楚地说明这个问题,在图 5-27 中画出了三级涡轮中各级膨胀比 π_{Ti}^* 随总膨胀比 π_T^* 变化的曲线。

从图 5-27 中可以看到,当涡轮的总膨胀比很小时,三个级的膨胀比都随总膨胀比的增大而增加,但在总膨胀比超过 4.0 以后,第一级膨胀比随涡轮工作状态的变化就很少了,使得燃

气的流量相似参数 $m_g \sqrt{T_3^*} / p_3^*$ 在很宽广的工作状态范围内保持不变。而第三级的膨胀比随总膨胀比近似于线性变化。

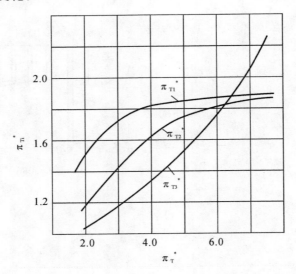

图 5 - 27　各级膨胀比随总膨胀比的变化

与单级涡轮一样,多级涡轮膨胀比 π_T^* 的变化也要受到 π_{Tmax}^* 的限制,这对应于末级出口燃气轴向分速达到声速的条件。如果忽略涡轮出口气流方向与轴向的偏离,且相应的 $q(\lambda_T) \approx 1.0$,这时的 π_{Tmax}^* 可由流量连续方程得到。因为

$$q(\lambda_T)\sin\alpha_T = 常数 \times \frac{m_g \sqrt{T_3^*}}{p_3^*} \pi_T^{*\frac{n+1}{2n}} \tag{5-38}$$

如果令 π_{Td}^* 和 $q(\lambda_T)_d$ 为设计状态下的 π_T^* 和 $q(\lambda_T)$ 值,并假定 $\sin\alpha_T \approx 1$,由于设计点和极限膨胀工作点都是工作在超临界状态,由式(5-38)可得到

$$\pi_{Tmax}^* = \pi_{Td}^* q(\lambda_T)_d^{-\frac{2n}{n+1}} \tag{5-39}$$

所以从式(5-39)可以看出,涡轮的极限膨胀比与涡轮的设计膨胀比的比值大小取决于涡轮出口的设计速度大小,且设计点的 $q(\lambda_T)_d$ 越小,π_{Tmax}^* 与 π_T^* 比值就会越大。也就是说,涡轮可以在 $\pi_T^* > \pi_{Td}^*$ 的范围内工作,这个范围的大小就叫作涡轮功储备,这是涡轮的一个很重要的特性参数。涡轮功储备系数为

$$\bar{L} = \frac{1 - \dfrac{1}{\pi_{Tmax}^{*\frac{\kappa-1}{\kappa}}}}{1 - \dfrac{1}{\pi_{Td}^{*\frac{\kappa-1}{\kappa}}}} \tag{5-40}$$

五、涡轮的可调导向器叶片

在调节压气机特性的方法或防喘措施中,有一个方法就是转动压气机静子叶片(包括进口导流叶片)。其目的是通过改变叶片出口绝对气流方向,在非设计工作状态下来改变动叶进口相对气流方向,改善气流的流动条件,避免或延缓气流分离的发生,从而提高效率并防喘。同样,转动导向器叶片也是调节涡轮的一种有效方法,它能够根据需要改变涡轮特性。可调导向

器目前已在一些辅助应用的涡轮和地面用燃气涡轮中应用,但因为它结构复杂,至今尚未在航空发动机的涡轮中应用,但却是一种远景方案,在许多变循环发动机的方案中,都考虑采用可调的涡轮静叶。

转动导向器叶片可产生如下的作用:

(1) 改变流过涡轮的燃气流量。因为静叶出口气流角改变很小就可能引起叶片通道喉部面积的较大变化,所以,调节第一级静叶可以使流量相似参数在很大的范围内变化,这就有可能改善各种不同飞行条件下发动机中压气机和涡轮工作的一致性(匹配性)。如 GE 公司在其变循环发动机中采用转动导向器叶片的方法改变涡扇发动机内涵道的流量,使发动机在涡喷和涡扇工作状态之间进行转换,实现发动机的变循环工作。

(2) 按所希望的方向,改变速度三角形的形状。当转动静叶时,α_1 和反力度一起变化,使整个叶高上各基元级的速度三角形都产生变形,因此级效率一般要降低(转动的静叶还存在径向间隙,其附加的损失也会导致效率下降)。在转动静叶减小 α_1 时(即"关闭"静叶时),效率下降特别明显,此时动叶进口气流攻角增大,同时级的反力度减小,都使得效率下降。

但对多级涡轮来说,当工作的 π_T^* 小于设计值时,末级的压降下降得最多,使 u/c_1 急剧增大,造成效率的大幅度降低。在这种情况下,关闭末级静叶可能会使末级的压降和 c_1 上升,使末级和整个涡轮的效率提高。

(3) 重新分配各级涡轮的功。例如,打开(与"关闭"相反的转动)第一级静叶,使 π_{T1}^* 下降,即减小了第一级的焓降(功)在总焓降中所占的份额。打开第二或第三级静叶,就使其前面各级的焓降所占份额增大。这样一种调节方式可作为控制多轴燃气涡轮发动机中压气机和涡轮共同工作的有效手段。

第五节　　涡轮冷却简介

对发动机热力循环的分析研究表明:提高涡轮进口温度是提高燃气涡轮发动机性能的有效措施,因此,采用更高的涡轮进口温度一直是航空燃气涡轮发动机设计所追求的目标,但是这样的愿望却要受到涡轮部件(特别是叶片)结构强度的限制。长期以来,涡轮材料一直在不断地改进,出现了许多新型的耐高温材料,如单晶材料、陶瓷基复合材料等。从统计数据来看,涡轮进口温度每年大约可以提高 10℃ 左右。提高涡轮进口温度除了依靠材料的改进以外,采用冷却也是一种有效手段。自从 1960 年左右引入气冷涡轮后,涡轮进口温度提高的幅度大大增加,平均每年提高 20 ~ 30℃。目前的航空燃气涡轮发动机的涡轮进口温度已达到 1 500 ~ 1 900 K,例如 TF39 为 1 580 K,JT9D 为 1 620 ~ 1640 K,而美国 PW 公司推重比为 10 的发动机 F119 的涡轮进口温度达到了 1 900 K 以上。一些实验发动机则正以接近化学恰当比下燃烧的温度(在 2 000 ~ 2 500 K 范围内)工作。因此,为了适应这一要求,各种形式的冷却方案及各种复杂的冷却通道形式相继出现,从而对材料和工艺提出了新的要求。

在任何涡轮冷却设计中,必须使叶片上的热平衡温度不超过给定金属材料的温度极限。目前在航空燃气涡轮中广泛采用的是开式冷却方案,即冷却空气从压气机引出,冷却涡轮后排入涡轮通道的燃气中。这种方案比较简单,结构上容易实现;其缺点是引走了部分已经过压气机压缩过的空气,消耗了能量,而且随着增压比和飞行速度的增加,从压气机引出的冷却空气本身的温度也提高了,使冷却效果变差。下面就简单介绍这种冷却系统的几种冷却方式。

　　图5-28是一种气冷涡轮的简图。从压气机引出的空气通过叶根进入叶片,涡轮盘和机匣也同时被冷却。冷却空气能够以各种不同的方式使用,对前缘内表面的冲击冷却,如图5-28中的(1);叶片内表面的对流冷却,如图5-28中的(2);冷却空气从小孔或缝隙中流出,在叶片表面形成一层空气薄层,称为气膜冷却,如图5-28中的(3)。还有一种叫发散冷却,被冷却的叶片壁面是用多孔材料制成的,冷却空气通过多孔壁均匀地从叶片各处排出,在叶片外表面形成气膜(见图5-29)。气膜冷却和发散冷却的目的都是通过气膜隔热,减少燃气与叶片表面的热交换,而对流冷却则是利用内部的冷却空气与叶片进行热量交换,使叶片温度低于燃气温度。

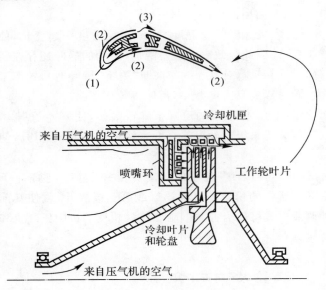

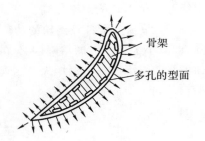

图5-28　气冷涡轮简图
(1) 冲击冷却;(2) 对流冷却;(3) 气膜冷却

图5-29　发散冷却

　　冷却气流可能从以下三个方面影响涡轮效率,使涡轮效率降低。

　　(1) 从叶片表面流出的冷却空气会改变叶片的阻力特性,可能会增加流动阻力。

　　(2) 冷却空气在流过内部冷却气流通道时有压力损失,因此,当与主流掺混时,其较低的滞止压力导致混合后的燃气压力下降,同时还有附加损失。

　　(3) 因为高温的主流与冷却空气之间有热交换,燃气的膨胀功减小。

　　冷却空气可以从叶片的不同部位排出,它们对涡轮性能的影响也不同。从前缘排出的方式可使冷却空气冷却叶片最热的地方,并在前缘附近形成一层空气薄层,保护了叶片表面,其冷却效果最好,但其影响了主流的进气方向,改变了攻角;从尾缘排出的方式可吹除叶片后的尾迹,使尾迹附近附面层有减薄的趋势,但为安排出气孔,可能使尾缘厚度增大,这又使尾迹增厚。冷却空气量占整个压气机空气流量的百分数增加时,涡轮效率将下降,但采用尾缘排气的方式使涡轮效率降低最少,这说明尾缘排出冷却空气对吹除尾迹、旋涡和附面层的作用很大。有些实验表明:当尾缘厚度不变,从尾缘排出的冷却空气量大到一定数值时(有一定的范围),甚至可以使效率有所回升。排出部位在叶型的高速区时,容易造成主流的燃气流动紊乱,使效率降低最多。

图 5-30 所示的是从动叶叶尖排出冷却空气的方法。叶片内部沿半径方向有一组大小和形式不同的小孔,使冷却空气流过以冷却叶片。冷却空气的排出除了依靠冷却空气本身的压力以外,还可借助于离心力甩出,增加了流动速度,改善了冷却效果;此外,这些被甩出的空气以较大的速度垂直地冲向机匣内壁,形成一层空气封严层,可以防止或减少径向间隙的漏气,起到了阻碍主流的漏气和潜流的作用,这种冷却方式对不带冠的叶片减小二次损失有好处。

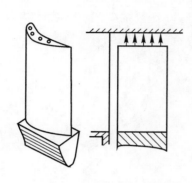

图 5-30 　 从叶尖排出冷却空气

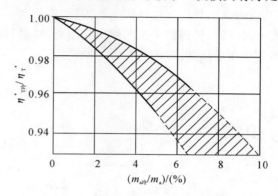

图 5-31 　 冷却涡轮效率估算曲线

发散冷却的冷却空气是均匀地从叶片表面各处流出的,对主流流动虽无本质的影响,但主流的燃气与叶片不能直接接触,好像燃气流过一个"气体叶栅",燃气流过这样的叶栅必然与流过金属叶栅时的流阻不同,所以流动损失会增加一些。

在计算冷却涡轮的效率时,要考虑以上所有因素是十分困难的,目前为止还没有关于确定冷却涡轮效率的统一方法。根据现有冷却涡轮损失的统计数据,可以认为由于冷却中附加的能量消耗,涡轮效率要降低 $1.5\%\sim 3.0\%$ 或更多些,取决于 $(m_{a冷}/m_a)\%$ 的数值。因此,在冷却涡轮气动计算中应该采用比不冷却涡轮效率相应要小的效率值。在初步计算中可用如图 5-31 所示的经验曲线来估算冷却涡轮的效率。

关于涡轮的冷却技术,在近年来取得了许多新的研究成果。为了提高冷却效果,必须从增大换热系数和换热面积上入手,除了上面介绍的几种方式以外,还在叶片内部的冷却结构上进行研究,寻求高冷却换热效果的结构,从而使叶片内部的结构更趋复杂化。有兴趣的读者可参考有关的文献资料。

第六节 　 对转涡轮简介

对于一台双轴燃气涡轮发动机来说,虽然高、低压涡轮分别安装在各自的转轴上,它们能够以各自不同的转速独立转动,但通常都是朝相同的方向旋转的。那么,如果两个轴的转向相反会出现什么情况呢? 可以说,高、低压轴反向旋转后,对低压涡轮的工作会带来很大的好处。现代高性能航空发动机的高压涡轮一般都是高负荷涡轮,为了尽可能地提高燃气在动叶中的膨胀做功,动叶出口的相对气流角 β_2 都很小,使相应的绝对气流角 α_2 偏离轴向较多。当高、低压涡轮转向相同时,低压涡轮的导向器叶片必须迫使绝对气流方向产生较大的扭转(气流转折角可能会超过 $100°$),由此将产生较大的流阻损失。

如果采用高、低压涡轮对转的结构形式,就可能有如下两种选择:

1. "1+1"的结构形式

"1+1"的结构形式是指完整的高压涡轮级加完整的低压涡轮级,也就是说,高压涡轮包括导向器叶片排和工作轮叶片排,低压涡轮也由导向器叶片排与其后的工作轮叶片排组成,如图 5-32 所示。从图中可以看到,与同向转动的结构相比,低压涡轮导向器的扭转角度要小得多,相应的流阻损失大幅度降低。因此,采用"1+1"对转的结构形式,低压涡轮导向器叶片的弯度大大降低,使得加工工艺性得到改善;同时,稠度降低,叶片数减少,气流流过该叶片的流动损失也相应降低。

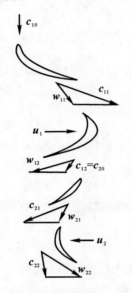

图 5-32 "1+1"的对转涡轮

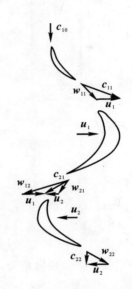

图 5-33 "1+1/2"的对转涡轮

2. "1+1/2"的结构形式

与"1+1"的结构形式相比,"1+1/2"结构形式的最大区别就在于低压涡轮进口不安装导向器叶片排,即从高压涡轮动叶流出的气流直接进入低压涡轮的工作轮叶片,如图 5-33 所示。这样就去掉了一排导向器叶片,简化了结构,使低压涡轮的轴向长度缩短、质量减轻。

由上述的分析可知,对转涡轮(不论是"1+1"结构形式还是"1+1/2"结构形式)与常规的涡轮相比,会带来如下好处:

(1) 在气动方面,高、低压轴对转,使低压涡轮静叶气流转折角减小(相应的稠度减小),或者完全取消静子叶排,降低了气流的流动损失,使气动效率提高。

(2) 在冷却方面,对转带来的静叶稠度减小甚至不存在,使冷却空气量需求相应减少。

(3) 在结构方面,高、低压轴对转使涡轮叶排轴向长度缩短,从而减轻了结构质量,结构更加紧凑。

(4) 在飞机整体性能方面,发动机转轴对转使传递到飞机上的合力矩大幅降低,因而在飞机做回转机动飞行时陀螺力矩大大减小,能够提高飞机机动性能和飞行可靠性。

对转涡轮具有质量轻、尺寸小、造价低(零件数少)、低进动影响与效率高等优点,将可能在各种燃气涡轮发动机中采用,尤其是将在航空军用发动机中获得广泛应用。国际上各先进工业国家的科研计划与机型设计,都包含了对转涡轮,但公开发表的有关文献不多。以美国为代表的一些发达国家在对转涡轮方面开展了大量的研究工作,目前的技术已逐渐趋于成熟,并已在一些发动机上实际应用,但绝大多数采用"1＋1"结构方案(如美国的 F119－PW－100 发动机),也有采用"1＋1/2"结构方案(如美国的 F120 发动机)。但也应该指出的是,对转涡轮中的"1＋1"结构方案技术难度相对较低,实现起来容易一些;"1＋1/2"结构方案实现起来技术难度较大,因为这种方案中高压涡轮功率的设计值会很大,而低压涡轮则会功率偏小,使得发动机的部件匹配比较困难。

思考与练习题

5－1　气流在涡轮中的能量交换方式与压气机中有什么区别?

5－2　为什么涡轮级中静叶在前,动叶在后?

5－3　试用热焓形式的能量方程和伯努利方程分析导向器和工作轮中能量转换过程。

5－4　涡轮与压气机相比有哪些差异?

5－5　什么是涡轮膨胀过程的再生热?

5－6　为什么涡轮叶栅槽道是收缩的,而子午通道却是扩张的? 试与压气机进行比较。

5－7　决定涡轮基元级速度三角形的参数有哪些?

5－8　涡轮"反力度"的物理概念是什么? 与压气机是否相同?

5－9　涡轮叶栅的工况马赫数、临界马赫数和阻塞工况马赫数是如何定义的?

5－10　为什么涡轮叶栅存在极限负荷工况?

5－11　试简述涡轮叶栅流场随栅后反压的变化规律。

5－12　涡轮基元级的流动损失是由哪几部分组成的? 是否与压气机基元级相同?

5－13　涡轮基元级损失用什么参数来表示? 涡轮叶栅出口速度如何计算?

5－14　试比较等环量涡轮叶片与等环量压气机叶片的异同。

5－15　涡轮级的流动损失包括哪几部分?

5－16　涡轮中的轮缘功与涡轮功是否相同? 如何计算涡轮功?

5－17　涡轮叶栅中的超声速斜切口膨胀是如何实现的?

5－18　试分析等环量叶片和等 α_1 叶片的特点。

5－19　为什么多级涡轮的效率比单级涡轮平均效率要高?

5－20　导向器叶片出口 α_1 的大小与叶片长短有什么关系?

5－21　采用多级涡轮的原则有哪些?

5－22　在多级涡轮中,各级轮缘功应如何分配?

5－23　怎样表示涡轮的通用特性?

5－24　试分析单级涡轮特性的变化规律。

5－25　多级涡轮特性有什么特点?

5－26　转动导向器叶片为什么可以调节涡轮特性?

5－27　决定涡轮工作状态的参数都有哪些? 是否可以通过涡轮的流量去确定涡轮的工作状态? 为什么?

5－28　画出涡轮基元级反力度为 0 时的涡轮转子进出口速度三角形,并给出相关数学依据。为什么航空发动机上不采用冲击式涡轮？

5-29 涡轮在非设计状态下工作时,如果涡轮总膨胀比大于设计值,各级涡轮的膨胀比如何发生变化?为什么?

5-30 试比较压气机基元级中的流动损失与涡轮基元级中的流动损失孰大孰小,并分析其原因。

5-31 试分析同一发动机中涡轮级的轮缘功比压气机的轮缘功大的原因。

5-32 已知燃气流过涡轮叶栅时,$\alpha_1 = 25°$,$c_1 = 560$ m/s,$T_1 = 920$ K,$T_2 = 860$ K,$u_1 = u_2 = 340$ m/s,$c_{1a} = c_{2a}$,并已知燃气的 $\kappa = 1.33$,$R = 287$ J/(kg·K^{-1})。试求:

(1) 导向器中绝对总焓的大小及其变化;

(2) 工作轮中相对总焓的大小及其变化;

(3) 工作轮出口的相对速度 w_2;

(4) 工作轮进出口的绝对总焓变化;

(5) 基元级进出口的绝对总焓变化;

(6) 轮缘功 L_u;

(7) 基元级运动反力度。

5-33 涡轮进口燃气总温为 1 015℃,总压为 0.812 MPa,出口燃气总压为 0.249 MPa,求涡轮的滞止等熵膨胀功 $L_{ad,t}^*$。[燃气绝热指数 $\kappa = 1.33$,$R = 287$ J/(kg·K^{-1})]。

5-34 某涡轮工作轮的转速 $n = 11\ 150$ r/min,第一级涡轮平均直径 $D_m = 543$ mm。动叶叶栅平均半径处进口气流绝对速度 $c_1 = 491$ m/s,$\alpha_1 = 25°30'$。试求动叶叶栅进口相对速度的大小和相对气流方向。

5-35 某涡轮级的轮缘功 $L_u = 250$ kJ/kg,且已知中径处的参数为 $\alpha_1 = 28°$,$\overline{H}_T = 1.5$,$\Omega_T = 0.3$,$c_{1a}/c_{2a} = 1$,试画出中径处的速度三角形。

5-36 已知某涡轮级导向器的速度损失系数 $\varphi = 0.96$,$p_0^*/p_1 = 1.8$,$T_0^* = 1\ 100$ K,求:

(1) 导向器出口速度 c_1;

(2) 气流流过导向器叶片的动能损失。

5-37 已知某涡轮工作轮进口处的燃气相对总温 $T_{1w}^* = 1\ 050$ K,相对速度 $w_1 = 300$ m/s,$\psi = 0.94$,膨胀比 $p_1/p_2 = 1.4$,试求涡轮后的静温 T_2($\kappa = 1.33$)。

5-38 某单级涡轮中径基元级反力度为零,$u_1 = u_2$,$c_{1a} = c_{2a}$,涡轮出口气流方向为轴向,并已知 $\alpha_1 = 30°$。试画出气流流过该基元级的速度三角形和叶型的大致情况,并计算气流流过工作轮叶栅时的转折角。

5-39 某单级涡轮沿径向按等功设计,燃气流量 $m_g = 50$ kg/s,中径处 $c_1 = 500$ m/s,$c_2 = 300$ m/s,运动反力度 $\Omega_T = 0.5$,试求该涡轮的功率($\delta_{se} = 0.97$)。

5-40 一单级涡轮的进口总温 $T_3^* = 1\ 200$ K,出口总温 $T_4^* = 935$ K,涡轮效率 $\eta_T^* = 0.89$,$\delta_{se} = 0.97$,进口总压 $p_3^* = 5.4 \times 10^5$ N/m^2,燃气绝热指数 $\kappa = 1.33$,$R = 287$ J/(kg·K^{-1}),求:

(1) 涡轮功 L_T;

(2) 涡轮出口总压。

5-41 某单级涡轮设计膨胀比 $\pi_T^* = 1.9$,出口燃气马赫数为 0.47,试求该涡轮级所能达到的最大膨胀比及其涡轮功储备。

第六章　　径流式叶片机

在航空发动机发展的初期,大部分涡轮喷气发动机都采用离心式压气机。随着涡轮喷气发动机朝着大流量和高增压比方向发展,由于离心压气机存在迎风面积大、流量小、效率低等缺点,不适应高速飞行的要求,因此逐渐被轴流压气机代替。但是,在增压比不大和流量较小的燃气涡轮发动机上,采用离心压气机还是比用轴流式合适,因为空气流量小,轴流式压气机叶片就要做得比较短,效率就会显著降低。在 20 世纪 60 年代中期,在离心压气机叶轮设计中,更仔细地考虑了内部流动规律,并且研制成功了一种考虑三元流动特点的新型管式超声扩压器,从而将离心压气机的增压比提高到 6 以上。在这样的离心式压气机前面加 1～2 级轴流风扇,可以研制出性能良好的小型涡轮风扇发动机,所以离心压气机又为人们所重视。另外,离心压气机还广泛用于民用方面。本章将扼要地介绍离心压气机和径流式涡轮。

第一节　　离心压气机的结构及工作原理

离心压气机的简图如图 6-1 所示,压气机由进气道、叶轮、扩压器及出气管所组成。气体由进气道吸入,通过叶轮对气体做功,使气体压力、速度、温度提高;然后流入扩压器,使速度降低,压力提高;最后高压气体通过出气管流出。

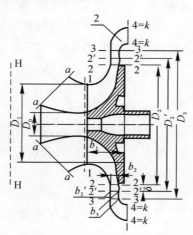

图 6-1　离心压气机的简图

压气机的主要工作部分就是叶轮,叶轮由轮盘和叶片组成。叶轮安装在轴上,并由它带动旋转。气体在叶轮叶片作用下,跟着叶轮作高速旋转。而气体由于受旋转离心力的作用,以及在叶轮里的扩压流动,使气体通过叶轮后的压力得到了提高。此外,气体的动能也同样在叶轮中得到了提高。因此,可以认为叶轮是使气体提高能量的唯一途径。主轴上安装所有的旋转零件,它的作用就是支持旋转零件及传递扭矩。

当气流从叶轮流出时,它具有较高的流动速度。为了充分利用这部分动能,常常在叶轮后面设置了流通面积逐渐扩大的扩压器,用以把动能转化为压力能,以提高气体的压力。经过扩压器之后,气体经过出气管进入空气喷气发动机燃烧室。

图6-2绘出了空气沿压气机流动时它的参数变化的图,用数字1至4表示压气机流程部分的几个特征截面,与图6-1上所标志的截面相对应。其中1-1是叶轮的进口截面,2-2是叶轮的出口截面,3-3是扩压器的出口截面,4-4是压气机的出口截面。

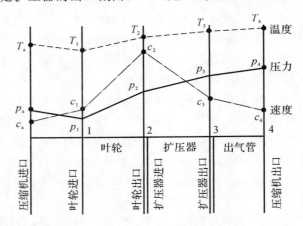

图6-2 空气参数沿压气机通道的变化

假设认为压气机是不动的,而空气以等于飞行速度 c_H 迎面流来,空气具有压力 p_H,温度 T_H。在压气机之前的截面 $a-a$ 上,空气速度 c_a 通常比飞行速度低,因此温度 T_a 将比 T_H 高,压力 p_a 比 p_H 高。为了保证在叶轮进口处获得均匀气流,压气机的进气道常制成收敛形。因此,空气速度在进气道内逐渐自 c_a 提高到 c_1,而空气的压力与温度均有降低。在叶轮中,由于自外界加入了能量,空气的速度、压力和温度均都提高。在扩压器及出气管内,由于空气速度的降低,温度与压力就增大了。

如果压气机在静止大气中工作,压气机进口前的空气速度将增为 c_a 值,而它的温度与压力将低于大气条件。

压气机的最重要的空气参数为:空气的增压比 π_k、经过压气机的空气的每秒质量流量和压气机的效率。空气在压气机出口处的压力与进口处的压力的比值称为压气机的增压比。增压比也可以用压气机进口及出口处的滞止气流的压力来确定。

流体在单位时间内通过压气机的质量称为流量。通常用体积流量 q_V 或质量流量 q_m 表示压气机流量大小。为了研究方便,压气机的通流能力又常以无量纲值 $\varphi_{2r} = c_{2r}/u_2$ 或 $\varphi_{1r} = c_{1r}/u_1$ 来表示,称为流量系数。

叶轮对 1 kg 有效气体流量的耗功,称为总耗功,用 W_{tot} 表示。多变压缩功 W_{pol} 与 u_2^2 的比值 ψ_{pol} 称为多变能量头系数,简称能量头系数。则多变压缩功可表示为

$$W_{pol} = \psi_{pol} u_2^2$$

第二节　离心压气机的能量损失、效率和性能曲线

一、能量损失

叶轮对气流所做的功,不可能全部变为有用的能量,而必然有一部分能量损失。能量损失包括摩擦损失、分离损失、冲击损失、尾迹损失、轮阻损失及内漏气损失等,所有这些损失都不是孤立的,而是相互联系的,相互影响的,实际上很难截然分开。下面主要讨论流动损失的基本概念及影响因素。

1. 摩擦损失

气体的黏性是产生流动损失的根本原因。当气体流经压气机时,由于黏性作用,在贴近流道壁的地方流速最小,而中间部分的主流中,流速最大。这样就可将气流分成许多层,层与层之间流速各不相同,于是产生了摩擦效应,带来了损失。此外,气流与流道壁也发生摩擦,这些摩擦使一部分能量转变为热能。这种摩擦现象在气流接近物体表面的很薄一层最为严重。因此,可以把经过物体附近的流体分为两个区域:主流区及边界层区。边界层中由于速度梯度大,摩擦起着重大作用;在边界层以外的主流中,由于速度梯度很小,摩擦可以忽略不计。

对压气机来说,从压气机进口一直到出口的整个通流部分,都存在着流动摩擦损失。

2. 分离损失

在扩压通道中,往往出现边界层分离现象。它可造成旋涡区,并导致反向流动,从而引起大的损失。此外,由于边界层增厚及分离,使有效流通面积减小,主流速度增大,因而减弱了压力提高效果。在有分离的情况下,分离损失远大于摩擦损失。

在离心压气机中,即使在设计工况下,叶道中也可能出现气流分离现象。它大多发生在非工作面上,特别是接近叶轮出口部位(见图6-3)。这一方面由于叶轮通道是扩压性的,边界层沿通道不断增厚;另一方面,由于二次涡存在,使工作面上的边界层被吸走,从而补充了新的具有较大动能的气流,使非工作面边界层增厚,以至易于形成气流的分离。特别是在叶轮非工作面出口处,扩压度大,边界层更易分离。

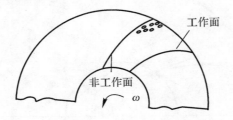

图 6-3　非工作面上的气流分离

为使气流不分离,对压气机扩张型流道,常常限制其扩张角或扩压度。一般压气机通道的当地当量扩张角 $\theta_{eq} < \theta = 6° \sim 7°$。如图6-4所示,叶片流道当量扩张角由下式确定:

$$\tan\frac{\theta_{eq}}{2} = \frac{\sqrt{D_2 b_2 \sin\beta_{2A}} - \sqrt{D_1 b_1 \sin\beta_{1A}}}{\sqrt{Z}l} \tag{6-1}$$

式中,D_1,D_2 为叶轮进、出口直径;b_1,b_2 为叶轮进、出口宽度;β_{1A},β_{2A} 为叶轮进、出口安装角;Z

为叶片数。

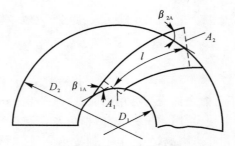

图 6-4   当量扩张角确定

离心叶轮的扩张度 D_c 可用通道进出口速度比来表示,即

$$D_c = \frac{w_1}{w_2} = \frac{A_2 \rho_2}{A_1 \rho_1}$$

对叶轮来说,一般要求 $D_c \leqslant D_{c,cr} = 1.6 \sim 1.8$。

设计中,必须十分重视边界层的生长情况,尽量避免和减小分离损失。要设计好通道形状,控制好气流沿流道的变化,在叶轮和叶片扩压器中,可以适当增加叶片数,以限制过大的扩张角。在叶轮中,由于边界层受离心力作用,其生长与分离不像静止的叶片扩压器中那样快,所以一般叶轮效率比扩压器高。

3. 冲击损失

在设计工况下,认为叶轮和叶片扩压器的进口气流方向基本上是与叶片安装角相一致,即冲角 $i \approx 0$。当工况变动时,二者不可能很好地一致,这时气流对叶片产生冲击作用,并在叶片进口段产生严重的局部扩压区,在叶片的某一面,引起气流边界层严重分离而带来很大损失。

如图 6-5 所示,叶片进口安装角 β_{1A} 与气流进气角 β_1 之差为冲角 i,即

$$i = \beta_{1A} - \beta_1 \tag{6-2}$$

当 $\beta_{1A} > \beta_1$ 时,$i > 0$,为正冲角;当 $\beta_{1A} < \beta_1$ 时,$i < 0$,为负冲角。

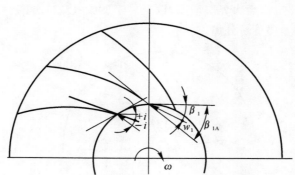

图 6-5   叶片安装角与气流进气角及冲角

当流量小于设计流量时,$i > 0$,在叶片非工作面的前缘部分,产生很大的局部扩压度,于是在非工作面上出现分离现象,形成涡流区,并向叶轮出口处逐渐扩大,如图 6-6 所示。当流量大于设计流量时,$i < 0$,叶片工作面前缘形成较大的扩压度,分离涡流区在工作面上产生,但并不明显扩大,这时在非工作面出口段,也出现一部分小的分离区。

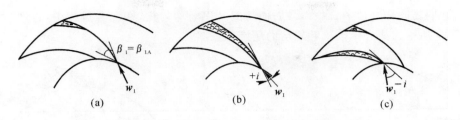

图 6-6　不同冲角下叶轮流道中的气流分离情况

(a)$i \approx 0$；(b)$i > 0$；(c)$i < 0$

叶轮进口相对气流速度 w_1 可分为两个分速度：一个是与叶片进口角方向一致的 w_0，另一个是与叶片进口处圆周方向一致的 w_{1sh}，称为冲击速度。一般认为冲击损失与冲击速度平方成正比，所以有

$$H_{st} = \xi_{st} \frac{w_{1sh}^2}{2} \qquad (6-3)$$

式中，ξ_{sh} 为冲击损失系数。

同样，对于叶片扩压器的冲击损失，也近似有

$$H_{sh} = \xi_{sh} \frac{c_{2sh}^2}{2} \qquad (6-4)$$

由于冲击本身产生的损失和由冲击引起的边界层分离所产生的损失综合到一起，其冲击分离损失在负冲角时可取 $\xi_{sh} = 0.6 \sim 0.9$，而在正冲角时可取 $\xi_{sh} = 6 \sim 12$。

4．二次流损失

叶轮中由于流道是弯曲的，并存在着轴向涡，因此其气流速度和压力分布是不均匀的，如图 6-7 所示。工作面上速度低而压力高，非工作面则相反。于是两侧壁上边界层中的气体在压力差的作用下，由工作面向非工作面流动。这种流动的方向与主流流动的方向大致相垂直，称之为二次流。它干扰了主流，并带来能量损失。同时，由于二次流的存在，工作面上气流边界层被吸走而变薄，但非工作面上的边界层会增厚而更易导致分离，如图 6-8 所示。

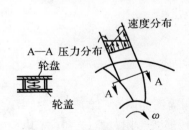

图 6-7　叶轮流道中气流速度压力分布图

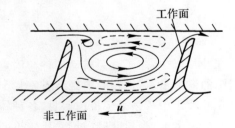

图 6-8　半开式叶轮顶部的二次流图形

除了叶轮外，在叶片扩压器中也同样存在二次流。

5．尾迹损失

在压气机中，由于叶片尾缘总有一定厚度，因此，当气体从叶道中流出时，流通面积突然扩大，在叶片尾部形成了充满旋涡的气流，称为尾迹，如图 6-9 所示。尾迹的存在带来能量损失，而叶片上边界层的增厚和分离又会加大尾迹区。尾迹区内气流的速度和有效能与主流区内的

相差很大,它们之间相互掺杂、混合,最后使气流又逐渐均匀化,在混合过程中,也产生能量损失。图 6-10 所示为离心压气机叶轮后的尾迹示意图。

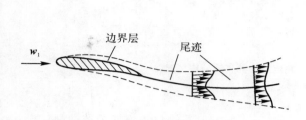

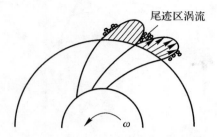

图 6-9　叶片后的气流尾迹　　　　　　　　　图 6-10　离心压气机叶轮后的尾迹示意图

6. 轮阻损失

叶轮旋转时,其轮盘的外侧面要与周围的气体发生摩擦,从而产生轮阻损失。如图 6-11 所示,在圆盘表面上取一基元环面积 $df = 2\pi r dr$,在此基元环面上,圆盘与气体之间的摩擦力为

$$dF = C_f \rho \frac{u^2}{2} df \qquad (6-5)$$

式中,C_f 为摩擦因数;u 为所取基元的圆周速度。

摩擦力相对于旋转轴的力矩为

$$dM = r dF = r C_f \rho \frac{u^2}{2} df = C_f \pi \rho \omega^2 r^4 dr \qquad (6-6)$$

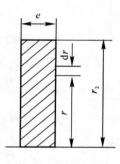

图 6-11　圆盘简图

如果认为圆盘附近气体密度 ρ 为常数,则把式(6-6)对半径 r 积分,可得圆盘一面的阻力矩

$$M = \frac{\pi}{5} C_f \omega^2 \rho_2 r_2^5 \qquad (6-7)$$

于是圆盘一面的轮阻损失功率为

$$P = M\omega = \frac{\pi}{5} C_f \omega^3 \rho_2 r_2^5 \qquad (6-8)$$

7. 漏气损失

在叶片机中,为了避免转动部件与固定部件相撞,其中应有一定的间隙。为了减少流体通过间隙的泄漏量,通常在间隙处装有密封。

在叶片机中较多采用梳齿密封,各种梳齿密封的结构简图如图 6-12 所示。其中图(a)为整体式梳齿密封,密封圈径向尺寸比较小的可以做成这种形式。图(b)(c) 和(d) 均为镶嵌式梳齿密封,其中以图(d) 所示形式效果最好,但图(d) 对于轴的加工和装配要求较高,压气机中采用较为广泛的是图(b),图(c) 所示两种形式,其密封效果较好。

梳齿密封的工作原理如图6-13所示。当气流通过密封片的间隙时,近似为一理想节流过程,其压力、温度下降,而速度增加。当进入空腔时,由于流通截面积突然加大,气流形成很强的旋涡,使速度几乎完全消失;近似认为压力不变,即等于间隙中的压力;温度则恢复到密封片前原来的数值。气流经过每一间隙和空腔都重复上述过程。所不同的是,由于气流比容越来越大,在通过间隙时的气流速度和压力降越来越大。当气流通过整个密封件后,压力最终趋于背压,而温度保持不变。经过一个梳齿密封片,等于节流一次。多次节流便可有效地减小漏气量,起到密封作用。

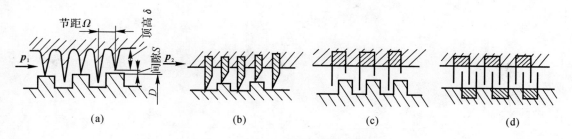

图 6 - 12 梳齿密封的结构简图

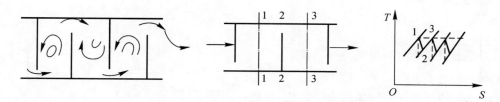

图 6 - 13 梳齿密封的工作原理

以上关于压气机中流动损失的分析还很不完善,许多损失尚不能进行定量的计算,但上述对流动损失产生原因的分析,可提示人们在设计与使用中采取一些减小损失的措施。

二、效率

压气机是用来提高气体压力的机械。离心式压气机的效率,主要是用来说明传递给气体的机械能的利用程度。在离心压气机中常用的是多变效率、定熵效率和流动效率。

1. 多变效率

多变效率是指压力 p_1 增加到压力 p_2 所需的多变压缩功与实际所消耗的功(即总耗功 W_{tot})之比,即

$$\eta_{pol} = \frac{W_{pol}}{W_{tot}} = \frac{\dfrac{m}{m-1}RT_1\left[\left(\dfrac{p_2}{p_1}\right)^{\frac{m-1}{m}} - 1\right]}{(1 + \beta_l + \beta_{df})W_{th}} \qquad (6-9)$$

或写为

$$\eta_{pol} = \frac{W_{pol}}{W_{tot}} = \frac{\dfrac{m}{m-1}R(T_2 - T_1)}{\dfrac{\kappa}{\kappa-1}R(T_2 - T_1) + \dfrac{c_2^2 - c_1^2}{2}} \qquad (6-10)$$

由于进、出口动能差很小,一般可以忽略,这样多变效率可按下式计算:

$$\eta_{pol} = \frac{W_{pol}}{W_{tot}} = \frac{\kappa - 1}{\kappa} \frac{\lg \dfrac{p_2}{p_1}}{\lg \dfrac{T_2}{T_1}} \qquad (6-11)$$

2. 定熵效率

定熵效率是指气体由压力 p_1 增加到压力 p_2 所需的定熵压缩功与实际所消耗的功之比，即

$$\eta_s = \frac{W_s}{W_{tot}} = \frac{\frac{\kappa}{\kappa-1}RT_1\left[\left(\frac{p_2}{p_1}\right)^{\frac{\kappa-1}{\kappa}}-1\right]}{(1+\beta_l+\beta_{df})W_{th}} \tag{6-12}$$

或写为

$$\eta_s = \frac{W_s}{W_{tot}} = \frac{\frac{\kappa}{\kappa-1}R(T_{2'}-T_1)}{\frac{\kappa}{\kappa-1}R(T_2-T_1)+\frac{c_2^2-c_1^2}{2}} \tag{6-13}$$

当略去动能变化时，得

$$\eta_s = \frac{T_{2'}-T_1}{T_2-T_1} \tag{6-14}$$

式中，$T_{2'}$ 是定熵压缩过程时的终点温度。

3. 流动效率

多变压缩功与叶轮对气体所做功之比，称为流动效率，即

$$\eta_{hyd} = \frac{W_{pol}}{W_{th}} = (1+\beta_l+\beta_{df})\eta_{pol} \tag{6-15}$$

效率的计算是与所取截面有关的。若取压气机进口截面和出口截面来计算效率，则为压气机效率。如果取压气机的一个级的进口截面和出口截面计算效率，则为级的效率。

三、性能曲线

反映离心压气机的主要性能参数为压力比、效率及流量。为了便于把压气机性能清晰地表示出来，常常在一定的进口气体状态及某个转速下，把不同流量时的增压比（或出口压力）、

级效率与进口流量的关系，即 ε（或 p_{out}）$=f(q_{Vin})$ 及 $\eta=f(q_{Vin})$，用图线形式表示出来。图 6-14 所示为某压气机模型级实验所测得的性能曲线。有了这样的性能曲线，一定转速下，流量和增压比及效率的关系就一目了然了。

现在讨论在一定圆周速度 u_2 下，级效率与流量关系曲线的形状。一般在设计工况时，要求有最高效率，流动情况最完善，通常其冲角大都在零度附近。当流量增大时，由于摩擦损失和冲击损失增加，级效率将下降。当流量减小时，分离冲击损失增大，此外由于流量减小，相对的漏气损失和轮阻损失也增大，所以也使级效率降低。因此，级效率曲线具有如图 6-14 中所示的中间高、两头低的典型形状。

压气机性能曲线除了反映增压比、效率与流量的关系外，也反映了压气机的稳定工况范围的大小。

在级的流量减小到某一值后，由于正冲角过大，分离严重，将产生旋转失速现象，进而导致压气机-管网系统喘振的发生。

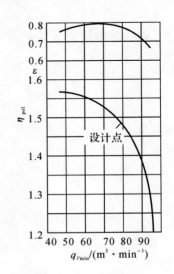

图 6-14　性能曲线

压气机是不容许在喘振工况下工作的,所以最小流量 $q_{V\min}$,也即稳定工况范围在性能曲线的左边受到喘振界限的限制,压气机只可在 $q > q_{V\min}$ 的条件下工作。

当级中流量不断增大时,产生较大的负冲角,这时在叶片工作面上发生分离,而且摩擦损失与冲击损失不断增大。当流量达某最大值 $q_{V\max}$ 时,叶轮对气体所做的全部功只够用来克服能量损失,这时压气机中压力不再升高,也即 $\varepsilon = 1$。当负冲角很大时,可能使叶道中的流动过程变为收敛性质,更谈不上提高压力了。或者,在流量增大到某值后,流道某处出现了声速,这时级达到堵塞工况,不可能再增大流量了。所以压气机性能曲线的右边受到堵塞工况的限制。

喘振工况和堵塞工况之间的区域就是稳定工况区域。必须指出,衡量一个压气机性能的好坏,不仅在设计工况下要求有高的效率和增压比,还要求有较宽的稳定工况范围。这些性能指标都可从性能曲线中反映出来。

第三节　离心叶轮

一、离心叶轮的几种典型结构

1. 离心叶轮构成

叶轮亦称工作轮,在离心压气机中有闭式叶轮、半开式叶轮,还有双进气叶轮,如图 6-15 所示。

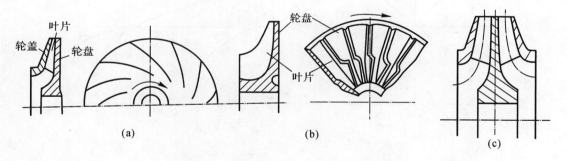

图 6-15　叶轮
(a)闭式叶轮；　(b)半开式叶轮；　(c)双进气叶轮

闭式叶轮由轮盘、叶片和轮盖构成,轮盘中心开孔与轴连接。闭式叶轮漏气量小,性能好,效率高。对于叶轮来说,为了尽可能地提高压力比,增大叶轮的圆周速度是一个途径,但由于轮盖强度的关系,增大闭式叶轮的圆周速度受到限制。

半开式叶轮由轮盘和叶片构成。从强度观点考虑,采用半开式叶轮是有利的。叶轮的圆周速度 u_2 可达 $450 \sim 550$ m/s,因而可获得较高的压力比。但从效率观点考虑,由于气体在叶片端部与机壳间的泄漏量较大,流量高而马赫数大,其效率比闭式要低。目前的趋势是,为了既增大压力比,又使结构紧凑,采用半开式叶轮的逐渐增多。

为了适应大流量的需要,可采用双进气的叶轮,这种结构还具有叶轮轴向力本身得到平衡的优点。

2. 三种叶轮形式的比较

叶轮的结构形式通常以叶片的弯曲形式来区分,图6-16所示为三种不同叶片弯曲形式的叶轮。其中图6-16(a)为后弯叶片式,叶片弯曲方向与叶轮旋转方向相反,叶片出口角β_{2A}小于$90°$,图6-16(b)为径向叶片式,叶片出口方向与叶轮半径方向一致,叶片出口角β_{2A}等于$90°$;图6-16(c)为前弯叶片式,叶片弯曲方向与叶轮旋转方向相同,叶片出口角β_{2A}大于$90°$。

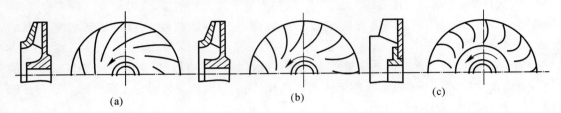

图6-16 叶轮的结构形式

(a)后弯叶片式; (b)径向叶片式; (c)前弯叶片式

由图6-17看出,在相同的圆周速度和流量条件下,暂且认为叶轮出口处的相对速度方向与叶片出口角方向一致。这时后弯叶片式叶轮的出口绝对速度c_2和它的圆周分速度c_{2u}都比较小;前弯叶片式叶轮的出口绝对速度c_2和它的圆周分速度c_{2u}都比较大;径向叶片式叶轮则介于后弯和前弯叶片式叶轮之间。

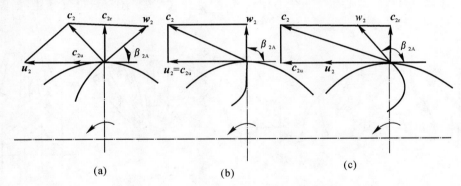

图6-17 叶轮出口处的速度三角形

(a)后弯叶片式; (b)径向叶片式; (c)前弯叶片式

具有后弯式叶片的叶轮,经常用在地面低压鼓风机上。与其他形式相比,后弯式叶片对空气传送的能量较小,然而能保证在工作轮出口得到均匀的气流。在高压的航空压气机上,这种叶轮是不用的。在圆周速度相同的情况下,具有前弯式叶片的叶轮可传给空气以较多的能量,因此在航空压气机上使用这种叶轮是非常合适的,但是,叶片弯曲的叶轮,很难保证它的强度与刚性。在航空增压器以及涡轮发动机的压气机中,获得广泛采用的是径向叶片式叶轮。

二、空气在叶轮中的流动

进入旋转着叶轮通道的空气被叶片带着作旋转运动,并在离心力的作用之下被抛向轮缘,亦即沿着叶轮的通道流动。当空气沿着叶轮运动时,由于空气相对速度下降,并受到离心力的压缩,空气的压力升高了。牵连速度(叶轮的轮缘速度)增大,空气的绝对速度就加大了。

空气在叶轮中的运动,是由叶轮的牵连旋转运动和空气沿叶轮的相对运动二者相加而成的。空气在转动着通道中所作的相对运动是复杂的,叶轮通道上的任一截面上的空气流动都不均匀。图 6-18 所示为在半径 r 的地方,压力与相对速度沿叶片通道宽度的大致分布图。相对速度沿通道宽度不均匀性可以用图 6-19 来说明,空气在叶轮中的流动可以认为是两种流动相加的结果:以速度 w_r 作径向流动,以速度 w_u 作环流流动。径向速度由经过叶轮的每秒空气流量来决定,并且在给定半径的通道宽度上为定值。环流流动是空气在叶轮通道中按着与旋转方向相反的环流运动的结果,这种反向环流运动是由充满在叶轮通道中的空气惯性所引起的。

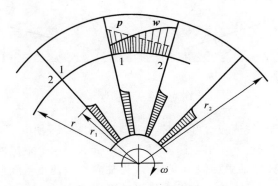

图 6-18　叶轮叶片通道内空气相对速度与压力分布图

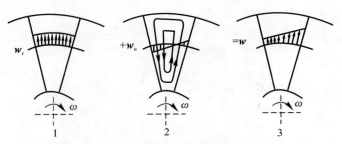

图 6-19　叶轮通道中气流的不均匀性

相对速度在叶轮通道中的不均匀性也影响了空气从叶轮流出的方向。叶轮出口气流速度由相对速度和牵连速度,也就是叶轮的圆周速度 u_2 相加而成,如图 6-20 所示。

牵连速度 u_2 的方向和叶轮圆周上的切线方向相一致,至于相对速度 w_2,则因空气的惯性而促使了叶轮出口处相对速度 w_2 在径向发生偏移,并与半径方向构成某个 δ 角。在叶轮出口处,绝对速度在两个相互垂直方向上的分速,即在径向及圆周的切线方向上的分速,分别为

$$c_{2r} = w_{2r} \tag{6-16}$$
$$c_{2u} = u_2 - w_{2u} \tag{6-17}$$

由于轴向涡流和气流黏性的影响,叶轮出口气流相对速度方向与叶片出口安装角不一致,致使实际 c_{2u} 值比理论上的气流按叶片出口方向流出时要减小某一数值。通常以滑移系数 μ 表示叶轮出口实际圆周分速度 c_{2u} 与理论上圆周分速度 $c_{2u\infty}$ 之比,即

$$\mu = \frac{c_{2u}}{c_{2u\infty}} \tag{6-18}$$

μ 的值小于 1,其大小取决于气流在叶轮中的流动情况。

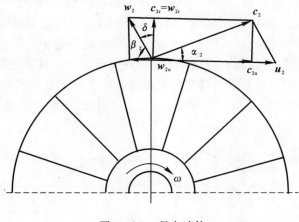

图 6 - 20   径向叶轮

斯陀道拉假定:由于当气流流过叶轮时,存在着轴向涡流,使气流在出口处产生一个附加的圆周分速度 Δw_u,从而引起 c_{2u} 的减小,如图 6 - 21 所示。这个附加的圆周分速度 Δw_u,等于轴向旋涡速度。因为在计算轴向旋涡速度时,认为轴向旋涡速度等于叶轮转速,旋涡直径等于叶轮叶道出口宽度,所以这时叶轮出口轴向旋涡的平均速度 Δw_u 可写为

$$\Delta w_u = \frac{n\pi}{60}(\pi D_2 \sin\beta_{2A}/Z) = \frac{u_2\pi}{Z}\sin\beta_{2A} \qquad (6-19)$$

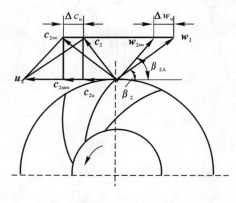

图 6 - 21   后弯叶轮

在 Δw_u 的影响下,叶轮气流出口角 β_2 将向着减小的方向偏斜,而叶轮气流出口圆周分速度 c_{2u} 也将减少 Δc_u,则

$$\Delta c_u = \Delta w_u = \frac{u_2\pi}{Z}\sin\beta_{2A} \qquad (6-20)$$

式(6-20)表明:在叶片数 Z 少和叶轮叶片出口安装角 β_{2A} 大的情况下,将使出口气流的圆周分速度 c_{2u} 明显减少。气流出口的实际圆周分速度 c_{2u} 可表示为

$$c_{2u} = u_2 - c_{2r}\cot\beta_{2A} - u_2\frac{\pi}{Z}\sin\beta_{2A} \qquad (6-21)$$

此时周速系数就为

$$\varphi_{2u} = \frac{c_{2u}}{u_2} = 1 - \frac{c_{2r}}{u_2}\cot\beta_{2A} - \frac{\pi}{Z}\sin\beta_{2A} \qquad (6-22)$$

应该指出,在导出斯陀道拉计算公式时,是作了诸如气流无黏性、叶轮子午面内气流速度分布沿宽度的分布是均匀的等一些假定,而实际的气体是有黏性的,流体的黏性对滑移系数 μ 存在如下几方面的影响:

(1) 由于边界层沿着叶轮内壁增长,有效的流道变窄,主流速度增加,使叶轮出口处的绝对速度的圆周分速度减小,滑移系数减小。

(2) 黏性和扩压的存在,往往在叶轮叶片的吸力面接近出口部位产生流动分离,并堆积一个分离区,如图 6-22 所示。这个分离区的存在,改变了气流的流动方向,使气流出口角 β_2 减小,也就降低了 c_{2u},以及滑移系数。

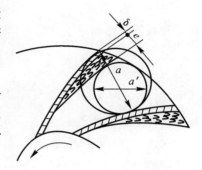

(3) 分离区厚度的存在,使轴向涡直径减小。同时,叶轮的流道壁面上存在着壁面摩擦力,会使轴向涡速度降低,使得叶轮出口轴向涡的平均速度 Δw_u 降低,所以增大了滑移速度。

综合几方面的影响,其总效果是使滑移系数降低。

图 6-22　轴向旋涡直径的减小

半开式径向型叶轮中广泛应用以下公式求滑移系数:

$$\mu = \frac{1}{1 + \frac{2}{3}\frac{\pi}{Z}\frac{1}{1 - (r_m/r_2)^2}} \qquad (6-23)$$

其中

$$r_m = \sqrt{\frac{r^2 + r_0^2}{2}}$$

式中,r 为导风轮进口内径;r_0 为导风轮进口外径;r_2 为叶轮外径;Z 为叶片数。

斯坦尼兹对径向叶轮的滑移系数建议采用下列公式:

$$\mu = 1 - \frac{0.63\pi}{Z} \qquad (6-24)$$

该式是在满足条件

$$\frac{r_2}{r_1} \geqslant \exp\left(\frac{2\pi}{Z}\right) \qquad (6-25)$$

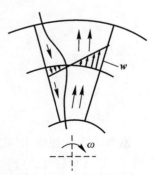

的叶轮上进行的,当叶轮宽度较窄时,该式给出的值就偏大。

应该指出,在叶轮中的涡流速度的数值只由叶轮的角速度 ω、几何尺寸及叶片数目来决定,和空气流量无关。因此,当 w_r 及 w_u 间的关系不合适时,可能会产生这样的情况,$w_u > w_r$ 时,在叶轮叶片通道中会产生空气的反向流动(见图 6-23),这样的流动会形成旋涡腔,并使流动损失急剧增大。

图 6-23　叶轮中的反向流动

三、叶轮的功率

对于叶轮来说(见图 6-24),相对于转轴的欧拉方程式可以写为以下的形式:

$$M_g = \frac{G}{g}(c_{2u}r_2 - c_{1u}r_{cp}) \qquad (6-26)$$

式中，M_g 为作用于空气质量上的全部外力的力矩总和；G 为空气质量流量；c_{2u} 为空气在叶轮出口处的切向分速；r_2 为叶轮外半径；r_{cp} 为叶轮进口处的平均半径；c_{1u} 为空气在进口平均半径上的切向分速。

作用于叶轮中的空气的外力矩等于转动叶轮的扭转力矩 M_0 减去力矩 M_f，而力矩 M_f 是叶轮和充满在压气机壳体内空气的摩擦所产生的。图 6-24 指出了叶轮和充满在压气机壳体内空气之间发生摩擦力矩的表面。叶轮欧拉方程式可写为

$$M_0 - M_f = \frac{G}{g}(c_{2u}r_2 - c_{1u}r_{cp}) \tag{6-27}$$

对方程式等号两侧乘上叶轮的角速度，并且以每秒空气质量流量除之，得

$$\frac{\mu_0\omega}{G} - \frac{\mu_f\omega}{G} = \frac{c_{2u}r_2\omega - c_{1u}r_{cp}\omega}{g} \tag{6-28}$$

式中，$\dfrac{M_0\omega}{G}$ 为对 1 kg 空气而言，加到压气机转轴上的外功；$\dfrac{M_f\omega}{G}$ 为对 1 kg 空气而言，叶轮壳体与空气间的摩擦功。

式(6-28)可改写为

$$L_0 - L_f = \frac{c_{2u}u_2 - c_{1u}u_{cp}}{g} \tag{6-29}$$

转动压气机所需的功率为

$$N = GL_0 \tag{6-30}$$

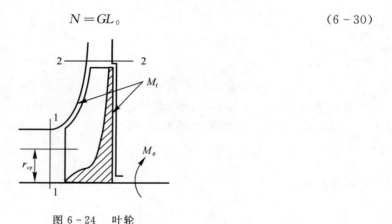

图 6-24　叶轮

欧拉方程式还指出，在同样的圆周速度下，为什么具有前弯式叶片的叶轮能对空气给出最大的功，而具有后弯式叶片的叶轮则给出最小的功。在图 6-25 上，β_{2k} 是在叶轮出口处对叶片中线所作的切线与叶轮圆周速度相反的方向间所成的夹角，对于径向式叶片的叶轮，$\beta_{2k} = 90°$。在叶轮出口处，空气的绝对速度的切向分速 c_{2u}，是按 β_{2k} 角的增加，亦即当叶片前弯时而增大。这时，叶轮出口处的切向分速 c_{2u} 超过了叶轮圆周速度 u_2，从欧拉方程式看到，它将促使 L_0 在数值上的增大。

阻力矩 M_f 的发生过程是非常复杂的。除了被叶轮的侧表面所带动而旋转的空气与机匣壁面间的摩擦以外，在阻力矩 M_f 的生成中，经过叶轮与压气机匣体间的轴向间隙，从每一个通道到相邻通道的空气潜流也起了很大的作用，如图 6-26 所示。这种潜流是由叶轮叶片两侧的压力差所引起的，并且促进了附加流动损失的发生。因此，轴向间隙的数值对叶轮的工作影响

显著。

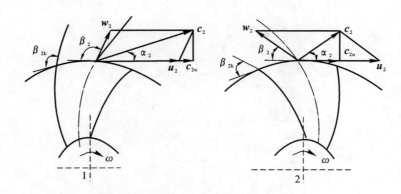

图 6-25　叶轮出口处的速度三角形

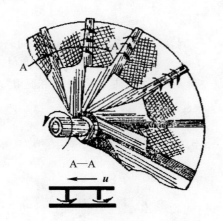

图 6-26　空气在叶轮中的潜流简图

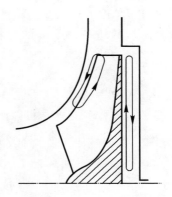

图 6-27　叶轮中的鼓风环流

　　除此以外,在叶轮与压气机匣壁面间的轴向间隙中,维持鼓风环形气流所消耗的功率,也是属于轮盘摩擦损失之列。如图 6-27 所示为叶轮鼓风环流的简图。叶轮与机匣壁之间的流动,是由作用在空气质点上的离心力所引起的,这些质点被叶轮带动旋转。在叶轮敞开的前侧形成的鼓风环流,是由于叶轮进口及出口处的压差所引起的。应该指出,轴向间隙的加大会使鼓风损失以及潜流损失增加,因而 M_f 增大了。

四、叶轮主要结构参数的确定

　　图 6-28 表示了典型后弯式叶轮的主要结构参数。图中, $\theta = \arctan \dfrac{2(b_1 - b_2)}{D_2 - D_1}$ 为叶轮的轮盖斜度。从叶轮强度考虑, θ 宜小于 $12°$。叶片进口宽度 b_1 是指叶片轮盖侧面边缘 AB 延长至 C 点(C 点与叶片进口中心点的连线平行于 z 轴,其直径为 D_1),由 C 点沿轴向所量得的宽度。在轮盖 AB 为曲线的情况下,由 B 点作曲线 AB 的切线与等 D_1 线相交,由交点起沿轴向所量的宽度为 b_1 。

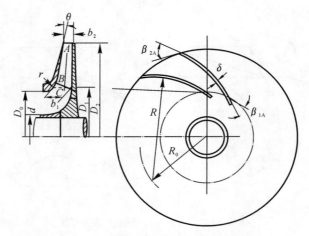

图 6-28　后弯式叶轮主要结构参数

（一）叶轮进口参数

叶轮进口子午面的形状，对流动性能有很大的影响，气流在进口段经历由轴向转弯到径向的流动过程。叶轮进口子午面的形状，基本上与五个参数有关，它们是叶轮进口相对直径 D_0/D_2，轮毂比 d/D_2，叶片进口相对直径 D_1/D_2，轮盖进口的曲率半径 r 和速度系数 $k_c = c'_{1r}/c_0$。

1. 叶轮进口相对直径 D_0/D_2

确定 D_0/D_2 的原则是从尽可能使 w_1 小出发。因为 w_1 小可降低叶道中的摩擦损失，降低叶道的扩压度 $\dfrac{w_1}{w_2}$，而且使 M_{w_1} 降低，流动损失减少。

现在来分析最小相对速度时的 $\dfrac{D_0}{D_2}$。由图 6-29 可以看出，当 D_0 过大时，叶轮进口截面积 $F_0 = \dfrac{\pi}{4}(D_0^2 - d^2)$ 增大，从而使 c_1 减小，u_1 却增大很多，结果 w_1 增大至 w'_1。当 D_0 过小时，u_1 虽然减小了，但因叶轮进口截面积减小而 c_1 大大增加，结果也使 w_1 变得很大，由 w_1 增大至 w''_1。因此，只有当 D_0 适中时，由 u_1 和 c_1 所形成的 w_1 才最小。根据关系式

$$\left(\frac{w_1}{u_2}\right)^2 = f\left(\frac{D_0}{D_2}\right)$$

求极值，由

$$\frac{\mathrm{d}\left(\dfrac{w_1}{u_2}\right)^2}{\mathrm{d}(D_0/D_2)} = 0$$

得出

$$\left(\frac{D_0}{D_2}\right)^2_{w_{1\min}} = \left(\frac{d}{D_2}\right)^2 + 2^{\frac{1}{3}}\left[\frac{4\,\dfrac{b_2}{D_2}\,\dfrac{c_{2r}}{u_2}\,\tau_2 k_{v2} k_c}{\tau_1 k_D k_{v1}}\right]^{\frac{2}{3}} \tag{6-31}$$

式中，τ_1，τ_2 分别为叶片在进、出口处的堵塞系数。

$$\frac{k_{v2}}{k_{v1}} = \frac{\rho_2}{\rho_1}, \quad k_c = \frac{c'_{1r}}{c_0} = \frac{\tau_1 c_{1r}}{c_0}, \quad k_D = \frac{D_1}{D_0}$$

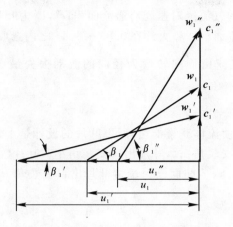

图 6-29　不同 D_0 所引起 w_1 的变化

实验表明:最佳的 D_0/D_2 大约为

$$(D_0/D_2)_{\text{opt}} = (1.00 \sim 1.03)(D_0/D_2)_{w_{1\min}} \qquad (6-32)$$

2. **叶片进口相对直径 D_1/D_2**

与 D_0/D_2 一样,D_1/D_2 太大或太小均对流动不利。D_1/D_2 太大时,叶轮外径 D_2 与内径 D_1 相差很小,$u_2^2 - u_1^2$ 很小,叶轮不能充分利用离心力来提高压力,只是依靠叶轮和固定部件中的流动扩压来提高压力。这样扩张角增大易出现分离损失使叶轮效率下降。在高的圆周速度下,D_1 太大还会降低轮盖强度。反之,D_1/D_2 太小时,叶道过长,会增加摩擦损失,也使叶轮效率下降。在确定 D_1/D_2 时,还要照顾到轮盖有较大的圆角以改善气流的进口条件。一般最佳的 D_1/D_2 为

$$(D_1/D_2)_{\text{opt}} = (1.00 \sim 1.05)(D_0/D_2)_{\text{opt}} \qquad (6-33)$$

对于一般叶轮来说,D_1/D_2 的允许选取范围在 $0.45 \sim 0.65$ 之间,更适宜的范围为 $0.5 \sim 0.6$。

3. **轮毂比 d/D_2**

轮毂比也称轴径比,通常是由转子临界转速的要求来确定的,因而随着同一根轴上级数和转速的增加,在结构上不得不增大 d/D_2。但实验表明,随着轮毂比的增大,压力比和效率均有所减小,这是由于在一定的 D_1/D_2 条件下,随着 d/D_2 的增大,w_1/u_2 相应增大,而叶轮中的损失是与 w_1^2 成正比的。一般 $d/D_2 = 0.25 \sim 0.40$,在转子临界转速允许的情况下,尽量取下限值。对径向直叶片的叶轮,一般 $d/D_2 = 0.35 \sim 0.50$。

4. **轮盖进口段的曲率半径 r**

轮盖进口段的圆角大小对气流转弯处的速度分布有较大的影响。曲率半径 r 太小时气流转弯急剧,速度不均匀性增加。实验表明:当 r/b_1 由 0.3 增至 0.6 时,设计点的效率增加 1%,变工况效率增加更大。所以曲率半径 r 应尽量取大,一般要求 $r/b_1 > 0.5$。

5. **速度系数 k_c**

速度系数 k_c 定义为

$$k_c = \frac{c_1'}{c_0} = \frac{F_0}{F_1'}$$

式中，c_0，F_0 为叶轮进口处的气流绝对速度与通流面积；c_1'，F_1' 为叶片进口前尚未计及叶片堵塞影响的气流绝对速度与通流面积。k_c 大约在 $0.85 \sim 1.15$ 之内选取。但究竟是 $k_c > 1$ 好，还是 $k_c < 1$ 好，应着重考虑使气流由周向转弯为径向的流动损失最小，并使 $\dfrac{w_1}{u_2}$ 为最小，才最为妥当。

（二）叶片的主要参数

在叶轮旋转时，是叶片使流体获得能量，所以叶片的设计是十分重要的。叶片有四个主要参数，它们分别是叶片进口安装角 β_{1A}，叶片出口安装角 β_{2A}，叶片数 Z 和叶片的堵塞系数 τ。这些参数对性能均有一定的影响。前面已讨论过叶片出口安装角 β_{2A} 的影响，故这里只讨论其他三项以及叶片的型线。

1. 叶片进口安装角 β_{1A}

当无预旋进气时，$c_{1u} \approx 0$，冲角 $i = 0$，考虑进气口叶片堵塞 τ_1，对于气流进口角 β_1，有

$$\tan\beta_1 = \frac{c_1}{u_1} = \frac{4\tau_2\rho_2(b_2/D_2)\varphi_{2r}K_C}{\tau_1 K_D\left[\left(\dfrac{D_0}{D_2}\right)^2 - \left(\dfrac{d}{D_2}\right)^2\right]\dfrac{D_0}{D_2}} \tag{6-34}$$

气流最佳进口角 β_{1opt} 也可按 w_{1min} 的条件求得。联系式（6-31）和式（6-34）可得

$$\tan\beta_{1w_{1min}} \approx \frac{0.707\left[\left(\dfrac{D_0}{D_2}\right)^2_{w_{1min}} - \left(\dfrac{d}{D_2}\right)^2\right]^{\frac{1}{2}}}{\left(\dfrac{D_0}{D_2}\right)_{w_{1min}}} \tag{6-35}$$

由该式可知，$\beta_{1w_{1min}}$ 仅取决于 $(D_0/D_2)_{w_{1min}}$ 和 d/D_2 两个参数。图 6-30 表示了它们之间的关系。很明显，$\beta_{1w_{1min}}$ 随轮毂比 d/D_2 增加而减小。当 $d/D_2 \to 0$ 时，得最大进气角 $\beta_{1w_{1min}} = 35.3°$。而当 $(D_0/D_2) < (D_0/D_2)_{w_{1min}}$ 时，$\beta_1 < \beta_{1w_{1min}}$；当 $(D_0/D_2) > (D_0/D_2)_{w_{1min}}$ 时，$\beta_1 > \beta_{1w_{1min}}$。

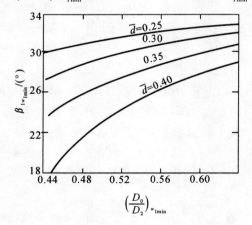

图 6-30　进气角与 $\left(\dfrac{D_0}{D_2}\right)_{w_{1min}}$ 的关系

爱凯脱从叶轮最小损失出发，在未考虑叶片进口堵塞 τ_1 条件下，导出最佳进气角 $\beta_{1opt} = 30°$。通常 β_{1opt} 取 $30° \sim 35°$，这样，叶片进口安装角

$$\beta_{1A} = \beta_{1opt} + i \tag{6-36}$$

式中，i 为冲角。对于设计工况下后弯型和强后弯型叶轮，如考虑叶片堵塞，一般 $i = -2° \sim 1°$。冲角的选择还应根据叶轮的具体参数、压气机的使用条件及工况变动情况等进行综合考虑。例如，当叶栅稠度较大、马赫数较高时，宜选用正冲角；对于经常运转在部分负荷的机器，设计冲角宜选用负冲角；当设计流量较小而出现气流角 β_1 过小时，宜选用正冲角。对于径向直叶片式叶轮，在进口平均半径上可取 $i = 1° \sim 6°$ 或更大。这是由于在导风轮进口顶部 Ma_{w1} 较高，而在负冲角的情况下，叶道顶部有可能使 Ma_{w1} 超过临界值，引起效率下降。

2. 叶片数 Z

前面有限叶片数的讨论表明：叶轮要有尽可能多的叶片数，如叶片数太少，叶道中速度分布不均匀程度大，叶道当量扩张角大，易使边界层增厚、分离、做功减小，效率下降。但叶片数太多，也会增加气流的摩擦损失，增加叶道进口的堵塞程度，亦使效率下降，因此实际上叶片并不能无限增多，要获得满意的性能必然要选一个最佳叶片数。最佳叶片数可根据平面叶栅最佳稠度的概念得出下列公式：

$$Z = \left(\frac{l}{t}\right)_{\text{opt}} \frac{2\pi \sin \dfrac{\beta_{1A} + \beta_{2A}}{2}}{\ln \dfrac{D_2}{D_1}} \qquad (6-37)$$

式中，l 为叶片弦长；t 为栅距。爱凯脱建议 $\left(\dfrac{l}{t}\right)_{\text{opt}} = 2.2 \sim 2.85$，有的资料建议 $\left(\dfrac{l}{t}\right)_{\text{opt}} = 2.5 \sim 4.0$。其中小的值对应于小的堵塞系数 τ_1。

实际中，叶片数也可按经验选取。通常水泵型叶轮的叶片数为 6 ～ 12 片，一般后弯型和径向型叶轮的叶片数为 14 ～ 32 片。

当 $\beta_{2A} > 45°$ 时，不论后弯、径向、前弯式叶轮，若叶轮直径较小，则叶片数较多会造成叶片进口处堵塞严重，并使 Ma_{w1} 增大，这都是不利的。在这种情况下，宜采用如图 6-31 所示的长短叶片结构，以改善叶道进口处的流动。长短叶片结构可采用较多的叶片数，这对提高轮盖的自振频率，减少叶道中二次涡流的影响都是有利的。

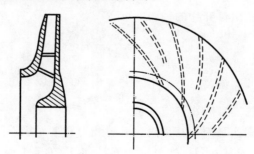

图 6-31 长短叶片结构

3. 叶片型线

叶片型线对流体流过叶道时的扩压度，流动阻力，边界层的增厚、分离和是否出现局部超声速等均有一定的影响。因此，即使叶片有相同的 β_{1A} 和 β_{2A}，采用不同的叶片型线也会有不同的性能和效率。

叶片形状有空间扭曲型（三元叶片适用于大流量宽叶轮）和非扭曲型。非扭曲型叶片又有圆弧形(单圆弧及多圆弧)、抛物线形、直叶片和机翼形叶片等。其中以单圆弧叶片用得最为广泛,因为它加工最方便,性能也较好。

在给定 β_{1A}, β_{2A}, D_1 和 D_2 之后,可按下列公式计算圆弧的曲率半径 R 和圆弧的圆心与叶轮圆心之间的距离 R_0(见图 6-28):

$$R = \frac{\left[1 - \left(\frac{D_1}{D_2}\right)^2\right] D_2}{4\left(\cos\beta_{2A} - \frac{D_1}{D_2}\cos\beta_{1A}\right)} \tag{6-38}$$

$$R_0 = \sqrt{R(R - RD_2\cos\beta_{2A}) + \left(\frac{D_2}{2}\right)^2} \tag{6-39}$$

一般叶片由等厚度平板加工而成。有的在出口非工作面处削薄,以减小尾迹损失,提高滑移系数 μ,但这也使非工作面出口处的扩压度略有增加。

4. 叶片堵塞系数

叶片厚度 δ 和焊缝的存在,使叶道的流通面积减小。这种流通面积的减小程度可用堵塞系数 τ 来表示。堵塞会使气流在叶片进、出口处突然收缩与扩张,引起流动损失增加。堵塞使 c_{1r} 和 c_{2r} 也增大,而 c_{2r} 的增大使滑移系数 μ 减小,因而叶轮的做功能力减小。

对于整体铣制的叶片或无折边部分的叶片,其堵塞系数为

$$\tau_1 = 1 - \frac{Z\delta_1}{\pi D_1 \sin\beta_{1A}} \tag{6-40}$$

$$\tau_2 = 1 - \frac{Z\delta_2}{\pi D_2 \sin\beta_{2A}} \tag{6-41}$$

对于焊接叶轮,焊缝引起的堵塞可根据具体情况加以考虑。若叶片进、出口削薄,式中的 δ_1, δ_2 应取叶片原厚度和端部削薄厚度的平均值。

(三)叶轮出口参数

1. 叶轮出口相对宽度 b_2/D_2

由连续方程可确定叶轮出口叶片的轴向宽度

$$b_2 = \frac{Q_{in}}{k_{v2} c_{2r} \pi D_2 \tau_2} \tag{6-42}$$

式中,Q_{in} 为压气机进口的容积流量;$k_{v2} = \frac{v_{in}}{v_2} = \frac{\rho_2}{\rho_{in}}$。由该式可以看出,一般大流量叶轮,叶轮宽度较大;而小流量叶轮,叶轮宽度较小。

这里以有代表性的无因次量 b_2/D_2 来讨论叶轮相对宽度对级性能的影响。通常设计的叶片不是空间扭曲型的叶片,如果 b_2/D_2 选取过大,会使流道在子午面上的流动很不均匀,造成二次涡流,还会增大扩压度从而增大分离损失,使效率降低,同时还会使轮盖和叶片出现过大的应力。如果 b_2/D_2 选取过小,则水力直径和雷诺数过小致使摩擦损失显著增加,同时叶轮的轮阻损失系数 β_{df} 和内漏气损失系数 β_l 也会增加,使效率降低。另外,b_2/D_2 过小,相应地使 D_2 增大,还会增加机器尺寸。

图 6-32 表示了不同叶片相对宽度 b_2/D_2 对级效率的影响。对径向直叶片闭式叶轮的级所做的实验表明:b_2 从 13 mm($b_2/D_2 = 0.0382$)下降到 6 mm($b_2/D_2 = 0.0176$),级的多变效率从0.82下降到0.79。

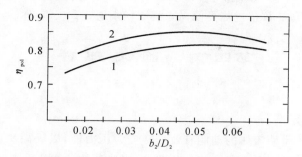

图 6 - 32　叶轮不同叶片相对宽度 b_2/D_2 对级效率影响

经验表明：在一般压气机设计中，b_2/D_2 为 $0.02 \sim 0.065$（最大不超过 0.075）。对径向型叶轮，最小的 b_2/D_2 可取下限值或更低些。

在设计中，对于所选取的 b_2/D_2，往往还要应用式

$$\frac{b_2}{D_2} = \frac{Q_{in}}{k_{v2}\tau_2 u_2^3 \varphi_{2r}}\left(\frac{n}{33.9}\right)^2 \tag{6-43}$$

进行校核，以适应所流过的流量和其他参数的关系。

为满足生产中大流量的需要，若按三元流动设计空间扭曲型叶片，则 b_2/D_2 可高达 0.12 左右，且仍保持较高的效率。

2. 流量系数 φ_{2r}

在离心压气机的设计计算中，通常流量系数是预先选定的。φ_{2r} 对叶轮的结构参数和性能均有较大的影响，因此有必要在这里做一简要的分析。

由式（6-43）可知，φ_{2r} 与 b_2/D_2 成反比，两者有制约关系。在 b_2/D_2 不变的条件下，φ_{2r} 与流量成正比。由

$$\frac{w_1}{w_2} = \frac{u_1 \sin\beta_2}{u_2 \varphi_{2r} \cos\beta_1} = \frac{D_1 \sin\beta_2}{D_2 \varphi_{2r} \cos\beta_1} \tag{6-44}$$

可知，φ_{2r} 增大则 $\dfrac{w_1}{w_2}$ 减小，这对减小叶道中的扩压度，从而减少损失是有利的。由

$$c_2 = u_2\sqrt{\varphi_{2r}^2 + \varphi_{2u}^2} \tag{6-45}$$

可知，φ_{2r} 增大则 c_2 增大，由此 Ma_{c_2} 增大，这使固定部件扩压度增大，对减小损失是不利的。由

$$\alpha_2 = \arctan\frac{\varphi_{2r}}{\varphi_{2u}} \tag{6-46}$$

可知，φ_{2r} 增大则 α_2 角增大，这对缩短气流在扩压器中的流程是有利的。

以上分析表明：φ_{2r} 与许多因素有关，且是相互矛盾的，φ_{2r} 的选取应主要保证气流在叶道中不致产生倒流。气流在叶道中速度分布不均匀使叶片工作面附近可能产生倒流，为避免倒流必须有一定的平均速度，因此 φ_{2r} 必须有足够大的值。因为叶道中气流的不均匀程度随 β_{2A} 的增大而增大，所以叶片出口角愈大，所需的 φ_{2r} 也愈大。为保证较高的效率，通常用 $w_1/w_2 < 2$ 来控制扩压度。

通常 φ_{2r} 的选取范围是：对于径向型叶轮 φ_{2r} 为 $0.24 \sim 0.40$，对于后弯型叶轮 φ_{2r} 为 $0.18 \sim 0.32$，对于强后弯型叶轮 φ_{2r} 为 $0.10 \sim 0.20$。对于高增压比、半开式径向直叶片的叶

轮,若 u_2 较高,为避免马赫数超过临界值,φ_{2r} 宜取较小值;若 u_2 不高,φ_{2r} 可取较大值。

第四节　固定部件

一、扩压器

扩压器的作用主要是使流体的动能有效地转变为压力能,以提高流体的压力。一般叶轮出口处的流速是相当大的,例如,径向直叶片叶轮,出口处的动能几乎占叶轮耗功的一半,有的出口速度达 500 m/s;一般后弯式或强后弯式叶轮,出口处的动能也占叶轮耗功的 25% ~ 40%,有的出口速度达 200 ~ 300 m/s。因此,必须对这部分动能加以有效地利用。扩压器大致有两种结构形式,它们是无叶扩压器和叶片扩压器,下面就这两种扩压器分别予以讨论。

(一)无叶扩压器

1. 流体在无叶扩压器中的流动

无叶扩压器通常是由两个平行壁构成的环形通道,如图 6-33 所示。进口截面 3—3 的宽度为 b_3,出口截面 4—4 的宽度为 b_4,一般 $b_3 = b = b_4$。分析其总的流动主要应用连续方程和动量矩定理。

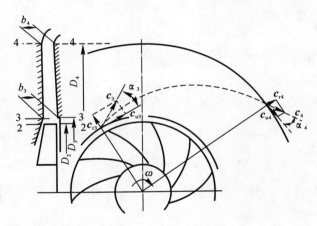

图 6-33　无叶扩压器

根据连续方程可知,任意直径 D 处的径向分速为

$$c_r = \frac{D_3}{D} \frac{b_3}{b} \frac{\rho_3}{\rho} c_{3r} \qquad (6-47)$$

一般 $b = b_3$。对不可压缩流体,$\rho = \rho_3$,故 c_r 仅随 D 的增大而减小;但对可压缩流体,因扩压过程使 $\rho > \rho_3$,故 c_r 随 D 增大而减小得更加迅速。

根据动量矩定理,若不考虑摩擦和重力,则在无叶扩压器中流体不受外力的作用,因而流体的动量矩守恒,故有

$$G c_u \frac{D}{2} = G c_{3u} \frac{D_3}{2} \qquad (6-48)$$

则

$$c_u = \frac{D_3}{D} c_{3u} \qquad (6-49)$$

由式(6-49)可知,在无叶扩压器中流体的圆周分速 c_u 将随着向外流动而减小。因此,当不计摩擦力,不计密度变化时,平行壁的无叶扩压器中气流速度为

$$c = \sqrt{c_r^2 + c_u^2} = \sqrt{\left(\frac{D_3}{D} c_{3r}\right)^2 + \left(\frac{D_3}{D} c_{3u}\right)^2} = \frac{D_3}{D} c_3 \qquad (6-50)$$

由式(6-49)可知,流速(即动能)的降低主要是直径增大所致。这时的气流角为

$$\alpha = \arctan \frac{c_r}{c_u} = \arctan \frac{\dfrac{D_3}{D} c_{3r}}{\dfrac{D_3}{D} c_{3u}} = \arctan \frac{c_{3r}}{c_{3u}} = \alpha_3 = \mathrm{const} \qquad (6-51)$$

这种流动方向角不变的运动轨迹为对数螺旋线。

当考虑摩擦力和密度的增大时会发现,两者均使流速随 D 增大而下降得更快,即

$$c_r = \zeta_{vl} \frac{D_3}{D} \frac{\rho_3}{\rho} c_{3r} < \frac{D_3}{D} c_{3r} \qquad (6-52)$$

$$c_u < \frac{D_3}{D} c_{3u} \qquad (6-53)$$

由于 c_r 和 c_u 都下降得很快,因此可以近似地认为实际的流动方向角 α 仍保持不变。

一般常用损失系数 ζ_{vl} 来估算无叶扩压器的损失,即

$$(H_{hyd})_{vl} = \zeta_{vl} \frac{c_3^2}{2} \qquad (6-54)$$

ζ_{vl} 的大小与无叶扩压器的当量扩张角 θ_{eq} 有关。无叶扩压器进、出口垂直于来流的面积分别为 $f_3' = \pi D_3 b_3 \sin\alpha_3$ 和 $f_4' = \pi D_4 b_4 \sin\alpha_4$。若 $b_3 = b_4$,$\alpha_3 = \alpha_4$,该流线轨迹长 $l = \dfrac{r_4 - r_3}{\sin\alpha_3}$,则按圆锥形扩张角的定义可得

$$\tan\frac{\theta_{eq}}{2} = \frac{\sqrt{f_4} - \sqrt{f_3}}{\pi l} = 2\sin^{\frac{3}{2}}\alpha_3 \frac{\sqrt{\dfrac{b_3}{D_3}}}{\sqrt{\dfrac{D_4}{D_3}} + 1} \qquad (6-55)$$

无叶扩压器中的损失基本上分为两部分,即摩擦损失和分离损失。当 θ_{eq} 较小时,流线的路程长,摩擦损失起主要作用;当 θ_{eq} 较大时,路程虽短,但扩压度大,分离损失起主要作用。因此,在 θ_{eq} 由小到大的范围中,有一个对应于 ζ_{vl} 最小值的 θ_{eq} 角,这个 θ_{eq} 角为 $8°$ 左右,如图 6-34 所示。

无叶扩压器的效率可用一般扩压管的效率表示,即

$$\eta_{vl} = \frac{\displaystyle\int_3^4 \frac{\mathrm{d}p}{\rho}}{\dfrac{c_3^2 - c_4^2}{2}} \qquad (6-56)$$

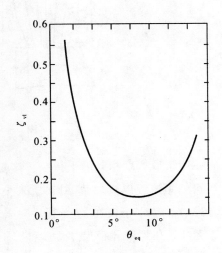

图 6-34　无叶扩压器中损失系数 ζ_{vl} 与扩张角 θ_{eq} 的关系

由于

$$\int_3^4 \frac{\mathrm{d}p}{\rho} = \frac{c_3^2 - c_4^2}{2} - (H_{\mathrm{hyd}})_{\mathrm{vl}} \tag{6-57}$$

因此

$$\eta_{\mathrm{vl}} = 1 - \frac{(H_{\mathrm{hyd}})_{\mathrm{vl}}}{\dfrac{c_3^2 - c_4^2}{2}} = 1 - \frac{\zeta_{\mathrm{vl}}}{1 - \left(\dfrac{D_3}{D_4}\right)^2} \tag{6-58}$$

若考虑到密度 ρ 的变化,则

$$\eta_{\mathrm{vl}} = 1 - \frac{\zeta_{\mathrm{vl}}}{1 - \left(\dfrac{D_3 \rho_3}{D_4 \rho_4}\right)^2} \tag{6-59}$$

2. 无叶扩压器的主要结构参数

无叶扩压器的主要参数为两壁之间的宽度 b 及 $\dfrac{D_4}{D_3}$。无叶扩压器的进口直径通常取 $D_3 = (1.03 \sim 1.05)D_2$,进口宽度 b_3 一般不宜比叶轮出口宽度 b_2 过大,$b_3 = b_2 + (1 \sim 2)$ mm。实验表明:当 b_3 比 b_2 过大时[见图 6-35(a)],从叶轮流出的流体不能充满全部扩压器进口段的流道,而在该处产生漩涡区带来损失。一般常取 $b_2 = b_3$,如图 6-35(b)所示,为了避免从叶轮出来的流体对扩压器壁面产生冲击,亦可取 b_3 比 b_2 稍大一点。一般不会取 b_3 比 b_2 过小的结构形式[见图 6-35(c)],因为它虽有流动加速的作用,能使叶轮出口的流速均匀化,但流速对扩压器壁端有冲击并造成分离损失,使流动恶化。

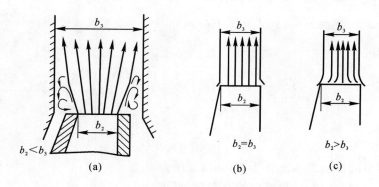

图 6-35 无叶扩压器进口宽度

一般常取宽度相同的平行壁。这是因为 $b_4 > b_3$ 会使 c_r 和 α 逐渐变小而增加流程;而 $b_4 < b_3$ 虽可缩短流程以减少摩擦损失,减小扩压度以降低分离损失,但降速增压的程度也就减小了,因此 $b_4 < b_3$ 也仅在 α_2 角很小时采用,其扩压器的收敛角为 $2° \sim 4°$。

无叶扩压器的外径尺寸 D_4,对扩压能力起决定作用。如上所述,减速增压主要靠增大直径 D_4,要充分增压,则 D_4 要足够大。然而 D_4 过大,机器尺寸不能允许,而且有的资料介绍,当 $D_4/D_2 > 2$ 时,再增大 D_4 对增压也作用不大。因此,通常取 $D_4/D_2 = 1.5 \sim 1.7$。

α_2 角过小,会使无叶扩压器中的流体流程过长,使摩擦损失太大,因此叶轮的气流出口角

α_2 不宜太小。对固定式压气机,希望 α_2 角不小于 $18°$;对运输式压气机,希望 α_2 角不小于 $12°$。

3. 无叶扩压器的特点

无叶扩压器的结构简单,造价低,对变工况的适应性强,性能曲线平坦,稳定工作范围大。另外,在 Ma_{c_2} 较大时,效率降低不明显,可使叶轮外缘处的压力场分布较为均匀,减弱不均匀引起的周期性动应力,这对避免叶轮外缘疲劳破坏是有利的。其缺点是 α 角基本不变,使其流程长,摩擦损失较大,因此,要求叶轮的出气角 α_2 不能太小。在设计工况下,其效率比叶片扩压器的要低一些。此外,它主要靠增加直径达到扩压,因此必须增大机器的尺寸。

(二)叶片扩压器

1. 流体在叶片扩压器中的流动

在叶片扩压器中流体受叶片的引导,流动轨迹大致与叶形一致,而叶片安装角由进口 α_{3A} 到出口 α_{4A} 是逐渐增大的,故气流角 α 也随之不断增大。在叶片扩压器中连续方程仍然适用,但因流体受叶片的作用力,故动量矩守恒就不再适用。按连续方程有

$$c_r = \frac{D_3 b_3 \tau_3 \rho_3}{Db\tau\rho} c_{3r} \tag{6-60}$$

故

$$\frac{c}{c_3} = \frac{c_r/\sin\alpha}{c_{3r}/\sin\alpha_3} = \frac{D_3 b_3 \tau_3 \rho_3 \sin\alpha_3}{Db\tau\rho\sin\alpha} \tag{6-61}$$

若略去叶片堵塞的变化和密度的变化,则在等宽度下有

$$\frac{c}{c_3} = \frac{D_3 \sin\alpha_3}{D\sin\alpha} \tag{6-62}$$

由该式看出,随着流体向外流动,D 与 α 都在增大,两者均使流速下降。因此,与无叶扩压器比较,在同样的直径比 D_4/D_3 之下,叶片扩压器的增压比较大。换言之,若所需扩压程度相同,则叶片扩压器的尺寸 D_4/D_3 可比无叶扩压器小。例如,要使 c_4 减小到 c_3 的一半,采用无叶扩压器时 D_4 将是 D_3 的 2 倍;而采用叶片扩压器,若 $\alpha_3 = 20°$,$\alpha_4 = 38°$,则外径 D_4 是 D_3 的 1.2 倍。

叶片扩压器损失系数也可表示为

$$(H_{hyd})_v = \zeta_v \frac{c_3^2}{2} \tag{6-63}$$

式中,ζ_v 为叶片扩压器的损失系数,它的数值与叶片扩压器的当量扩张角有关。

$$\tan\frac{\theta_{eq}}{2} = \frac{\sqrt{D_4 b_4 \sin\alpha_{4A}} - \sqrt{D_3 b_3 \sin\alpha_{3A}}}{\sqrt{Z_3}\, l} \tag{6-64}$$

式中,l 为流线长度,可认为大致等于叶片的长度,以下是近似计算:

$$l = \frac{D_4 - D_3}{2\sin\frac{1}{2}(\alpha_{3A} + \alpha_{4A})} \tag{6-65}$$

ζ_v 与 θ_{eq} 的关系如图 6-36 所示。将该图与图 6-34 进行比较,可以看出,叶片扩压器的损失系数较无叶扩压器的小,ζ_v 的最小值相当于 θ_{eq} 在 $4.8°$ 附近。但必须指出,该图仅为流入扩压器叶道的冲角为零的情况。若冲角改变,则 ζ_v 将大大增加。

叶片扩压器的效率也可表示为

$$\eta_{\mathrm{v}} = 1 - \frac{\zeta_{\mathrm{v}}}{1 - \left(\dfrac{c_4}{c_3}\right)^2} = 1 - \frac{\zeta_{\mathrm{v}}}{1 - \left(\dfrac{D_3 b_3 \tau_3 \rho_3 \sin\alpha_3}{D_4 b_4 \tau_4 \rho_4 \sin\alpha_4}\right)^2}$$

$$(6-66)$$

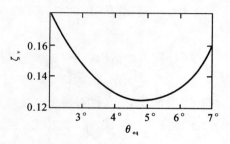

图 6-36　叶片扩压器中损失系数 ζ_{v} 与
扩张角 θ_{eq} 的关系

2. 叶片扩压器的主要结构参数

（1）叶道进口直径 D_3。扩压器叶片进口与叶轮外缘 D_2 之间应有一段间隙，这段间隙实际上为一段短的无叶扩压器。它可使进入叶道流场较为均匀，并且间隙中的气垫作用对降低压力波动和噪音有利。此外，一般要求进入叶道的气流 $Ma_{c_3} < 0.8$，因此当叶轮出口流速最高时，这段间隙使流速下降更为必要。叶片扩压器的 D_3/D_2 一般取 $1.08 \sim 1.15$，对 Ma_{c_2} 大的情况取偏大的值。

（2）宽度 b_3 和 b_4。一般采用 $b_3 = b_4$ 的平壁式，且 $b_3 = b_2$。也可使 $b_3 = 1.05 - 1.10 b_2$ 以降低流速，但这种情况仅在强后弯型叶轮中采用。

（3）叶片进口安装角 α_{3A}。在设计工况下，一般取零冲角进气，即 $\alpha_{3A} = \alpha_3$。若 $b_3 = b_2$，可认为 $\alpha_3 = \alpha_2$；若 $b_3 > b_2$，则 α_3 稍小于 α_2，这时可按下式计算：

$$\alpha_3 = \frac{\alpha_2 + \arctan\left(\dfrac{b_2}{b_3}\tan\alpha_2\right)}{2}$$

$$(6-67)$$

（4）外径 D_4 和叶片出口安装角。D_4 和 α_{4A} 均与扩压器出口面积有关，它们增大都使 F_4' 增大，即使扩压度增大。但实际上过多地增加 D_4，扩压器的增压效果并不明显。因为扩压器的扩压作用主要发生在其前半段，愈到后面扩压作用愈弱，而且流程增加会加大损失。若过多地增加 α_{4A}，会使当量扩张角 θ_{eq} 过大，使叶片吸力面上的气流易分解，从而增大损失。所以一般限制 $F_4'/F_3' < 3.0$。在此推荐

$$\frac{D_4}{D_3} = 1.3 \sim 1.55$$

$$(6-68)$$

$$\alpha_{4A} - \alpha_{3A} = 12° \sim 15°$$

$$(6-69)$$

（5）叶片数 z_3。叶片扩压器的叶片数与叶轮叶片数的选择方法相同，根据最佳稠度概念来确定。

$$Z_3 = \frac{l}{t}\,\frac{2\pi\sin\alpha_{\mathrm{m}}}{\ln\dfrac{D_4}{D_3}}$$

$$(6-70)$$

式中，$\dfrac{l}{t}$ 为叶栅稠度，经实验得出叶片扩压器最佳稠度 $\left(\dfrac{l}{t}\right)_{\mathrm{out}} = 2.0 \sim 2.4$；$\alpha_{\mathrm{m}} = \dfrac{\alpha_{3A} + \alpha_{4A}}{2}$。

扩压器叶片数一般取 $Z_3 = 16 \sim 22$，并注意 Z_3 最好小于叶轮叶片数 Z。为避免共振，$Z_3 \neq Z/n$，n 为任意整数。和在叶轮中一样，叶片扩压器有时也采用长短叶片的结构。

（6）叶片形状。叶片中心线的形状一般是圆弧形或直线形。圆弧形叶片的设计方法与叶轮叶片相同，叶片一般由厚度为 $2 \sim 6$ mm 的钢板制成；若采用机翼形叶片，则流动损失小，变工况性能好，但加工复杂。

3. 叶片扩压器的特点

叶片扩压器的优点是扩压度大而尺寸小，另外，在设计工况下的损失比无叶扩压器小，又

流程短,因此效率高。一般在设计工况下它比无叶扩压器的效率高 $3\%\sim5\%$,当 α_2 角较小时二者的差别更大。它的缺点是,由于叶片的存在,变工况时产生冲击和分离损失,使效率下降较多;在冲角增大到一定值后,易发生强烈分离,导致压气机发生旋转脱离和喘振,出现不稳定现象。所以它使性能曲线较陡,稳定工作范围较窄。为了改变变工况的性能,有的采用叶片可加以转动调节的扩压器,但其结构复杂。另外,在马赫数较高的情况下,可能因出现冲击波而使效率明显下降。

二、出气管

在空气喷气式发动机的离心压气机上,空气从叶片式扩压器通道流出后便直接进入出气管(见图 6-37),这些出气管使空气转弯并将其引向燃烧室。此外,空气在出气管中,速度继续下降。为使气流在转折时的损失减小,在气流转弯的地方通常装有导向叶片。

为了减小损失,出气管的扩张度终止于转弯处较为合适。但是常因为尺寸上的考虑,空气一流出叶片式扩压器后就强迫开始转弯。在这种情况下,为了减少损失,在转弯部分使截面积保持不变,或甚至稍有收缩。而空气速度下降到它在出口处的数值,是在 a-4 部分进行的,这时 a-4 部分称为出气扩压管。

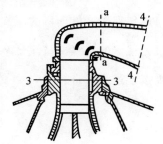

图 6-37　出气管简图

出气管内的流动损失可以按转弯部分 3-a 和出气扩压管内的损失的总和来确定,认为

$$h_f^{3-a} = \xi_{3-a} \frac{c_3^2}{2} \tag{6-71}$$

$$h_f^{a-4} = \xi_{a-4} \frac{c_4^2}{2} \tag{6-72}$$

计算时根据实验数据选取

$$\xi_{3-a} = 0.15 \sim 0.25 \quad 及 \quad \xi_{a-4} = 0.03 \sim 0.05$$

在决定压气机出气口的空气各参数时,出口处的空气速度的数值是给定的。当计算空气喷气发动机的压缩机时,一般选取 $c_4 = 100 \sim 120$ m/s。

压缩机出口处的空气温度从能量守恒方程中确定:

$$T_4 = T_3 + \frac{c_3^2 - c_4^2}{2 \frac{\kappa}{\kappa-1} R} \tag{6-73}$$

用上面所说的方法算出流动损失之后,再按热力学第一定律方程式求得出气管中空气的多变压缩指数。

在初步设计中,损失是不计算的,而是在实验数据基础上,选取多变指数

$$n = 1.8 \sim 1.9$$

出口处的空气压力是由多变方程式决定的,而密度则是由状态方程式求出的,即

$$p_4 = p_3 \left(\frac{T_4}{T_3}\right)^{\frac{n}{n-1}}, \quad \rho_4 = \frac{p_4}{RT_4}$$

相应地可以算出压气机出口处的滞止气流的温度以及总压,即

$$T_4^* = T_4 + \frac{c_4^2}{2\frac{\kappa}{\kappa-1}R}, \quad p_4^* = p_4\left(\frac{T_4^*}{T_4}\right)^{\frac{\kappa}{\kappa-1}}$$

出气管的出口总面积则由流量方程式求出，即

$$F_4 = \frac{G}{c_4\gamma_4}$$

第五节　离心压气机的气体动力计算

压气机的空气动力计算归结为确定流程部分的基本构件的主要尺寸及其安装角、压气机不同截面上的空气参数，同时也求压气机效率的大小。

为计算压气机的原始数据，可以依据计算的目的、压气机的用途及其他等等而有所不同。对燃气涡轮式发动机的压气机而言，给定的数据一般是飞行高度 H，飞行速度 c_H，系数 σ_{BX}，流过压气机的空气质量流量 G 以及压气机内的增压比 $\pi_K^* = \frac{p_K^*}{p_a^*}$。在这种情况下，气体动力的计算按下述步骤进行。

(1) 按方程式

$$T_a^* = T_H^* = T_H\left(1 + \frac{\kappa-1}{2}Ma_H^2\right) \tag{6-74}$$

$$p_a^* = \sigma_{BX}p_H^* = \sigma_{BX}p_H\left(1 + \frac{\kappa-1}{2}Ma_H^2\right)^{\frac{\kappa}{\kappa-1}} \tag{6-75}$$

决定压气机进口处的滞止气流的参数 T_a^*，p_a^*，这时，在给定的飞行高度 H 下，根据国际标准大气表求出非扰动大气内空气的压力 p_H 及温度 T_H。

根据求得的 T_a^* 值求出空气在压气机内的绝热压缩功：

$$W_a^* = \frac{\kappa}{\kappa-1}RT_a^*(\pi_K^{*\frac{\kappa-1}{\kappa}} - 1) \tag{6-76}$$

有时给定的或许不是 π_K^* 值，而是总增压比 $\pi^* = \frac{p_K^*}{p_H}$ 的值。在这种场合下，根据求得的 p_a^* 值，按方程式

$$\pi_K^* = \pi^* \frac{p_H}{p_a^*} \tag{6-77}$$

预先计算压气机内的增压比。

(2) 确定出为了获得指定的增压比而必需的圆周速度 u_2。这时要给定能量头系数 ψ_a^* 的值，对传动式离心增压器，ψ_a^* 的值一般在 $0.57 \sim 0.63$ 范围内，则

$$u_2 = \sqrt{\frac{W_a^*}{\psi_a^*}} \tag{6-78}$$

(3) 给定叶轮进口处的空气速度 $c_1 = 100 \sim 150$ m/s，求出截面 1—1 上的空气参数。这时空气的温度是由能量方程式

$$T_1 = T_a^* - \frac{c_1^2}{2\frac{\kappa}{\kappa-1}R} \tag{6-79}$$

得出。为了确定压力，必须用方程式

$$h_a^1 = \xi_{BX} \frac{c_1^2}{2} \tag{6-80}$$

算出 $a-1$（见图 $6-1$，压缩机进气道）部分的摩擦功，估计 $\xi_{BX} = 0.03 \sim 0.06$，然后按照式

$$\frac{n}{n-1} = \frac{\kappa}{\kappa-1} - \frac{h_a^1}{R(T_1 - T_a^*)} \tag{6-81}$$

确定的多变指数，求出 p_1 的值：

$$p_1 = p_a^* \left(\frac{T_1}{T_a^*} \right)^{\frac{n}{n-1}} \tag{6-82}$$

也可以给出总压力头恢复系数 $\sigma_1 = 0.97 \sim 0.99$，并用方程式

$$p_1 = \sigma_1 p_a^* \left(\frac{T_1}{T_a^*} \right)^{\frac{\kappa}{\kappa-1}} \tag{6-83}$$

来确定压力 p_1。

在截面 $1-1$ 上的空气密度可按状态方程式求出：

$$\rho_1 = \frac{p_1}{RT_1} \tag{6-84}$$

（4）给定进口轮缘上的 Ma_{w_1}（$Ma_{w_1} \leqslant Ma = 0.95 \sim 1.0$），求出空气在叶轮进口轮缘上的相对速度

$$w_1 = Ma_{w_1} a_1 = Ma_{w_1} \sqrt{\kappa RT_1} \tag{6-85}$$

之后又给定比值 $D_1/D_2 = 0.45 \sim 0.65$ 以及 $D_0/D_2 = 0.15 \sim 0.25$，并求出叶轮进口处轮缘速度 $u_1 = u_2(D_1/D_2)$。绘出空气在叶轮进口轮缘截面上的速度三角形，得出叶片的安装角、叶轮进口处的预旋以及轴向分速度。进口轮缘上的预旋 $c_{1u} \leqslant c_u = 40 \sim 50$ m/s。

再选定沿半径的预旋变化规律，并作出其他计算半径上的速度三角形，确定叶轮叶片前缘的安装角。

（5）从流量方程式求出叶轮的主要尺寸 D_2，D_1 及 D_0。由

$$F_1 = \frac{G}{c_{1a}\gamma_1} = \frac{\pi}{4}(D_1^2 - D_0^2) = \frac{\pi D_2^2}{4} \left[\left(\frac{D_1}{D_2} \right)^2 - \left(\frac{D_0}{D_2} \right)^2 \right]$$

得

$$D_2 = \sqrt{\frac{4F_1}{\pi \left[\left(\frac{D_1}{D_2} \right)^2 - \left(\frac{D_0}{D_2} \right)^2 \right]}} \tag{6-86}$$

再确定叶轮的转数：

$$n = \frac{60u_2}{\pi D_2}$$

在选定 D_1/D_2 及 D_0/D_2 的比值时，最好是以设计时作为原始样品的某压气机的相对尺寸来作初步设计。

（6）在 $Z_K = 16 \sim 30$ 之内选择叶轮的叶片数目，并按方程式

$$\mu = \frac{1}{1 + \frac{2}{3} \frac{\pi}{Z_K} \frac{1}{1-(r_m/r_2)^2}} \tag{6-87}$$

算出功率系数 μ。给定叶轮出口处的空气径向速度 c_{2r}，并作出叶轮出口处的速度三角形。通

航空叶片机原理

常取 $c_{2r} \approx c_1$。

(7) 确定叶轮出口处的空气参数。从能量守恒方程式

$$T_2 = T_1 + \left(\mu + a - \frac{\mu^2}{2}\right) \frac{u_2^2}{\frac{\kappa}{\kappa-1}R} \tag{6-88}$$

求得空气的温度 T_2，这时，对于传动式离心增压器，取圆盘摩擦因数 $a = 0.04 \sim 0.08$，而对于空气喷气式发动机的压气机，则取 $a = 0.03 \sim 0.05$。

当给出了叶轮内的多变压缩指数 $n = 1.44 \sim 1.46$ 的数值时，由多变方程式求空气的压力 p_2，而密度 ρ_2 则由状态方程来求得。

(8) 从流量方程式中求出叶轮出口处的宽度：

$$b_2 = \frac{G}{\pi D_2 c_{2r} \gamma_2} \tag{6-89}$$

(9) 给定间隙 δ 的尺寸，并且确定 $D_2' = D_2 + 2\delta$，之后由式

$$\frac{c_2'}{c_2} \approx \frac{c_{2r}'}{c_{2r}} \approx \frac{r_2}{r'} \tag{6-90}$$

$$T_2' = T_2 + \frac{c_2^2 - (c_2')^2}{2\frac{\kappa}{\kappa-1}R} \tag{6-91}$$

$$p_2' = p_2 \left(\frac{T_2'}{T_2}\right)^{\frac{n}{n-1}} \tag{6-92}$$

求出扩压器叶片部分进口截面 $2' - 2'$ 上的空气参数。无叶扩压器内的多变压缩指数在 $n = 1.8 \sim 2.0$ 的范围内选取。

速度 c_2' 的数值只能超过当地声速不太多，$Ma_{c_2'} \leqslant Ma = 1.1 \sim 1.2$，否则就必须增大直径 D_2'。在增压器上没有叶片式扩压器的情况下，可由式(6-90)~式(6-92)求出空气在无叶扩压器进口截面上的空气参数。

(10) 用第四节所述的方法绘制扩压器的叶片。这时取 $\alpha_3 = \alpha_2' + (12° \sim 18°)$。选取扩压器的叶片数目 $Z = 15 \sim 36$，并且验算叶片通道的平均扩张角的大小。希望平均扩张角小于 $\theta = 8° \sim 10°$。

(11) 给定空气在扩压器叶片部分的多变压缩指数 $n = 1.6 \sim 1.7$，并且联立求解方程式

$$\frac{c_3}{c_2'} = \frac{r_2'}{r_3} \frac{\sin\alpha_2'}{\sin\alpha_3} \left(\frac{T_2'}{T_3}\right)^{\frac{1}{n-1}} \tag{6-93}$$

$$\frac{(c_2')^2}{2} + \frac{\kappa}{\kappa-1}RT_2' = \frac{c_3^2}{2} + \frac{\kappa}{\kappa-1}RT_3 \tag{6-94}$$

得出 T_3 及 c_3，即扩压器出口处的空气的温度及速度。根据多变方程式决定压力 p_3，而空气的密度 ρ_3 则由状态方程式求得。

(12) 给定压气机出口处的速度值 $c_4 = 100 \sim 120$ m/s，并且求出压气机出口处的空气参数。这时，出气管内的多变压缩指数取为 $n = 1.8 \sim 1.9$。从流量方程式求得出气管的总面积 $F_4 = \frac{G}{c_4 \gamma_4}$。得出

$$T_4 = T_3 + \frac{c_3^2 - c_4^2}{2R\frac{\kappa}{\kappa-1}} \tag{6-95}$$

— 202 —

$$T_{\mathrm{K}}^* = T_4^* = T_4 + \frac{c_4^2}{2\frac{\kappa}{\kappa-1}R} \tag{6-96}$$

以及

$$p_4^* = p_4\left(\frac{T_4^*}{T_4}\right)^{\frac{\kappa}{\kappa-1}} \tag{6-97}$$

假如由计算结果所得到的 $p_{\mathrm{K}}^* = p_4^*$ 的值与计算开始时所给定的数值相去甚远,那么,在给定了能量头系数的新的数值后,必须重复计算。

假设计算结果 p_4^* 的值低于开始时所取的值,这就意味着空气在压气机中的增压比小于给定的值,也就是流动计算未能证实选择 ψ_{a}^* 的正确性。给定较低的 ψ_{a}^* 值后重新计算,目的是为了提高圆周速度以及增压比。

再进一步的计算按下述顺序来进行。

(13) 求出压气机所需的功率:

$$N_{\mathrm{K}} = \frac{GL}{75g} \tag{6-98}$$

式中

$$L = \frac{\kappa}{\kappa-1}R(T_{\mathrm{K}}^* - T_{\mathrm{a}}^*) \tag{6-99}$$

或

$$L = (\mu u_2^2 - c_{1u}u_{\mathrm{cp}}) + \alpha u_2^2 \tag{6-100}$$

若用两种方法确定的 L 值一致,则说明计算正确,故可用此方法来作为验算。

(14) 由已得出的计算结果,求出压气机的效率:

$$\eta_{\mathrm{K}}^* = \frac{\frac{\kappa}{\kappa-1}RT_{\mathrm{a}}^*\left[\left(\frac{p_{\mathrm{K}}^*}{p_{\mathrm{a}}^*}\right)^{\frac{\kappa-1}{\kappa}} - 1\right]}{\frac{\kappa}{\kappa-1}R(T_{\mathrm{K}}^* - T_{\mathrm{a}}^*)} \tag{6-101}$$

在进行压气机的精确计算时,算出流动损失的大小,以代替在每一段中要给出空气的多变压缩指数 n。

上述的气体动力计算的步骤还不能保证给出压气机流程部分的最有利的形状,因此在设计压气机时,最好是变动速度值以及几何尺寸的大小,以便进行一系列的不同方案的计算。将获得的结果加以比较后,就可以采用能保证得到最高的压气机效率的计算数据作为设计的基础。

第六节　斜流压气机

目前斜流式压气机应用日益广泛。它的流量使用范围介于离心式压气机和轴流式压气机之间。此外,为了缩小尺寸,多级轴流压气机的最后级也有采用混流压气机级的,1 级斜流式大致可代替 4 级轴流式。

图 6-38 为斜流式叶轮的纵剖面简图,一般气流轴向进入叶轮。气流在叶轮中的流动方向与轴线成某一角度,因此在叶轮出口气流除了具有切向速度和径向速度外,还有轴向速度。斜

流式叶轮中气体的流动是三维的,图6-39示出了叶轮出口的速度三角形。叶轮进口速度三角形,与带导风轮的半开式叶轮的相同,如图6-40所示。

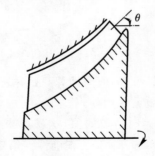

图6-38　混流式叶轮纵剖面简图

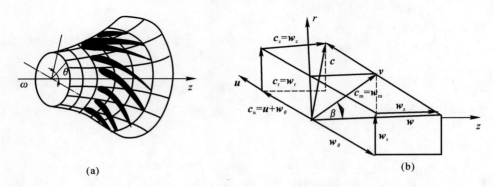

(a)

(b)

图6-39　混流式叶轮出口速度三角形
(a) 回转面;(b) 气流速度三角形

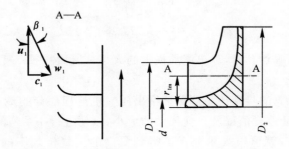

图6-40　导风轮进口速度三角形

斜流式叶轮是从带导风轮的离心式叶轮发展而来的,除了具有下列特点外,与带导风轮离心式叶轮无多大差别。

(1) 流量较大。

(2) 气流在叶道内流动没有明显的转弯、比较光滑,流动性能好。

(3) 叶道内气流速度梯度一般比较小,故能量损失也就比较小。

与径向进口的离心式叶轮比较:斜流式叶轮叶型的每个基元切面,是近于径向或径向成型的,因而在高圆周速度下具有较高的强度。这不但使一个级得到较高的压力,而且还可以使叶轮进口高度设计得较大,也即有较大的迎风面积。

如图 6-41 所示,斜流式叶轮的主要尺寸比为

$$D_{1t}/D_{1b} = 2.2 \sim 3.0$$
$$D_{2b}/D_{1b} = 3.0 \sim 4.0$$
$$D_{2b}/K = 2.0 \sim 3.0$$
$$D_{1t}/D_{2b} = 0.73 \sim 0.75$$
$$\theta = 30° \sim 60°$$

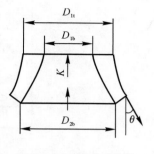

图 6-41 混流式叶轮

叶轮设计原则上要使速度比 w_1/w_2 尽量小。正因为这样,叶轮出口相对速度一般就比较大,故必须注意设计高效率的扩压器。此外,由于叶道不转弯,故进口部分相对速度的减慢程度允许略快一点,可与出口部分相同。

对于斜流式压气机级的实验表明:它有着较好的性能。文献[7]介绍了两种斜流式级的实验结果。实验级由斜流式叶轮和无叶扩压器组成。两个模型级的设计参数列于表 6-1 中。

表 6-1 两个斜流式模型级的设计参数

设计参数	MF-1A	MF-2A
叶轮出口中线处半径 /mm	177.8	177.8
叶轮出口线处圆周速度 /(m·s⁻¹)	427	427
设计质量流量 /(kg·s⁻¹)	6.8	5.77
轴向进口速度 /(m·s⁻¹)	167	131
叶轮进口平均半径处的相对速度 /(m·s⁻¹)	257	235

图 6-42 表示具有模型叶轮 MF_1-1A 的斜流式级性能曲线。这个级在总增压比为 4 时,级的绝热效率为 0.83。图 6-43 表示具有模型叶轮 MF_1-2A 的斜流式级性能曲线。这个级在总增压比为 3.93 时,级的绝热效率为 0.79。

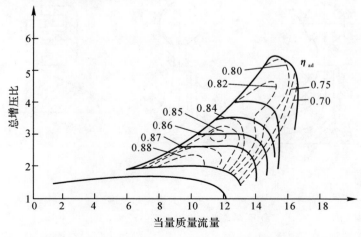

图 6-42 具有模型叶轮 MF_1-1A 的混流式级性能曲线

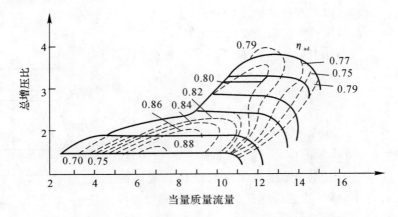

图 6-43　具有模型叶轮 MF_1-2A 的混流式级性能曲线

第七节　径流式涡轮

　　径流式涡轮适用于航空航天动力系统和其他需要紧凑动力源的系统中。它具有高效率、易于制造及结构结实、可靠等许多理想的特点。虽然前面所述的轴流式涡轮的基本工作原理同样适用于径流式涡轮,但由于两者结构形式上的显著差别,使径流式涡轮有些不同的工作特点,必须加以注意。

　　径流式涡轮分为向心式和离心式两种。向心式涡轮又可分为径-轴流式[见图 6-44(a)]和径向式[见图 6-44(b)]两种。径-轴流式应用最广泛,它和径向式相比,在相同的径向尺寸情况下,功率比较大。在内燃机的增压器中常常可以看到应用径-轴流式涡轮。径向式涡轮在制冷装置的涡轮膨胀机中有相当广的应用。离心式涡轮[见图 6-44(c)]应用较少。

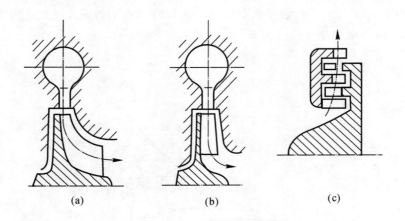

图 6-44　径流式涡轮示意图
(a)径-轴流式;(b)径向式;(c)离心式

　　本节主要叙述径-轴流式涡轮的工作特点,所以下面所提到的径流式涡轮实际上都是就径-轴流式涡轮而言的。我们将简要叙述这种涡轮的工作过程及其与轴流式涡轮相比较所具有的特征。

径流式涡轮由于实现多级结构困难较大,因此目前通常只做成单级的。图6-45所示为典型的径流式涡轮简图,图6-46是该涡轮级的速度三角形。气流沿垂直于转子轴线的平面进入静子,而沿转子轴线方向离开转子,气流在相对长而窄的转子通道中转弯。在轴流式涡轮中,叶片的展弦比,即叶片高度与弦长之比在 $1 \sim 8$ 之间,而径流式涡轮动叶和静叶的展弦比通常为 $0.1 \sim 0.5$。

静子进口通常采用环形进气管或螺旋形的蜗壳。图 6-45 所示的是一种蜗壳进气的结构。气流在进入静叶之前有相当大的预旋,这就使静叶只需稍带一点弯度或无弯度。这种结构的径流式涡轮外径比转子直径大得多。

在动叶进口处,相对于动叶的切向分速 w_{1u} 很小或为零。动叶进口段通常是径向的,一般有很大的载荷,因为角动量 $c_u r$ 在这里是随半径的平方变化的,当 $w_{1u} = 0$ 时,$c_u = u \propto r$,所以 $c_u r \propto r^2$。在转子出口处,叶片弯曲,使气流转弯,以使气流出口绝对速度的方向接近轴向。

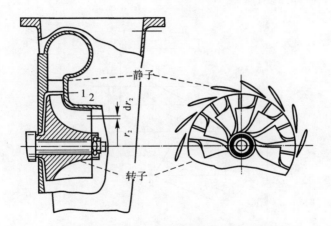

图 6-45　径流式涡轮的静子和转子

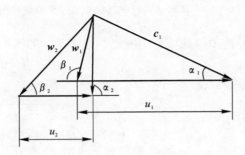

图 6-46　径流式涡轮级的速度三角形

从图6-45中也可以看到径流式涡轮静子通常采用低稠度和低展弦比。图中所示的涡轮,在转子长叶片之间有短叶片(或称为分隔叶片),短叶片用在气流通道的径向进口段,以减小叶片载荷。

　　因沿流线方向转子半径的变化,径向式涡轮与轴流式涡轮的膨胀过程有很大的不同,图6-47画出了径流式涡轮中气流膨胀过程的焓熵图。由相对坐标系下的热焓形式的能量方程式

$$h_{1w}^* - h_{2w}^* = \left(h_1 + \frac{w_1^2}{2}\right) - \left(h_2 + \frac{w_2^2}{2}\right) = \frac{u_1^2 - u_2^2}{2} \qquad (6-102)$$

可见,随着半径的减小,圆周速度 u 减小,相对总焓是减小的,而径流式涡轮中的膨胀过程正是这样的。由图6-47可知,相对总压也相应减小了。而在轴流式涡轮中, $h_{1w}^* = h_{2w}^*$, p_{1w}^* 与 p_{2w}^* 间的差值仅仅是由转子中的流动损失引起的,所以 p_{2w}^* 等压线只稍低于 p_{1w}^* 等压线。在径流式涡轮中(见图6-47),由于转子损失和半径改变这两个原因,使等 p_{2w}^* 线远低于等 p_{1w}^* 线,因此,从相同的转子进口总压 p_{1w}^* 膨胀到相同的出口静压 p_2,径流式涡轮就比轴流式涡轮有较低的转子出口相对速度 w_2(即等 p_{2w}^* 线与等 p_2 线间有较小的垂直距离)。因为转子通道中的流体摩擦损失几乎是和气流相对速度的平方成比例变化的,所以低的气流速度显然对效率是有利的。由上面的分析可见,在给定的总增压比条件下,可以使用较低的气流速度,以提高效率,这是径流式涡轮的一个独特的优点。

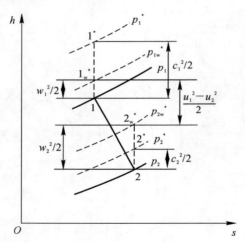

图6-47　径流式涡轮中气流膨胀过程的焓熵图

　　下面简单分析一下动叶进出口截面处的气流参数情况。如图6-48所示,静叶出口气流速度 c_1 的大小为

$$c_{1ad} = \sqrt{2(h_0^* - h_{1ad})} = \sqrt{2c_p'(T_0^* - T_{1ad})} =$$

$$\sqrt{2\frac{\kappa'}{\kappa'-1}R'T_0^*\left(1 - \frac{T_{1ad}}{T_0^*}\right)} = \sqrt{2\frac{\kappa'}{\kappa'-1}R'T_0^*\left[1 - \left(\frac{p_1}{p_0^*}\right)^{\frac{\kappa'-1}{\kappa'}}\right]} \qquad (6-103)$$

速度损失系数 φ 取 $0.93 \sim 0.95$。经实验和分析表明:气流进入动叶时稍有一点攻角就可以提供最佳的流动条件,所以动叶进口截面上的速度三角形一般设计成如图6-46所示的那样。当进口气流角 β_1 不等于90°时,攻角 $i = \beta_1 - 90°$。

　　一般认为,在动叶进口截面上的气流参数是均匀分布的,但动叶出口截面上的气流参数不能认为是均匀分布的。如图6-45所示,在动叶出口处,气流流线是在不同的出口半径上离开动叶的,不同的半径对应不同的圆周速度 u_2,因此气流参数随半径 r_2 而变化。

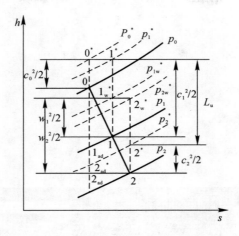

图 6-48　涡轮基元级中气体膨胀过程的 $h-s$ 图

为了减小动叶出口的气流能量损失，气流沿半径均采用轴向排气（$c_{2u}=0$），绝对速度 c_2 与涡轮轴线平行，这样出口截面上的气流静压沿半径均匀分布，且等于排气压力 p_2，因此动叶进出口截面各流线上的等熵静焓将是相同的。但不同半径上各流线 u_2 不同，相对速度 w_2 不同，温度 T_2 不同。所以如图 6-47 所示的焓熵图和如图 6-46 所示的出口速度三角形，实际上都只是相应于出口截面某一半径 r_2 的流线画出的，这一点是应该加以注意的。

在考虑了上述气流流动特点之后，径流式涡轮与轴流式涡轮的计算方法是大致相同的，这里不作深入介绍，有兴趣的读者可以进一步阅读有关的参考文献。

第八节　离心压气机扩稳技术

与轴流压气机类似，离心压气机在恶劣的非设计工况下，例如失速工况、喘振工况，压气机内部会出现不稳定流动，此时压气机性能降低且产生强烈的振动，严重时会使压气机叶片断裂。另外，诸多研究表明：叶尖区域的不稳定流动是诱发离心压气机失速、喘振的主要因素之一，因此为了提高离心压气机的气动稳定性，需采用一些措施来改善叶尖区域的流场。目前，离心压气机的扩稳措施主要有机匣处理、进口喷气处理、放气处理及可调进口导叶等。

一、机匣处理

目前离心压气机的机匣处理形式主要有进口环槽机匣处理、J 槽机匣处理、周向槽机匣处理、凹槽导流片式机匣处理、梯状间隙机匣处理等几种形式。

1. 进口环槽机匣处理

该种典型的机匣处理结构如图 6-49 所示，相关研究表明：这种机匣处理结构能改善小流量时的叶尖流场，使不稳定工作的流量系数减小，进而增加了喘振裕度，研究指出采用环槽机匣后，间隙泄漏流和叶尖附近的逆流都被吸进环槽里，不稳定流得到了抑制，从而延迟了压气机失速的发生。

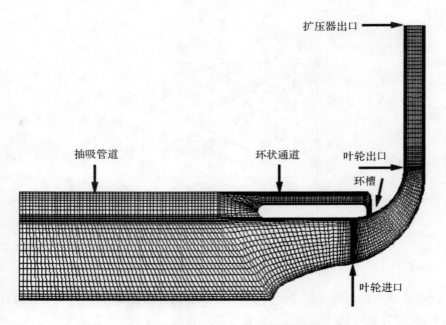

图 6-49　压气机叶轮进口环状槽机匣处理结构图

2. J 槽机匣处理

这种机匣处理结构主要用来抑制无叶、叶片扩压器里的旋转失速。应用在叶片扩压器的典型 J 槽机匣处理结构如图 6-50 所示。相关研究表明:这种机匣处理结构可扩大压气机的稳定工作范围。

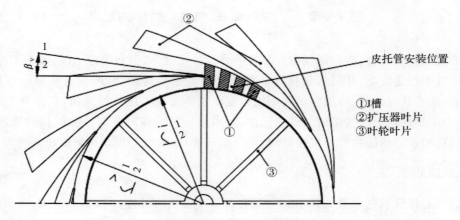

图 6-50　J 槽结构示意图

r_i— 叶轮出口半径;r_V— 扩压器叶片进口半径;β_V— 扩压器叶片几何进口角。

3. 周向槽机匣处理

周向槽机匣处理结构可在提高轴流压气机稳定工作范围的同时,基本不降低或略微降低压气机的效率,但是该形式机匣处理结构在离心压气机上的应用很少,图 6-52 给出了在 NASA 低速离心压气机 LSCC 上设计的周向槽机匣结构示意图,同时图 6-51 也给出了实壁机匣情况下的离心叶轮结构图,研究表明:周向槽机匣处理确实可以扩大该离心叶轮转子的稳定裕度,但同时该叶轮效率有所降低。

图 6-51　实壁机匣的叶轮

图 6-52　带周向槽机匣处理的叶轮

4.凹槽导流片式机匣处理

20 世纪 90 年代以来,*Cranfield* 技术研究院设计了一种"空气分流器式"机匣处理结构,可使低速轴流风扇的效率和失速裕度都有改善。但在离心压气机上该机匣处理结构的研究很少,图 6-53 给出了 *KRAIN* 叶轮结构示意图,同时图 6-54 给出了"凹槽导流片式"机匣结构示意图。

图 6-53　KRAIN 叶轮结构示意图

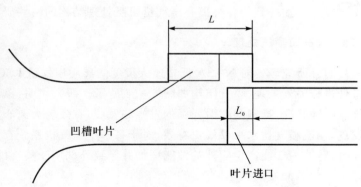

凹槽叶片

叶片进口

图 6-54　凹槽导流叶片式机匣处理结构简图

L— 机匣处理长度;　L_0— 机匣处理与叶顶轴向的重叠长度

该机匣结构的容腔进行分段设计,内置导流叶片和空腔。其设计思路是引导转子叶片尖部气流的走向,以改变转子叶片尖部进口截面的气流冲角,推迟叶背气流的分离,延缓失速,减少端部的流动损失。

5.梯状间隙机匣处理

国内外许多学者研究了叶片顶部间隙大小以及梯状间隙结构对压气机的影响。研究表明：该叶顶间隙结构能够有效地减小顶部区域堵塞团的负面影响，从而提高压气机的压比和稳定工作范围，同时会降低叶轮效率。图6-55给出了在高速离心KRAIN叶轮上的几种梯状间隙机匣处理结构，图6-55中转子叶片尖部间隙的径向变化主要由特征尺寸Y_1，Y_2决定，而轴向变化由特征尺寸X_1，X_2，X_3决定。研究表明：合理的梯状间隙机匣处理结构可以提高离心压气机的稳定工作范围。

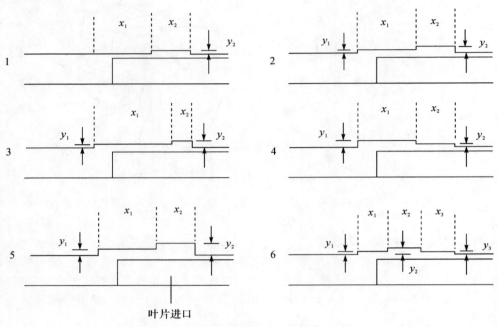

叶片进口

图6-55　6种不同的梯状间隙结构示意图

关于上述提到的各种离心压气机机匣处理结构的一些研究结果详见附录六。

二、进口喷气处理

国外研究者曾对NASA低转速大尺度的离心压气机LSCC和高转速的KRAIN叶轮的进口处进行喷气处理，喷气结构如图6-56所示。研究表明：该举措可有效改善叶轮叶顶区域的气流流动状况，抑制间隙泄漏涡的发生和发展，有效增大离心压气机的稳定工作范围。研究还发现，偏航喷气比水平喷气更有效，对于每一个压气机系统存在最佳偏航角，如图6-57所示。同时，脉冲喷气能产生额外的性能增加并导致外部用于喷气的空气量的减少，且高频脉冲喷气好于低频脉冲喷气。

三、放气处理

在某离心压气机的研究中表明：在合适的机匣位置放气可以增加压气机的稳定工作范围。放气缝从压气机机匣内表面延伸到二次进口空腔。该空腔是一个环形室，它环绕着叶轮的主进气通道（见图6-58）。在喘振时，叶片机匣内静压高于二次进口的静压，允许放气流排出并阻止喘振发生。在阻塞情况下，叶片机匣内静压小于进口静压，这就允许额外的流量进入叶轮，增加阻塞流量。图6-58给出了流动方向。

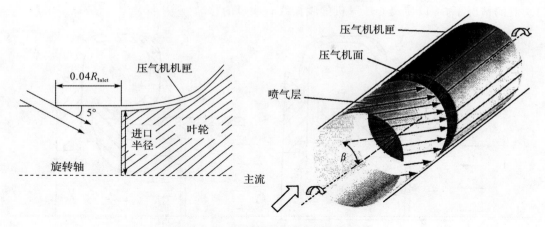

图 6-56　叶轮进口处喷气结构图

R_{inlet}—进口半径；β—偏航角

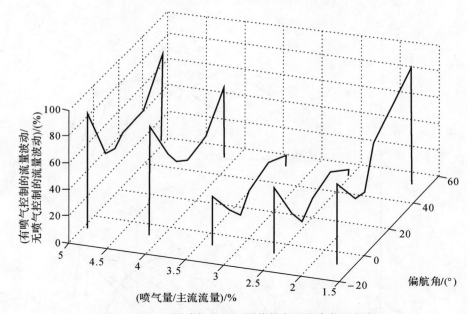

图 6-57　不同喷气量和不同偏斜角下的参数研究图

图 6-59 给出了有无放气处理的涡轮增压器压气机特性曲线图，从图中可以看到，在50 000 ～ 70 000 r/min 之间，喘振流量减少 28% ～ 31%。图上有一个代表发动机工作包线的阴影线四边形。应该注意，如虚线所画的标准压气机特性曲线图所示，在小流量下，发动机的工作将迫使压气机进入喘振状态。

四、可调进口导叶

可调进口导叶可用于鼓风机的离心压气机，电站的燃气轮机，推进汽车的燃气涡轮发动机上，主要用途是作为功率调节，倒并不是为了改善喘振线。然而，相关试验数据表明：在带有进口预旋的情况下,可以使离心压气机的喘振线有明显的移动。

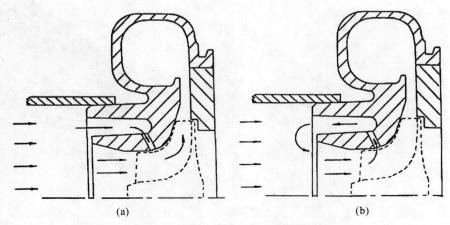

图 6-58 放气处理结构及原理示意图

(a)阻塞时的气流方向; (b)喘振时的气流方向

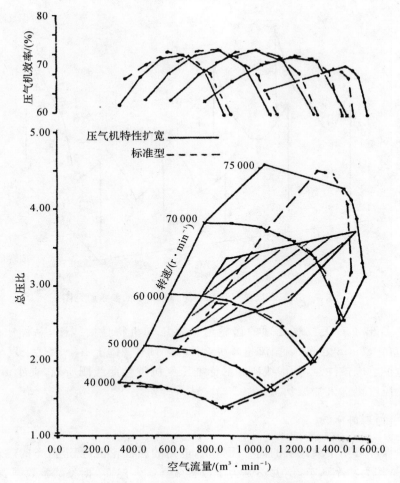

图 6-59 有无放气处理的压气机特性曲线图

对于离心压气机,导叶可被放在压气机进口的径向和轴向位置。在径向结构中,导叶在径向进气道的平行壁之间(见图 6-60)。气流离开导叶,流经 90° 弯道,以轴向进入叶轮。在轴流结构中,导叶位于转子前的进气道中。相关研究结果表明:轴向布置对压气机性能较好,效率提高了 1% ~ 3%。图 6-61 给出了可调进口导叶角度从 0° 变化到 60°,正预旋对某离心压气机性能的影响。当转速由 50% 增大到 70% 时,喘振线的左移程度逐渐增大。

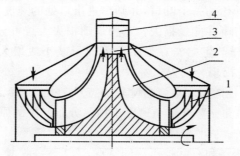

图 6-60　带进口导叶的离心压气机原理图
1—进口导流片;　2—动叶轮;　3—无叶扩压器;　4—叶片扩压器

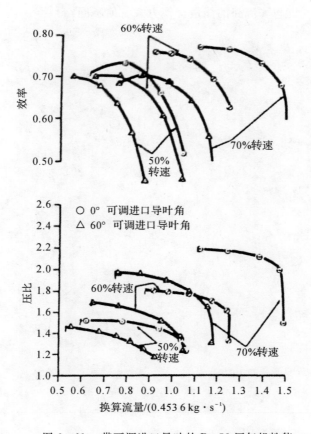

图 6-61　带可调进口导叶的 B-52 压气机性能

思考与练习题

6-1　离心压气机有哪些部件？它们各有何作用？

6-2　离心式压气机和轴流式压气机的工作原理有什么不同？

6-3　示意画出离心叶轮的一个叶道，并画出进出口处的速度三角形。

6-4　离心压气机内有哪些能量损失？其中流动损失大致可分为哪几种？

6-5　分离损失是怎样产生的？在变工况下流量减小或增大时，分离损失产生在何部位？在流道设计中如何防止出现分离损失？

6-6　试比较后弯型、径向型和前弯型叶轮的特点。

6-7　试说明后弯叶道和前弯叶道中速度不均匀分布产生的原因。哪种叶道中的速度分布更加不均匀？为什么？

6-8　试比较无叶扩压器和有叶扩压器的特点。

6-9　示意画出离心压气机的特征曲线，并标出级的稳定工况范围。

6-10　漏气损失是怎样产生的？简述梳齿密封的工作原理。

6-11　涡轮和压气机与气流间的能量交换方式有何不同？

附录　航空叶片机内部流动控制技术的一些研究结果

附录一　端壁造型流动控制技术的一些研究结果

一、多工况兼容性非轴对称端壁优化造型技术

1. 高负荷轴流压气机简介

所用研究对象为一高负荷大尺度轴流压气机叶栅。叶栅基元、三维如图 F1-1 所示。叶栅基元为双圆弧叶型,参照 NASA-SP-0036 中给出的设计方法,采用去预旋设计。叶栅稠度大于 2,扩散因子(DF)约为 0.5,且在设计状态下拥有厚度超过 10％叶高(span)的端壁附面层。图中 c_a 指轴向弦长,s 为栅距。

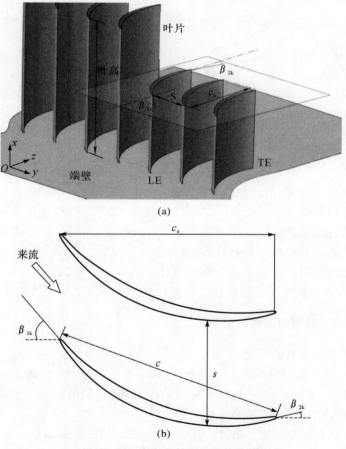

(a)

(b)

图 F1-1　高负荷轴流压气机叶栅

(a)三维视图;　(b)基元叶型

2. 端壁型面参数化方法

图 F1－2 给出了端壁型面参数化方法。端壁面为 6 条 Bezier 曲线（红线，$c_1 \sim c_6$）构成的 loft 曲面，在周向均布且平行于叶型中弧线；每条曲线共由 9 点控制，两端 4 点（b_{i1}、b_{i2}、b_{i8}、b_{i9}，标示为蓝色）为固定节点，保证造型端壁与上下游端壁一阶连续；中间 5 点（$b_{i3} \sim b_{i7}$，标示为白色）为自由节点，可沿叶高方向变动±2.5％。因此，端壁造型面实际由 30 个自由变量控制。图中蓝色线是过 9 个点的折线。

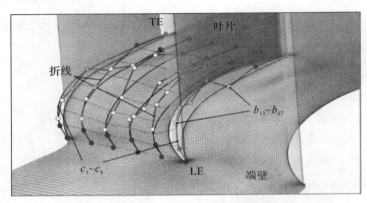

图 F1－2　端壁型面参数化方法

3. 数值优化方法

采取多目标优化法进行端壁造型。优化目标为设计点与近失速点（与设计点具有相同进口附面层，但进口攻角为＋7°）下的总压损失，优化进程结合由神经网络拟合生成代理模型，采取 NSGA－Ⅱ算法。

图 F1－3 给出了优化过程。L_{out} 为全局总压损失，NS 为近失速点，DP 为设计点。定义 $L_{out} = \dfrac{p_{t\,in} - p_{t\,out}}{(p_t - p)_{in}}$，式中 p_t 为总压，p 为静压，in 为进口，out 为出口。图中黑点为初始数据库，蓝色空心三角代表优化中间解；优化进程大致在进展 45 步后收敛，最后 5 步结果用紫色点标注；另外，图中大致用草绿色虚线给出了"帕雷托"前缘，其分布大致呈现 90°角，因此说明端壁造型基本可以在设计点改善性能的同时改善非设计点性能，最多在部分机理上有所冲突，这一点将在之后端壁流动控制机理分析时具体探讨。

图 F1－3 中在"帕雷托"前缘附近选择 5 点（编号 1～5）进行观测，其中 1、2 点较好地改善了设计点性能，4、5 点较好改善了近失速点性能，3 点则兼容了设计点与近失速点的性能。

二、非轴对称端壁造型的流动控制原理

1. 近端壁区动量方程的推导

图 F1－4 给出了非轴对称端壁的一个微元面，ε、ξ、η 是对应的贴体正交曲线坐标系（η 为垂直端面的坐标轴）。下面就以此坐标系与微元作为基础，利用端壁流动的特点对三维黏性 N－S方程进行简化，建立近端壁区的动量控制方程。

三维黏性 N－S 方程的微分形式。忽略体积力时，三维黏流动量方程表达如下：

$$\frac{\partial V}{\partial t} + (V \cdot \nabla)V = -\frac{1}{\rho} \nabla p + \frac{1}{\rho} \nabla \cdot \bar{\bar{\tau}} \qquad (F1-1)$$

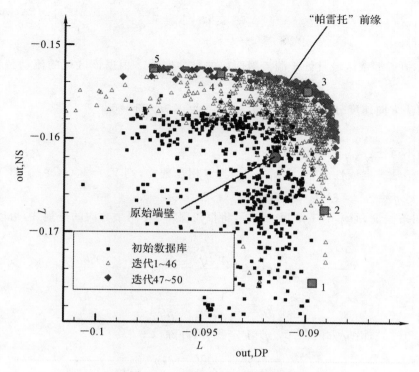

图 F1-3　多目标优化造型结果

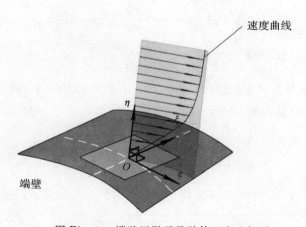

图 F1-4　端壁区微元及贴体正交坐标系

对于大多数非轴对称端壁造型而言,由于要保证端壁面的光滑,端壁翘曲程度很小。这使得贴体坐标系 ε、ξ、η 在局部非常接近笛卡尔坐标系。因此在贴体坐标系中,三维 N-S 方程应具有与笛卡尔坐标系中相同的形式,现给出其 ε 方向的分量,其中黏性项已经借助牛顿流体的本构关系式展开:

$$V_{\varepsilon}\frac{\partial V_{\varepsilon}}{\partial \varepsilon}+V_{\xi}\frac{\partial V_{\varepsilon}}{\partial \xi}+V_{\eta}\frac{\partial V_{\varepsilon}}{\partial \eta}=-\frac{1}{\rho}\frac{\partial p}{\partial \varepsilon}+\frac{1}{\rho}\frac{\partial}{\partial \varepsilon}\left(2\mu\frac{\partial V_{\varepsilon}}{\partial \varepsilon}-\frac{2}{3}\mu\ \boldsymbol{\nabla}\cdot\boldsymbol{V}\right)+$$

$$\frac{1}{\rho}\frac{\partial}{\partial \xi}\left[\mu\left(\frac{\partial V_\xi}{\partial \varepsilon}+\frac{\partial V_\varepsilon}{\partial \xi}\right)\right]+\frac{1}{\rho}\frac{\partial}{\partial \eta}\left[\mu\left(\frac{\partial V_\varepsilon}{\partial \eta}+\frac{\partial V_\eta}{\partial \varepsilon}\right)\right]$$

$$(F1-2)$$

由于微元迫近端壁区域且处于湍流附面层的黏性底层。根据该区域的流动特性,可以引入四条假设:

(1) 壁面法方向速度分量及压力梯度为 0:$V_\eta=0$,$\partial p/\partial \eta=0$。

(2) μ 为常量。

(3) 流动不可压:ρ 为一常量,且 $\mathbf{\nabla}\cdot \mathbf{V}=0$。

(4) 速度沿法方向线性分布:设 k_1、k_2 均与 η 相互独立,则 $V_\varepsilon=k_1(\varepsilon,\ \xi)\ \eta$ 且 $V_\xi=k_2(\varepsilon,\ \xi)\eta$;也即 $\partial V_\varepsilon/\partial \eta=k_1(\varepsilon,\ \xi)$ 且 $\partial V_\xi/\partial \eta=k_2(\varepsilon,\xi)$。

运用这四条假设,原本的三维 N-S 方程将仅仅保留 ε,ξ 两个方向的分量式,可以化为如下形式:

$$\left.\begin{array}{l}\left(k_1\dfrac{\partial k_1}{\partial \varepsilon}+k_2\dfrac{\partial k_1}{\partial \xi}\right)\eta^2=-\dfrac{1}{\rho}\dfrac{\partial p}{\partial \varepsilon}+\dfrac{1}{\rho}\mu\left(\dfrac{\partial^2 k_1}{\partial \varepsilon^2}+\dfrac{\partial^2 k_1}{\partial \xi^2}\right)\eta \\[3mm] \left(k_1\dfrac{\partial k_2}{\partial \varepsilon}+k_2\dfrac{\partial k_2}{\partial \xi}\right)\eta^2=-\dfrac{1}{\rho}\dfrac{\partial p}{\partial \xi}+\dfrac{1}{\rho}\mu\left(\dfrac{\partial^2 k_2}{\partial \varepsilon^2}+\dfrac{\partial^2 k_2}{\partial \xi^2}\right)\eta\end{array}\right\}$$

$$(F1-3)$$

对于式(F1-3),沿 η 方向在 $(0,\ \eta)$ 上定积分,并除以 η。令

$$\bar{V}_\varepsilon=k_1\eta/\sqrt{3},\quad \bar{V}_\xi=k_2\eta/\sqrt{3} \tag{F1-4}$$

由此可以得到

$$\left.\begin{array}{l}\bar{V}_\varepsilon\dfrac{\partial \bar{V}_\varepsilon}{\partial \varepsilon}+\bar{V}_\xi\dfrac{\partial \bar{V}_\varepsilon}{\partial \xi}=-\dfrac{1}{\rho}\dfrac{\partial p}{\partial \varepsilon}+\dfrac{\sqrt{3}}{2\rho}\mu\Delta\bar{V}_\varepsilon \\[3mm] \bar{V}_\varepsilon\dfrac{\partial \bar{V}_\xi}{\partial \varepsilon}+\bar{V}_\xi\dfrac{\partial \bar{V}_\xi}{\partial \xi}=-\dfrac{1}{\rho}\dfrac{\partial p}{\partial \xi}+\dfrac{\sqrt{3}}{2\rho}\mu\Delta\bar{V}_\xi\end{array}\right\}$$

$$(F1-5)$$

这时可以发现,经过对变量 η 的积分-平均计算,方程组已经完全转化为二维方程组。为简便起见,可以合写为矢量方程(为方便起见,将变量上方代表积分平均的符号"‾"统一除去):

$$\mathbf{V}\cdot\mathbf{\nabla}\cdot\mathbf{V}=-\frac{1}{\rho}\mathbf{\nabla}p+\frac{\sqrt{3}}{2}\frac{\mu}{\rho}\mathbf{\nabla}^2\mathbf{V} \tag{F1-6}$$

只是必须注意,式(F1-6)中所有变量均为 η 方向的积分平均结果;各个算符均为 ε,ξ 两个方向的二维算符。

式(F1-6)即为近端壁区域的动量方程。非常有趣的是,在边界层区,垂直于壁面法向的黏性剪切应力本应对当地流动具有绝对主导的影响力;但二维化的动量方程在形式上却与欧拉方程极为相像,根本看不到该黏性项的影响。这主要是源于黏性底层速度分布的线性假设。因此,上述方程仅成立于黏性底层区,在对精度要求不太高的场合也可延拓至湍流边界层的混合区或对数区下层。

2. 非轴对称端壁的控制方程 —— 速度场修正方程

由于非轴对称端壁翘曲程度一般很小,且上述推导中的微元位于临近端壁的薄层区域,因此可以假设造型前后的端壁区流动均满足动量方程式(F1-6),这样得到方程组:

$$\left.\begin{array}{l} \boldsymbol{V}_{\text{ori}} \cdot \boldsymbol{\nabla}\boldsymbol{V}_{\text{ori}} = -\dfrac{1}{\rho}\ \boldsymbol{\nabla}p_{\text{ori}} + \dfrac{\sqrt{3}}{2}\ \dfrac{\mu}{\rho}\ \boldsymbol{\nabla}^2\boldsymbol{V}_{\text{ori}} \qquad \text{未造型} \\[4mm] \boldsymbol{V}_{\text{pew}} \cdot \boldsymbol{\nabla}\boldsymbol{V}_{\text{pew}} = -\dfrac{1}{\rho}\ \boldsymbol{\nabla}p_{\text{pew}} + \dfrac{\sqrt{3}}{2}\ \dfrac{\mu}{\rho}\ \boldsymbol{\nabla}^2\boldsymbol{V}_{\text{pew}} \qquad \text{造型后} \end{array}\right\} \qquad (\text{F1}-6*)$$

下标"ori"与"pew"分别对应未造型与非轴对称端壁造型后的变量。将造型前后的端壁区控制方程作差,用下标"corr"表示造型后变量与造型前变量的差值,得到

$$\boldsymbol{V}_{\text{ori}} \cdot \boldsymbol{\nabla}\boldsymbol{V}_{\text{corr}} + \boldsymbol{V}_{\text{corr}} \cdot \boldsymbol{\nabla}\boldsymbol{V}_{\text{pew}} = -\frac{1}{\rho}\ \boldsymbol{\nabla}p_{\text{corr}} + \frac{\sqrt{3}}{2}\ \frac{\mu}{\rho}\ \boldsymbol{\nabla}^2\boldsymbol{V}_{\text{corr}} \qquad (\text{F1}-7)$$

众所周知,非轴对称端壁造型的作用在于重新组织端壁流动。因此相当于在原始(ori)的端壁速度上附加"修正(corr)"作用,将端壁速度修正为端壁造型后对应的结果($\boldsymbol{V}_{\text{pew}}$),以期待提升压气机性能。因此上述方程给出了端壁造型修正端壁区流动的方式,不同的端壁造型会通过加给原端壁流动($\boldsymbol{V}_{\text{ori}}$)不同的修正量($\boldsymbol{V}_{\text{corr}}$)从而得到不同的优化后端壁流场($\boldsymbol{V}_{\text{pew}}$),因此这里将方程式(F1-7)称为"速度场修正方程",这也是非轴对称端壁的控制方程。

3.速度场修正方程的物理意义

为辨明式(F1-7)的物理意义,对造型前后叶栅流动进行了一些前期的数值研究。发现对与大多数端壁造型而言,$\boldsymbol{V}_{\text{corr}}$相比于$\boldsymbol{V}_{\text{ori}}$为小量,但$\boldsymbol{W}_{\text{corr}}$与$\boldsymbol{W}_{\text{pew}}$在量级上相当;忽略仅剩的一项黏性项后,就可以对式(F1-7)进一步简化,得到

$$\boldsymbol{V}_{\text{ori}} \cdot \boldsymbol{\nabla}\boldsymbol{V}_{\text{corr}} \approx -\frac{1}{\rho}\ \boldsymbol{\nabla}p_{\text{corr}} \qquad (\text{F1}-8\text{a})$$

可以发现,方程左端在形式上恰好是$\boldsymbol{V}_{\text{corr}}$的迁移导数(在定常假设下等同于全导数,即加速度项)。只是不同于普通的速度导数,这时负责迁移的并非$\boldsymbol{V}_{\text{corr}}$本身,而是原速度场$\boldsymbol{V}_{\text{ori}}$。右端的修正压力梯度则扮演了驱动力。至此,可以对式(F1-8a)的物理意义进行说明:

非轴对称端壁造型原理的传统解释即通过构造端壁区域的起伏,迫使主流在对应区域的流线束发生扩张或收缩,主流在局部的流速、静压会依照伯努利方程的约束发生改变;又由于近端壁区,静压在端面法线方向上几乎维持不变,主流的静压变化将会直接作用于端壁附面层内的流动。

式(F1-8a)则进一步给出了定量关系。非轴对称端壁造型引发的修正压力梯度($-\boldsymbol{\nabla}p_{\text{corr}}/\rho$)作为驱动力,引发加速度,对流场进行修正。只不过加速度项同时会受到原流场影响,以$\boldsymbol{V}_{\text{ori}}$作为一种"中介"将修正加入到端壁流动中去。

在一些特殊端壁区域,叶栅受到非轴对称端壁作用之后,$\boldsymbol{V}_{\text{corr}}$在量级上大于$\boldsymbol{V}_{\text{ori}}$(例如非轴对称端壁消除堆积于端壁面的低能流,$\boldsymbol{V}_{\text{ori}}$接近0,而$\boldsymbol{V}_{\text{corr}}$量级则等同于正常的端壁流动)。这时有$\boldsymbol{V}_{\text{corr}} \approx \boldsymbol{V}_{\text{pew}}$,代入式(F1-7)得到

$$\boldsymbol{V}_{\text{corr}} \cdot \boldsymbol{\nabla}\boldsymbol{V}_{\text{corr}} \approx -\frac{1}{\rho}\ \boldsymbol{\nabla}p_{\text{corr}} \qquad (\text{F1}-8\text{b})$$

这时,修正速度$\boldsymbol{V}_{\text{corr}}$仿佛拥有真实物理场一般,方程左端完全成为$\boldsymbol{V}_{\text{corr}}$的迁移导数。这时($-\boldsymbol{\nabla}p_{\text{corr}}/\rho$)对流场的作用方式有所不同,修正速度不再需要依靠原速度场的影响加载到端壁区。图F1-5对比地给出了这两种情况下,非轴对称端壁影响端壁流动的示意图:前者的修正速度沿原速度的流线加载到端壁区流场上,后者则是沿修正速度自身的流线加载到流场上。

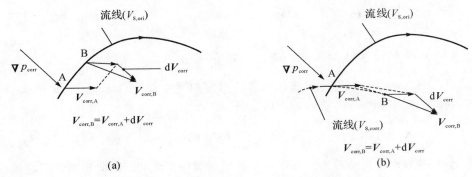

图 F1 - 5   非轴对称端壁对速度场的修正作用

(a)V_{corr} 相比于 V_{ori} 为小量,对应于式(F1 - 8a);   (b)V_{ori} 相比于 V_{corr} 为小量,对应于式(F1 - 8b)

对于具体的流场,非轴对称端壁造型引发的修正量以何种形式作用于流场并不确定。但是有一点应该明确,无论 V_{corr} 是否在量级上大于 V_{ori},修正压力梯度($- \nabla p_{corr}/\rho$)总是提供加速度的"驱动力"。因此,在之后总结非轴对称端壁造型对流场的控制方法时,可以利用 $- \nabla p_{corr}$ 分布,定量总结非轴对称端壁对流场的作用。

三、端壁造型反向设计法

压气机端区流动的复杂性为其端壁造型设计带来难度。但不可否认的是,如果没有研制周期的限制和通用性的要求,现有技术可以借助数值优化技术为特定的压气机设计端壁造型方案并基本保证其实际应用效果,甚至可以使压气机获得多工况下的综合性能收益。

优化造型的一大缺陷就是耗时。虽然相比于过去,数值计算速度已经有了显著的提升,但是对单级压气机端壁造型开展一次最基本的优化设计依然需要耗费数周乃至数月的时间,更勿论对于多级、轮毂-机匣同时端壁造型、多目标设计的情形。另外,采用快速的经验式设计方法,虽然在一定程度上验证了压气机端壁造型的法则,但对于造型位置的精确定位、端壁面坡度、起伏量级等具体参数仍然需要在实际设计中不断地推敲,并进行反复尝试。鉴于上述问题,将使用反向设计的思想发展一种新式的端壁造型方法。

反向设计并不是一个新的概念。在叶片机领域,早已经有将反向设计技术应用于叶片、叶型设计理论体系之中的先例。反向设计的思路就是将期待的结果作为设计目标,基于物理理论建立目标和设计方案之间的对应关系模型,并借助模型求解出设计参数。相比于传统的经验式端壁造型方法,反向设计法有可能依赖更多的流场信息,这将有效减少传统设计过程中经验参数的个数,减少反复尝试的时间与周期;另外,由于不再直接将几何参数作为设计变量,反向设计法有可能通过合理地设计物理模型,用更容易把握的参数作为最终设计目标。其缺陷则在于不如传统的经验式设计方法稳定,为满足气动性能有可能得到不合理的几何解,因此在应用时需要添加诸多的限制因素。

鉴于压气机端区流动自身的高度非线性特征,用于发展端壁造型反向设计法的流动模型必须比实际的三维流动有所简化,既要保留端区流动的主要特点,又要尽量缩短设计与计算的时间。同时,反向设计法应具有一定的普遍适用性,可以适用于不同的轮毂、机匣形式。

1. 压气机端区流动理论模型

压气机端区流动不能够单纯地被看为一个基元面内的二维流动问题。在压气机通道逆压力梯度、横向压力梯度、主流和壁面剪切力的综合作用下,压气机端区流动通常具有与主流流动截然不同的特征。即便在端区环壁附面层内部,气流运动受到的驱动力、约束、支配气动特点也会因其所处位置、速度的不同而有所差异。因此,建立压气机的端区流动模型必须结合其局部流动特点,并对近端壁流动进行适当简化。

(1)端区双层简化流动模型。图F1-6给出了在设计工况下压气机的静子进行数值模拟得到的端区流动,可以按照流动的特点标记出不同的区域:

1)在环壁附面层的底层区域,气流与壁面强烈剪切。由于该区速度很低,在横向压差的作用下发展出由压力面向吸力面的横向二次流,大致会形成覆盖在壁面表面的薄层流动结构,图中标记为"底层"(bottom layer)。底层的流动与角区分离的形成关系最为密切。底层区流体动能较低。一方面,由于流动与壁面之间的强剪切作用,流动动能不断地向热能转化耗散;另一方面,底层流动上方被中层、上层流动覆盖,上层流动透过中层施加静压在底层之上,并依靠剪切力带动底层,为其补充耗散掉的能量,使得底层的低速流动可以维持下去。因此,从某种意义上可以认为底层区的二次流动是由其外部的压力梯度与剪切作用共同决定的。

2)在靠近主流的附面层区域,速度沿附面层厚度方向的剪切弱,流速仅略微低于主流,因而由横向压差导致的二次流作用不显著,在图中标记此区域为"外层"。外层的气流运动相对简单,由于在流动扩压或收缩的过程中,伴随的静压变化大致与速度的二次方成正比,因此端区的静压场分布或变化主要来自于外层区域的流动收缩与扩张。

3)另外,在"底层"与"外层"之间尚有一段过渡区间,标记该区域为"中层"。该区域兼有内层与外层的特征,却又均不具典型。中层流动起到连接内外层的作用,外层的压力与剪切通过中层气流的"传导"作用于底层区。考虑到近壁面速度的增长规律,中层沿附面层厚度方向的梯度约与外层相仿,比底层显著偏小。

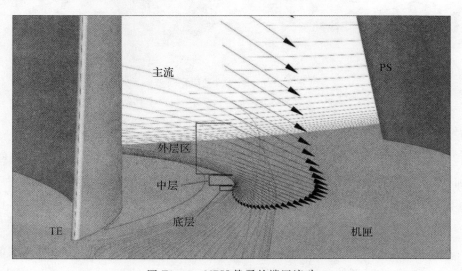

图 F1-6　NPU 静子的端区流动

前面已经解释过关于端壁造型的基本作用原理,可以从流动区域划分这一角度重新理解压气机构造非轴对称造型对于端区流场的作用。如图F1-7所示,当对端壁进行造型时,端壁压力变化主要源于外层至中层的高速流动在局部位置的收缩与扩张,底层的薄层流动随壁面的凹凸起伏而扭曲,外层加载过来的压力梯度变化则是导致其二次流动方向发生变化的主要原因。尽管端壁区的真实流动状况如图 F1-7(a)所示,分为底层、中层、外层。但考虑到中层并不典型的流动特点,在研究端壁造型的作用时可将中层忽略掉,这样,原本底层-中层-外层的三层结构就简化为底层-外层双层结构,如图 F1-7(b)所示。添加如下假设对双层流动模型进行简化:

1)端区压力场变化完全来自于外层高速流动的收缩与扩压。

2)外层压力变化作用至底层,以致于底层流动的速度与方向发生变化,这是角区分离及端区流场受到影响的唯一原因。

这里的端区双层流动模型简化描述了端壁造型作用与端区流动的方式。该简化流动模型是构建端壁造型理论模型的基础。

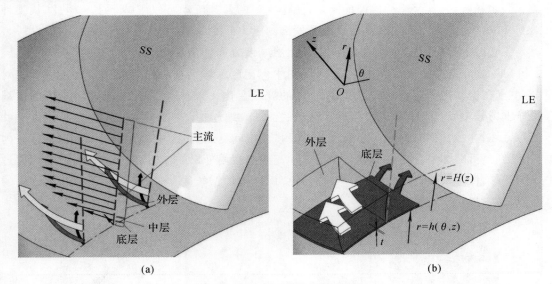

图 F1-7　端区流动简化模型

(a)实际流动示意图；　(b)简化流动示意图

(2)控制方程组的推导。

1)底层流动控制方程。为了得到数学控制方程,尚需结合其特点添加若干设定作为理论推导的前提。对于底层,设其流动为可压、黏性流动,且被动地被外层流动控制;对其建立正交坐标系 $Or\theta z$,定义底层靠近壁面一侧所在的 r 坐标为 $h(\theta,z)$;底层的厚度定义为 t,且不因端壁造型的存在而发生变化。外层延续与底层一致的坐标体系,设其流动为高速无黏流动,端壁造型引发的端壁区压力变化完全由外层的流动扩压与收缩导致。外层与主流区接壤的部位半径是 $H(\theta,z)$。在简化模型的基础上,则外层的厚度可表达为 $H-(t+h)$。考虑到底层厚度一般远小于 H,可简写为 $H-h$。

底层的流动控制方程采用端壁造型驱动力方程,即

$$-\frac{1}{\rho}\,\boldsymbol{\nabla}(p_{\text{pew}}-p_{\text{ori}})=\frac{4}{3}\boldsymbol{V}_{\text{ori}}\cdot\boldsymbol{\nabla}\boldsymbol{V}_{\text{corr}}+\frac{4}{3}\boldsymbol{\nabla}\boldsymbol{V}_{\text{corr}}\cdot\boldsymbol{\nabla}\boldsymbol{V}_{\text{pew}}=\begin{cases}\dfrac{4}{3}\boldsymbol{V}_{\text{ori}}\cdot\boldsymbol{\nabla}\boldsymbol{V}_{\text{corr}},\boldsymbol{V}_{\text{ori}}\gg\boldsymbol{V}_{\text{corr}}\\[2mm]\dfrac{4}{3}\boldsymbol{V}_{\text{corr}}\cdot\boldsymbol{\nabla}\boldsymbol{V}_{\text{corr}},\boldsymbol{V}_{\text{ori}}\gg\boldsymbol{V}_{\text{corr}}\end{cases}$$

$$(\text{F1}-9)$$

式中,下标"ori"说明该变量来自造型前的近端壁面流场,下标"pew"说明其来自于造型后的端壁面流场。二者之间的差值则冠以下标"corr"。该控制方程推导自 N-S 方程的一般形式,推导中使用了沿局部造型面的曲线坐标系 $O\varepsilon\xi\eta$(见图 F1-8)。结合黏性底层区的流动特征对其进行简化之后,沿附面层厚度方向(η 方向)对 N-S 方程进行积分平均得到。因此,式(F1-9)中的 $\boldsymbol{\nabla}$ 与 $\boldsymbol{V}$ 均是二维曲面系 $\varepsilon\xi$ 中的向量,具有如下含义:

$$\boldsymbol{\nabla}=\frac{\partial}{\partial\varepsilon}\boldsymbol{i}_{\varepsilon}+\frac{\partial}{\partial\xi}\boldsymbol{i}_{\xi}\tag{F1-10}$$

$$\boldsymbol{V}=V_{\varepsilon}\boldsymbol{i}_{\varepsilon}+V_{\xi}\boldsymbol{i}_{\xi}\tag{F1-11}$$

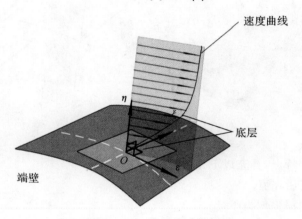

图 F1-8　底层流动坐标系

式(F1-9)在推导过程中额外补充了五个条件:

a. 底层区流动稳定、不可压。

b. 与叶栅的尺度相比,端壁造型的壁面起伏尺度很微小。

c. 涡黏性系数 μ 为一常量。

d. 底层流动均沿壁面切向,且垂直厚度方向的压力梯度为 0。

e. 底层位于湍流边界层的黏性底层区。

这五个条件均与假设中对于底层区的描述特征相符合,因此方程式(F1-9)同样适用于描述底层流动。端壁造型驱动力方程实际上将端壁造型看为一种修正端壁区域速度场的方法。正是在这种修正力量的作用下,端壁底层的流动由原始压气机中的形式(变量下标标记 ori)被修正为造型后的形式(变量下标 pew)。而按照前面提出的简化模型,修正力产生的方式源于外层的流动收缩与扩张产生的压力梯度的变化,与底层无关。这就将底层的速度变化与外层的压力场变化关联了起来。通常情况下,端壁造型引发的修正速度 $\boldsymbol{V}_{\text{corr}}$ 相比于原始速度 $\boldsymbol{V}_{\text{ori}}$ 与造型后速度 $\boldsymbol{V}_{\text{pew}}$ 为一小量。因此式(F1-9)可以简写为

$$-\frac{1}{r}\,\boldsymbol{\nabla}(\bar{p}_{\text{pew}}-\bar{p}_{\text{ori}})=\frac{4}{3}\bar{\boldsymbol{V}}_{\text{ori}}\times\boldsymbol{\nabla}(\bar{\boldsymbol{V}}_{\text{pew}}-\bar{\boldsymbol{V}}_{\text{ori}})\tag{F1-12}$$

式(F1-12)中各变量均冠以"‾",用以表明该量仅是在底层内定义有效的变量。

2) 外层的流动控制方程。具体的推导过程可参考图F1-9给出的控制体模型。设作为研究对象的压气机端壁是圆柱面端壁,可依据其外层区建立一特殊控制体。控制体在轴向(z)、周向(θ)方向均为无穷小,但在半径(r)方向却贯穿外层区的整个厚度。由此可根据该控制体建立一个局部坐标系,取$-z$、$-\theta$面作为其基准面,取O点作为其基准点。这样由基准点出发的端壁造型底面半径为$r=h(\theta,z)$,根据前文对底层、外层的定义,外层厚度为$H-(t+h)$。

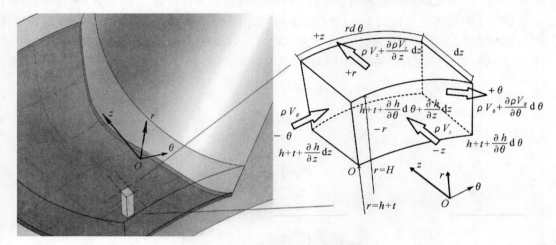

图 F1-9 外层区流动控制体

根据外层区的流动特点,补充以下条件:

a. 流动为定常且流量守恒。

b. 黏性和剪切流动损失均为小量。

c. 流动参数($\rho, p, \boldsymbol{V}, T$)在外层厚度方向分布均匀。

作为一个无限小单元控制体,设基准面内参数为$\rho, \boldsymbol{V}$,则其四周表面(即$+z, -z, +\theta$与$-\theta$表面)的流动参数变量可以借助一阶Taylor公式写出。由于假设流量守恒,因此不会有流体自控制体的顶端($+r$)和底端($-r$)端面出入。于是控制体的定常流量方程可表达为

$$m_{-z} + m_{+z} + m_{-\theta} + m_{+\theta} = 0 \qquad (\text{F1-13})$$

式中,m代表穿过某控制体表面的流量,由控制体面面积与该面密流乘积计算得到。将流量的具体表达式代入式(F1-13)中,经过化简并略去高阶小量,可以得到

$$\frac{\partial \rho V_z[H^2 - (h+t)^2]}{2\partial z} + \frac{\partial \rho V_\theta[H-(h+t)]}{\partial \theta} = 0 \qquad (\text{F1-14})$$

与经典流体力学的连续方程相比,式(F1-14)中包含了描述外层厚度变化的参数,也就是$H-(t+h)$项,因此可用于描述端壁造型时的外层流动情况。对于无端壁造型的情形,$H-(t+h)$不随$z-\theta$坐标发生变化,代入式(F1-14)中即可消去,得到外层平均流面上的经典流体力学连续方程。

为式(F1-14)引入新的参数,设外层内速度在$z\theta$平面内的气流角为γ,且有

$$\boldsymbol{V} = V\cos\gamma \boldsymbol{i}_z + V\sin\gamma \boldsymbol{i}_\theta \qquad (\text{F1-15})$$

这样式(F1-14)的连续方程即可化为

$$\frac{\partial \rho \sqrt{T_t - T}[H^2 - (h+t)^2]\cos\gamma}{2\partial z} + \frac{\partial \rho \sqrt{T_t - T}[H - (h+t)]\sin\gamma}{\partial \theta} = 0 \quad (F1-16)$$

式(F1-16)即为外层的流动控制方程。

此外,考虑到端壁造型有可能位于机匣区而非轮毂区,此时外层区的厚度为$(h-t) - H$,应对式(F1-16)坐标系进行一定的调整,变形为

$$\frac{\partial \rho \sqrt{T_t - T}[(h-t)^2 - H^2]\cos\gamma}{2\partial z} + \frac{\partial \rho \sqrt{T_t - T}[(h-t) - H]\sin\gamma}{\partial \theta} = 0 \quad (F1-16a)$$

另外,对于具有收敛通道的压气机,其轮毂或机匣面不再是圆柱面,而是具有曲线形的母线。此时式(F1-16)依然成立,只是要在端壁面局部位置建立曲线坐标系,并且进行坐标变换,如图F1-10所示。图中R轴与局部端壁面相互垂直,S轴指向母线的切线方向,并与z轴成α角,这样上述控制体的角向尺度应当为$\theta' = \theta\cos\alpha$。另定义$h' = h/\cos\alpha$,$H' = H/\cos\alpha$,这样式(F1-16)即可化为在端壁面为非圆柱面时的更加一般的形式

$$\frac{\partial \rho \sqrt{T_t - T}[H'^2 - (h'+t)^2]\cos\gamma}{2\partial S} + \frac{\partial \rho \sqrt{T_t - T}[H' - (h'+t)^2]\sin\gamma}{\partial \theta'} = 0$$

$$(F1-16b)$$

前文推导底层的控制方程式(F1-16)时已经提到,驱动底层的压力变化来自于外层。在端壁造型后,外层控制方程可写为

$$\frac{\partial \rho_{pew} \sqrt{T_{t,pew} - T_{pew}}[H^2 - (h+t)^2]\cos\gamma_{pew}}{2\partial z} + \frac{\partial \rho_{pew} \sqrt{T_{t,pew} - T_{pew}}[H - (h+th)]\sin\gamma_{pew}}{\partial \theta}$$

$$(F1-17)$$

在忽略外层区的损失(条件b)并假设端壁造型起伏量不大的情况下,外层区在造型前后熵相等,且$z\theta$面投影面内气流角保持恒定,因此有

$$\frac{T_{ori}}{T_{pew}} = \left(\frac{p_{ori}}{p_{pew}}\right)^{\frac{\kappa-1}{\kappa}} \quad (F1-18)$$

$$p_{t,ori} = p_{t,pew} \quad (F1-19)$$

和

$$\gamma_{ori} = \gamma_{pew} \quad (F1-20)$$

考虑双层简化流动模型中底层区与外层区的关系,可以知道式(F1-18)外层区的静压p_{ori},p_{pew}在数值上与底层区$\bar{p}_{ori}$,$\bar{p}_{pew}$相等。这样,就将端壁造型几何参数$H - (t+h)$与造型前后的压力关联了起来,因此上述式(F1-17) ~ 式(F1-20)即为外层的控制方程组。

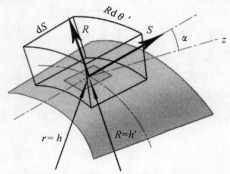

图 F1-10　曲面端面的流动控制单元

（3）端壁造型理论模型。

在推导完底层与外层的控制方程之后，就可以开始建立包含端壁造型的端区流动模型了。由于原型压气机及其内部流动现象已知，则底层方程式(F1-12)将端壁造型驱动力与端壁面压力变化相关联；又由于底层的压力变化由外层的流动扩张与收缩所致，外层的控制方程组式(F1-17)～式(F1-20)将压力变化与端壁造型几何参数关联了起来。这样，上述6个方程构成的方程组就将端区流动控制规律与端壁造型的几何相互关联了起来。

考虑到未造型端壁的流动状况已知，因此方程组中凡涉及原始压气机气动参数的变量均为已知参数。未知参数有$\bar{V}_{pew}$，ρ_{pew}，$p_{t,pew}$，p_{pew}，$T_{t,pew}$，T_{pew}及h共7个。这里额外为其添加理想气体状态方程，即

$$p_{pew} = \rho_{pew}RT_{pew} \tag{F1-21}$$

这样，上述方程组体系含有6个方程，7个未知数，并将端壁面压力变化与端壁造型几何相互关联了起来。该体系用于设计端壁造型的几何时拥有一个自由度，只要给定除h外的任何一个未知数，就可通过联立方程组将端壁造型的几何设计出来。由式(F1-12)及式(F1-17)～式(F1-21)构成的体系即为端壁造型理论模型。

此端壁造型理论模型尚有应用限制。首先是在推导底层区与外层区的控制方程时均用到了定常假设。由前面的推导过程可以知道该假设对于理论模型十分重要，因为它不仅消除了N-S方程与连续方程中的时间项，更是造型前后端壁流动方程得以联立的前提。然而，流动的非定常性是不可避免的，且一直是压气机研究中的难题，因此为了避免误差过大，上述模型当应用于流动中没有强烈、大时间尺度非定常现象的情形，若涉及低速转静干涉、大面积的分离-脱落现象，将会导致较大误差。其次，模型的推导过程并未考虑到叶片转动。在相对坐标系下，由于离心惯性力对于流场的作用，外层区的相对机械能将随流动在叶高方向的扩张与收缩而发生变化，不再守恒，方程式(F1-19)不再被满足。因此，模型在应用于转动部件时（特别是带有大回转半径的高速转子中）将产生较大的误差。尽管这一点可以借助"转子焓"理论进行规避，但是对于提出的理论模型，将其应用于静止部件中是通常情况下最好的选择。

2. 端壁造型反向设计法

（1）反向设计法的造型步骤。

将造型后的速度场$\bar{V}_{pew}$作为此处反向设计的设计目标。当给定预期的造型速度$\bar{V}_{pew}$分布作为条件之后，借助推导的6个方程模型，就可以求解出端壁造型的几何参数h。从理论上说，如此求解得到的几何应该能够完全将原始的端壁面流场($\bar{V}_{ori}$)修正成作为目标的流场($\bar{V}_{pew}$)。

考虑到在设计阶段提出的设计目标仅是一个对造型效果的预期结果，通常与实际造型后端壁面流动的样式有所区别，这里引入一个新的变量$\bar{V}_{target}$代替$\bar{V}_{pew}$作为反向设计方法中使用的流动控制参数。作为设计目标的$\bar{V}_{target}$十分重要，因为该变量几乎决定了端壁造型的设计效果。$\bar{V}_{target}$的给定方法并不是唯一的，但无论用何种方法，$\bar{V}_{target}$的取值必须要与原始的端区流场$\bar{V}_{ori}$相关联，并且含有能够改善原始端区流动的要素。

在确定设计目标后，可以根据下面四个步骤解出端壁造型参数h，主要步骤如图F1-11所示：

1）提取流场信息：使用数值方法求解未造型时压气机的端区流场。根据此时的流场信息决定底层、外层的界限、速度、气动参数分布，沿厚度方向平均并抽取各流场参数。

2）确定目标流场：将端区流场在(θ,z)坐标面的投影离散为具有$n\times m$节点的网格，按照计算网格确定作为设计目标的参数$\overline{V}_{target}$在全流场范围内的分布情况$\overline{V}_{target}(i,j)$。

3）求解端壁造型：将$\overline{V}_{target}(i,j)$式入端壁造型模型的6个方程系统之中，求解$h(i,j)$。

4）后处理与生成型面：对离散解$h(i,j)$进行后处理，具体包括型面缩放与光顺处理两个方面。使离散解有可能生成光滑并满足设计限制与加工需求的几何型面。最终应用离散解$h(i,j)$生成光滑连续的端壁造型面。

在上述步骤中，第4）步的后处理不是必须的步骤，只在得到的造型结果与最初设计限制有冲突的情况下（如造型起伏量超限、造型面与上下游端壁面无法光滑连接）使用。因此，在反向设计方法中不对第4）步的后处理方法进行具体规定，实际操作时应根据需要自行设计一套算法来实现。特别需要指出，型面缩放与光顺处理将会在一定程度上使造型结果偏离设计目标，但在大多数情况下，该步骤又是为了使端壁造型应用于压气机中不得不做的折中处理。

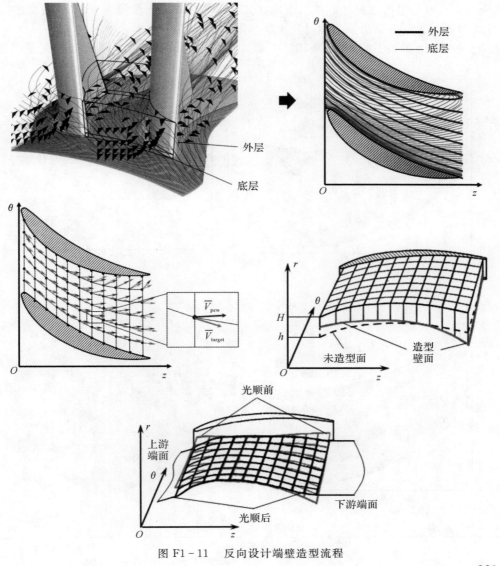

图 F1-11　反向设计端壁造型流程

（2）反向设计法应用实例。

作为端壁造型反向设计方法的初步尝试，使用高负荷压气机线性叶栅进行实例验证。线性叶栅的坐标体系为笛卡尔坐标系，进口附面层沿周向均匀，且不含有附面层倾斜，这将使得步骤 1）中确定底层区、外层区、提取厚度平均参数等步骤变得易于开展。

当使用于叶栅时，需要结合笛卡尔坐标系的特点对控制方程进行调整。可以将叶栅看成轮毂半径趋于 $+\infty$ 的特殊压气机静子，若定义造型前后的端壁面几何分别为 h_{ori} 与 h_{pew}，那么 $(H+h+t)/h_{ori}$ 的取值将趋近于 2。将其代入方程式（F1-16）中，并定义沿周向的尺度 $y=h_{ori}\theta$，这样就可以得到方程式（F1-17）应用于线性叶栅笛卡尔坐标系中的形式

$$\frac{\partial \rho_{pew}\sqrt{T_{t,pew}-T_{pew}}[H-(h+t)]\cos\beta_{pew}}{\partial z}+\frac{\partial \rho_{pew}\sqrt{T_{t,pew}-T_{pew}}[H-(h+t)]\sin\beta_{pew}}{\partial y}=0$$

$$(F1-17a)$$

如此就可以在线性叶栅中使用反向设计法进行端壁造型设计。为了使造型结果便于对比，预先规定端壁造型的近壁面起伏尺度应在 2.5% 叶高以内。参照图 F1-11 规定的流程逐步进行造型，图 F1-12 给出了造型过程主要步骤的中间解。

图 F1-12(d) 图例中的 m 表示 50% 叶高。图中 y/s 以及 z/c_a 均为长度的无量纲化。

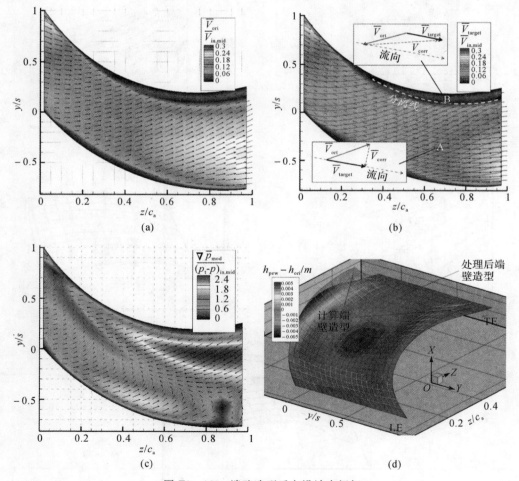

图 F1-12　端壁造型反向设计中间解

(a) $\overline{V}_{ori}$；　(b) $\overline{V}_{target}$ 定义方法；　(c) $\nabla \overline{p}_{corr}$ 计算结果；　(d) 造型解及光顺

1)提取流场信息。反向设计依据叶栅在设计工况下的流动展开。任选其中 120 组端壁造型样本,统计观测结果显示当造型起伏量限制于±2.5% 叶高时,近端壁流动的伏动量在 12% 叶高的位置衰减为端壁面起伏量的 1/5。考虑到此位置大致为叶栅进口附面层的 0.99V 厚度位置,确定其为外层区的外边界。内层区的确定则依据黏性底层区假设,定义为 $y^+=5$ 以内的区域,实际尺度约为 0.15% 叶高。规定端壁造型区域由前缘线至尾缘线,端壁面网格节点数为 $21×21$,这样就可以将未造型端壁的底层区与外层区流场提取出来。图 F1-12(a) 特别给出了底层区的厚度平均速度矢量分布。

2)确定目标速度场。目标速度的确定方法十分关键。一方面,需要使得目标速度场相比于原始流场具有改善叶栅流动状况的因素。在设计点端壁造型应当在叶中吸力面角区增加近端壁流动沿横向的趋势,抑制其沿流向的趋势;在尾缘吸力面角区附近则需要沿流向与横向同时施加作用力;另在通道中部附近使得横向二次流弱化的驱动力也大致有利于减小损失。另一方面,目标速度场与原型速度场的差$(\bar{V}_{target}-\bar{V}_{ori})$在造型区域的分布不能有过大的梯度,否则容易导致计算出来的造型结果在局部产生过于剧烈的起伏量。

考虑到以上两点,此处采用了一个比较简便的设计目标速度的方法,如图 F1-12(b) 所示。原始的底层区流动用红色箭头所示。显然,近端壁流动被吸力面附近的分离线划分为两个不同部分。在分离线靠近压力面一侧,横向流动由压力面指向吸力面,对目标速度 $\bar{V}_{target}$ 的规定方法如图中 A 点黑色箭头所示,相比于原先的端壁面速度,将其横向分量去掉,仅保留流向分量。在分离线靠近吸力面一侧的狭长区域,原始的端壁流动为反流,并由吸力面指向压力面。对于目标速度 $\bar{V}_{target}$ 的规定如 B 点黑色箭头所示,除了将横向分量取消以外,额外将流向分量进行翻转。这样的目标速度规定方式保证了$(\bar{V}_{target}-\bar{V}_{ori})$分布在全流场范围内光顺。因此选取该方法作为反设计端壁造型目标速度的规定方法。

3)求解端壁造型。求解过程实际上分为两个步骤:① 将目标速度 $\bar{V}_{target}$ 与 $\bar{V}_{ori}$ 代入方程式(F1-12);根据速度分布直接计算 $\overline{\nabla p}_{corr}$ 的分布情况。计算时微分的部分使用 2 阶差分代替,将 $\overline{\nabla p}_{corr}$ 在节点上的分布全部求出,如图 F1-12(c) 所示;② 将解出的 $\overline{\nabla p}_{corr}$ 代入由式(F1-17a)～式(F1-21)式构成的偏微分方程组。注意到方程式(F1-17a)为典型的一阶线性双曲型方程,因此求解需采用推进方法,考虑到端壁造型与上下游边界的对接要求,本例中给定进口端壁起伏量为 0,按照流向由上游至下游推进计算;另外由于 $\overline{\nabla p}_{corr}$ 为矢量,且在每个节点都已经给出其确定值,因此对于此问题需要求解的未知数而言,条件的数目是过定的,求解其在最小二乘意义下的矛盾方程组解,最终可得到端壁造型的几何参数值。

4)后处理。缩放采用线性法,将整个端壁面内端壁造型的最大起伏量缩放至 2.5% 叶高,其余点按照比例进行缩放;对造型前尾缘光顺使用 Bezier 拟合法进行光顺,强制其两端与上下游未造型时的固壁表面进行平滑对接,光顺前后的端壁面对比如图 F1-12(d) 所示。

5)生成端壁造型。借助 Bezier 插值算法,为后处理过后的端壁面离散点生成造型面控制曲线组并在 CAD 软件中生成端壁造型面。最终得到的端壁面命名为端壁造型 5.1,其云图如图 F1-13(a) 所示。图 F1-13 中额外给出了两组端壁造型解,图(b)显示的是在使用经验方法得到的端壁造型 2.3 结果,在设计点该端壁造型的效果较小,当来流攻角大于 3°时则使全局损失增大;图(c)则给出了优化端壁造型 No.3 的结果,为方便描述此处称之为造型 3.3。该端壁造型可以在设计点与近失速点均有效控制端壁二次流动,并减小损失的产生。下面通过对比三组端壁造型的效果分析反向设计法造型结果的具体作用。

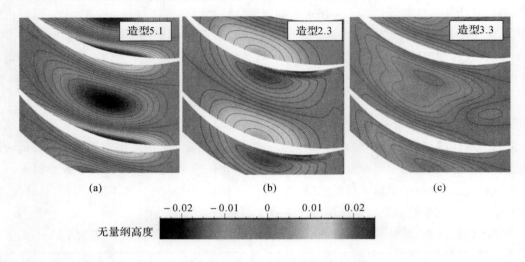

图 F1-13　端壁造型高度云图

3.造型效果与验证

(1)端壁造型的流场分析。

图 F1-14 给出了原型叶栅与三组端壁造型在来流攻角自-1°增至+7°过程中的全局损失变化。可以看到,用反向设计得到的端壁造型比造型 2.3 具有明显优势,不仅在设计点使损失下降更多,在全工况乃至近失速点仍能够改善叶栅气动性能,但相比于优化造型 3.3 在大攻角范围内控制损失的能力仍存在一定差距。

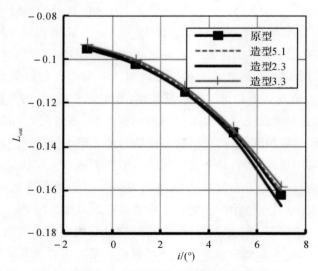

图 F1-14　全局损失随来流攻角变化图

　　端壁造型后的损失系数分布如图 F1-15 所示。造型 2.3 在设计点，该端壁造型虽然能够在大范围内抑制端壁二次流动，并在吸力面尾缘借助局部加速二次流控制分离损失，但因吸力面 20％～40％ 轴向弦长的吸力面角区下陷所致的流向压力梯度增加使得角区分离自起始位置更加严重，从而全局损失下降不显著；随攻角增大，通道主要损失源分布位置向上游转移，分离起始位置的流动恶化愈发严重，下游至尾缘附近端壁造型对流场的改善作用却有所下降，因此近失速点，造型 2.3 反而使损失有所增大。相比之下，反向设计造型 5.1 在设计点对 20％ 叶高以下的低速流堆积改善效果显著。由图 F1-15 可知，损失系数比造型 2.3 明显减小的位置分布在 4％ 叶高以下与 6％ 叶高～15％ 叶高之间的区域，前者推测应源于端壁造型在尾缘附近对端壁二次流、角涡的控制，后者则可能与分离起始位置的流动优化有关。此外，造型 5.1 可在设计点与近失速点都有效控制损失分布。其损失系数分布与优化造型 3.3 非常相似，在设计点比之更优，在近失速点略有不如。

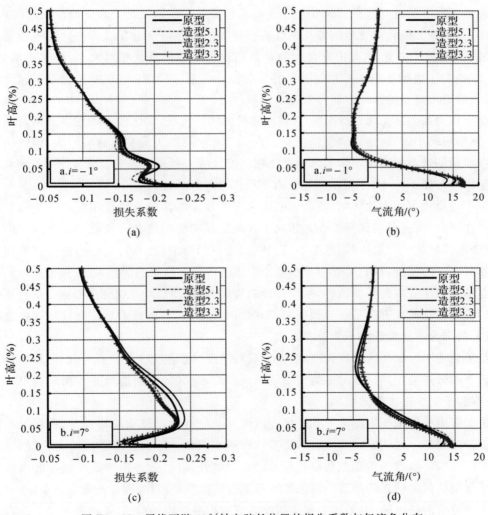

图 F1-15　尾缘下游 40％ 轴向弦长位置的损失系数与气流角分布

　　造型 5.1 与优化造型 3.3 在设计点对于损失源的控制力度相差不大,后者对分离损失的控制力度略显不足,但更好地抑制了尾缘下游的二次流耗散;在近失速点,优化造型 3.3 相比于造型 5.1 的优势十分明显,其对于尾缘上、下游分离损失源抑制程度均达到造型 5.1 中的两倍。这说明优化造型对于叶栅工作范围内性能的整体提升效果更好,且在近失速点,比反向设计造型能更好地抑制分离损失。

　　(2)反向设计法效果评估。

　　前文通过对比数值计算结果验证了反向设计法得到的端壁造型的气动性能。但另一个很重要的问题是:对于上述反向设计法而言,使得叶栅气动性能优化的主要原因到底是否是源于设计意图中的流动控制? 这一点对判断本例中反向设计法的应用成败十分关键。

　　已有的流场分析与壁面静压分析指出:反向设计法得到的端壁造型在通道中后部以及靠近吸力面角区的部分基本是按照预期的方式影响叶栅流动性能的。由于本例反向设计是依据叶栅在设计工况下的流动展开,图 F1 - 16 给出了造型 5.1 在该工况下对应的修正速度 $\overline{\boldsymbol{V}}_{corr}$ 矢量流线图,其背景云图代表无量纲修正速度的模量。由于在端壁造型过程中曾经过造型起伏量的缩放,因此图 F1 - 16 中真正有意义的是修正速度的方向及其相对大小,而非绝对数值。图 F1 - 17 给出了造型 5.1 型面光顺引发的变化以供参考。图 F1 - 16 中根据修正速度的方向,可以大致将端壁面的流动控制分为四个区域:

　　Ⅰ位于压力面侧从前缘延续至 60% 轴向弦长的狭长区域,该区的流动控制方向与预期不符,但一来量级较小,二来该区的流动控制在设计点对全局损失的变化影响不大,因此该区域属于未按照预期造型但基本不带来气动性能收益的区域。导致该区端壁造型作用与预期出现偏差的原因应与图 F1 - 17 中所示的端壁面光顺带来的影响有关。

　　Ⅱ位于通道中部的大片区域,该区域的修正速度显示的端壁造型作用并不完全与预期值相符合。在流向上,通道前区至 60% c_a 倾向于在抑制横向流动趋势的基础上额外沿逆向施加作用,由于本区域处于通道中部,基本不受端壁面光顺的影响,这额外加上的逆向力推测应来源于计算时产生的偏差,最有可能源于步骤 3 中求解矛盾方程组的部分,这一部分逆向的驱动作用并非抑制角区分离的必要条件,虽与设计初衷不符,但却会对控制分离起到正面作用。在偏下游的位置修正速度方向基本与预期相符。总而言之,该区域属于未完全按照端壁造型预期,但偏差的部分对性能影响不显著的区域。

　　Ⅲ位于通道吸力面角区的狭长区域,该区域对速度的修正完全符合设计目标,该区域是在设计攻角下端壁造型控制分离的主要作用区域。因此,此区域端面造型的作用应属于与预期相符,又有利于减少损失的区域。

　　Ⅳ位于吸力面尾缘至中部的块状区域。该区域与已有的设计期待相违背,在靠近叶片的部位引发逆流增量。如图 F1 - 16 所示,造成这种速度变化的原因在于壁面压力梯度的改变,根据图 F1 - 17 所示,联系壁面起伏变化所致的压力变化倾向,这种不一致性很可能由造型后处理中尾缘附近的端壁光顺所致。该区的流动不按照预期,且对叶栅性能带来负贡献,但正如之前的流动分析所指出的,由于其余部位端壁造型的积极作用,该处的负面作用并不能对端壁造型的效果带来颠覆性的影响。图中 y/s 以及 z/c_a 均为长度的无量纲化。

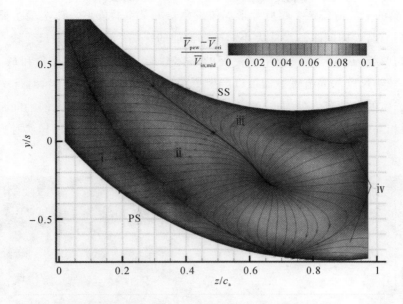

图 F1 - 16　设计点造型 5.1 修正速度分布

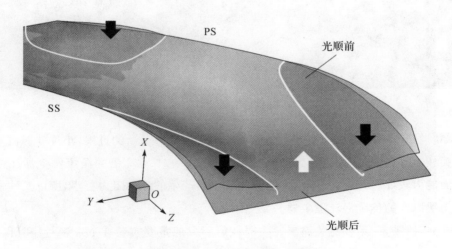

图 F1 - 17　造型 5.1 型面光顺

　　经过上述分析可以看出:反向设计法的造型结果基本反映了设计意图,且符合设计意图的部分对压气机叶栅设计点带来显著的气动收益,反向设计法的适用性因此得到了证明。

附录二　涡流发生器流动控制技术的一些研究结果

　　涡流发生器(Vortex Generator)通常被简写为 VG,于 20 世纪 40 年代末被首次提出。小叶片形状的涡流发生器被整齐排列在飞机机翼的上表面,用于防止叶片上的气体发生流动分离现象。涡流发生器在增加机翼升力的同时,减轻了由于失速所造成的破坏性疲劳载荷。图

F2-1为在机翼的上翼面安装多组叶片形涡流发生器的某实验模型。该实验主要研究了涡流发生器的弦向位置、展向间距和尺寸大小对机翼性能的影响。研究发现:尺寸较小的涡流发生器(高度为轴向弦长的1.7%)表现出了更好的整体性能,增加了失速攻角和最大升力系数。这主要归因于较小尺度的涡流发生器可以产生更接近翼型表面的诱导涡,对近壁面附面层的影响更大,所产生的流动阻力损失也较小。此外,减小涡流发生器叶片之间的间距会增加相邻诱导涡之间的相互作用,从而使它们远离机翼下游区域的表面,削弱了诱导涡对近壁面附面层的控制能力。

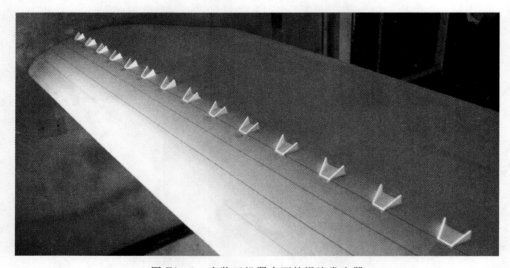

图 F2-1　安装于机翼表面的涡流发生器

　　到了20世纪80年代,有关涡流发生器尺寸的研究又有了新的进展,小尺寸涡流发生器逐渐受到了关注。有研究认为:高度为来流附面层厚度ϕ的0.625倍的涡流发生器在控制附面层分离方面能力较好。此外,由于小尺寸涡流发生器产生的流动阻力更小,所以其性能优于高度等于附面层厚度的传统涡流发生器。

　　自1990年以来,一系列有关涡流发生器性能研究的重要实验在NASA兰利研究中心的风洞实验室中展开。这些实验研究了多种类型的被动流动控制装置,并对比了它们控制流动分离的能力。图F2-2给出了该实验的油流图,清晰地反应出了使用涡流发生器后气体的流动状态。图F2-3为实验中选用的几种典型涡流发生器几何结构:叶片形(Vane)、鱼骨形(Wishbone)以及楔形(Wedge/Plow/Wheeler)。图F2-4得到了完整的涡流发生器性能评价:①白色柱状图代表使用涡流发生器后,附面层分离范围的减小程度;②黑色柱状图代表使用涡流发生器后,延缓分离发生的程度。实验结果表明:叶片形涡流发生器无论是在延缓分离发生,还是促进气流的分离再吸附方面都存在明显优势。此外,当涡流发生器的高度为附面层厚度的0.2倍时,其性能优于高度为附面层厚度的0.8倍的涡流发生器。涡流发生器的尺寸过大不仅会增加气体的流动阻力,其对附面层分离的控制效果也会被削弱。

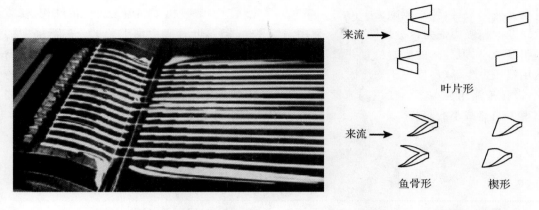

图 F2-2　涡流发生器实验油流图　　　　图 F2-3　几种典型的涡流发生器

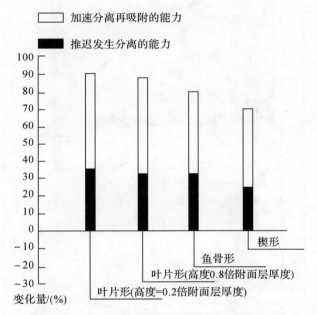

图 F2-4　不同流动分离控制装置的实验结果对比

　　由于涡流发生器在控制流动分离方面具有明显优势,因此被逐渐应用到轴流压气机当中,用于控制叶片吸力面的角区分离、削弱二次流。涡流发生器不仅改变了近端区横流的流动方向,减少了端区附面层的堆积;而且将附面层内的低能流体向上卷起,加剧了主流和低能流体之间的能量传递,从而抑制了角区分离。可见,涡流发生器的尺寸与来流附面层之间有着密不可分的联系。因此,越来越多的学者们在分析涡流发生器对叶栅/静子性能影响的同时,会将来流附面层厚度与涡流发生器的尺寸结合起来进行研究。

　　涡流发生器被逐渐应用到轴流叶栅/静子当中,其典型安装位置位于静子叶片前缘上游的端壁上。首先以叶片形涡流发生器为例,有学者以涡流发生器的高度变化对叶栅性能的影响作为研究的一部分,并将其高度与附面层厚度 ϕ 建立起联系:涡流发生器高度分别为附面层

厚度 ϕ 的 0.25 倍，0.5 倍，0.75 倍和 1 倍。实验结果表明：高度为附面层厚度的 0.25 倍的涡流发生器效果最佳，使总压损失下降了 4.6%。图 F2-5(a) 表现出了涡流发生器的结构、安装位置以及叶栅吸力面角区分离的变化。使用涡流发生器后，叶片吸力面上角区分离沿展向的范围明显减小，但分离的起始位置并没有被推迟，流向范围没有缩小。图 F2-5(b) 为某叶栅在使用涡流发生器（高度等于来流附面层厚度的 0.25 倍）前后，总压损失系数 ($\bar{\omega}$) 随来流角的变化，设计来流角为 132°。使用涡流发生器后的叶栅总压损失系数在设计来流角 ±4° 的范围内出现了明显减小的趋势。

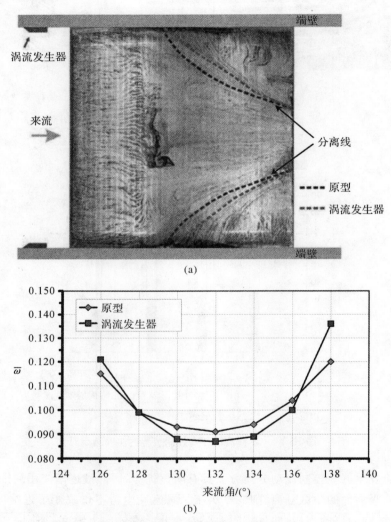

图 F2-5 涡流发生器的安装位置(a)和性能对比(b)

楔形涡流发生器同样被广泛用于控制叶栅的角区分离。图 F2-6(a) 为两种涡流发生器的几何形状和三种安装位置示意。A 为前文中所提到的叶片形涡流发生器，其高度为来流附面层厚度的 0.25 倍；B 将一枚叶片形涡流发生器置于叶片吸力面上，高度为来流附面层厚度的 0.5 倍；C 为楔形涡流发生器，其高度分别为来流附面层厚度 ϕ 的 0.25 倍，0.5 和 0.75 倍，该实验所采用的涡流发生器高度均未超过来流附面层厚度。实验表明：高度为来流附面层厚度的 0.5 倍的楔形涡流发生器在减小叶栅总压损失方面表现最优,使设计工况下的总压损失系数减小 9%。图 F2-6(b)对比了原型叶栅和使用三种涡流发生器后叶片吸力面油流图。可以发现:使用 A 类型的涡流发生器后,角区分离沿流向和展向的范围变小,叶栅的总压损失系数降低了 4.6%。使用 B 类型的涡流发生器后,角区分离的展向范围变得更小,总压损失系数降低了 1.1%。使用 C 类型的涡流发生器后,角区分离沿流向范围明显减小,导致总压损失系数降低了 9%。

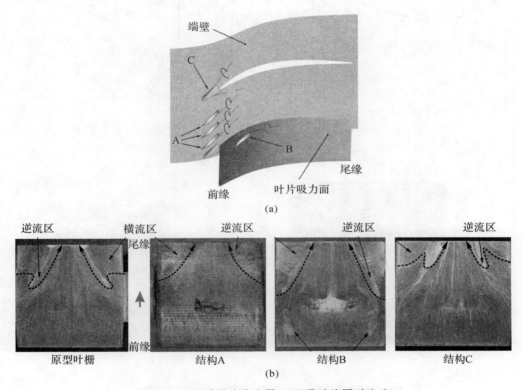

图 F2-6　两种涡流发生器(a)以及油流图对比(b)

也有不少研究将涡流发生器安装在叶片吸力面上,同样起到控制角区分离的作用。图 F2-7 中的叶片形涡流发生器位于叶片吸力面靠近叶根的位置,左图为原型叶栅角区分离范围以及位置的示意图,中图为采用矩形涡流发生器的叶栅示意图,右图为使用梯形涡流发生器的叶栅示意图。涡流发生器在安装时需要与来流之间存在夹角(前缘向上抬升),这样有利于诱导涡直接作用于角区分离位置,更有利于减小角区分离。将涡流发生器安装在叶片吸力面上与安装在端壁上有所不同,由于叶片吸力面靠近前缘的位置还没有发展出明显的附面层,因此在设计涡流发生器时通常不需要将其尺寸与附面层厚度相关联。图 F2-7 中涡流发生器的高度为 1.5 mm,翼型叶栅高度为 40 mm。

图 F2-8 分别给出了两种形状的涡流发生器对叶片吸力面角区分离影响的实验油流图,(a)图为矩形涡流发生器,(b)图为梯形涡流发生器。可以看出,不同形状的涡流发生器都可以有效控制角区分离。研究表明:梯形涡流发生器能够显著影响角区分离流动,使总压损失减小 33%。

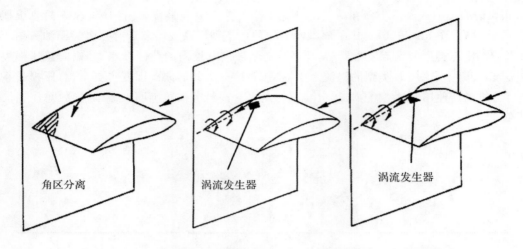

图 F2-7　在叶片吸力面使用涡流发生器(左:原型;中/右:使用涡流发生器)

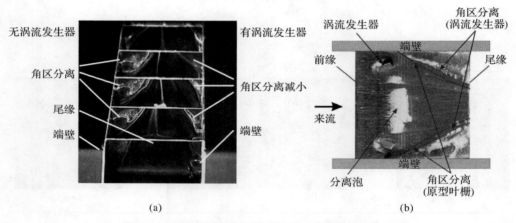

(a)　　　　　　　　　　　(b)

图 F2-8　涡流发生器控制叶栅角区分离的油流实验
(a)矩形;　(b)梯形

　　虽然涡流发生器的几何尺寸较小,但是其结构的改变对叶栅/静子性能却存在着不容忽视的影响。因此,涡流发生器的几何结构在发展过程中得到了优化。图 F2-9(a)中放置于叶栅上游端壁上的为一种带曲边的楔形涡流发生器。该研究将涡流发生器的高度变化与附面层厚度相关联,并建立了 7 种联系:涡流发生器高度 h_{VG} 分别为附面层厚度 ϕ 的 0.1 倍,0.15 倍,0.2 倍,0.25 倍,0.3 倍,0.4 倍和 0.5 倍。研究结果表明:涡流发生器高度为 0.3ϕ 时,叶栅的总压损失系数减小最多,达到了 8.3%。图 F2-9(b)对比了原型叶栅和采用不同涡流发生器后的总压损失系数沿叶高分布图,从图中也可以看到高度为来流附面层厚度的 0.3 倍的涡流发生器在减少叶栅总压损失方面具有显著优势。

　　叶片形涡流发生器的几何结构变化对叶栅性能同样具有显著影响。传统的叶片形涡流发生器(矩形)可以演变出多种形状,其优化结构如图 F2-10(a)所示,高度为来流附面层厚度的

0.2 倍。有学者在矩形涡流发生器[见图 F2-10(a)①]的基础上,基于其结构特点发展了三种优化结构[见图 F2-10(a)②③④],图 2-10(b)给出了这四种涡流发生器在不同攻角下对叶栅总压损失的影响。该研究表明:虽然涡流发生器的尺寸对于整个叶栅/静子来说体积极小,但是其几何结构的改变却可以显著影响叶栅/静子的性能,因此认为对涡流发生器的几何进行优化具有一定意义。传统的矩形涡流发生器减少叶栅总压损失的能力远远不如其余三种优化后的涡流发生器。并且在设计工况附近(−1°攻角),梯形结构的涡流发生器在减少叶栅总压损失方面优势显著。而当攻角较大时($i>3°$),带曲边的梯形涡流发生器随着攻角的增加逐渐表现出较强的减少总压损失的能力,使叶栅的总压损失系数在失速工况下(8°攻角)降低了9.36%。

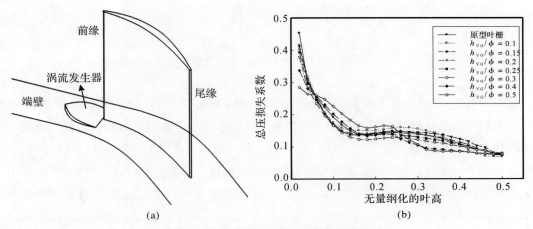

图 F2-9 涡流发生器安装位置(a)和叶栅性能对比(b)

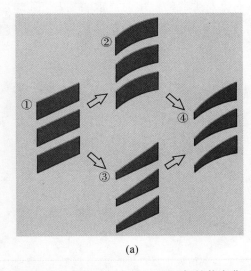

(a)

图 F2-10 涡流发生器安装几何参数(a)和叶栅性能变化示意图(b)

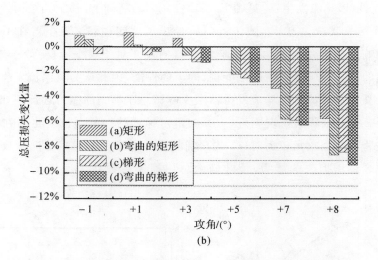

(b)

续图 F2-10　涡流发生器安装几何参数(a)和叶栅性能变化示意图(b)

　　由于跨声速/超声速压气机的转子在工作时高速旋转,其叶尖区域通常会出现激波,由激波所引起的分离会导致转子的叶尖区域发生堵塞。涡流发生器在控制这种由激波产生的分离方面同样具有显著优势。图 F2-11(a)为某单级跨声速轴流压气机的三维计算域模型,涡流发生器安装于转子叶片上游的机匣上,用于控制叶顶区域的分离/堵塞。图 F2-11(b)给出了压气机的特性曲线,图中尺寸 2 mm,4 mm,8 mm 为涡流发生器的高度 h_{VG},分别对应着附面层厚度 ϕ 的 0.25,0.5 和 1 倍。四组特性线分别在 60%,80%,90% 和 100% 设计转速下获得。研究发现:高度为附面层厚度的 0.25 倍的涡流发生器在延缓分离方面效果更佳。涡流发生器的使用使压气机的总压比均出现了不同程度的下降,并且随着涡流发生器高度的增加,压气机的总压比显著降低;此外,涡流发生器的使用明显改善了压气机的失速裕度,高度为 2 mm 的涡流发生器在改善失速裕度表现出显著优势,不同转速下的压气机失速裕度改进量分别为 6%,4.9%,4% 和 3.5%。

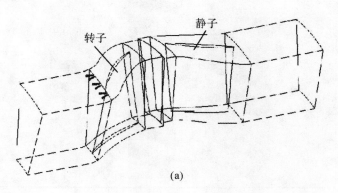

(a)

图 F2-11　涡流发生器安装位置(a)和压气机性能对比(b)

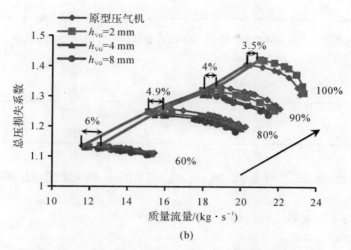

(b)

续图 F2 - 11　涡流发生器安装位置(a)和压气机性能对比(b)

表 F2 - 1 对近年来涡流发生器提升叶栅/压气机性能的研究进行了总结,发现大部分的研究都利用涡流发生器来控制叶栅/静子吸力面的角区分离,并且涡流发生器的高度均未超过附面层厚度。在越来越多的研究中出现了许多微型涡流发生器(Micro - Vortex Generator,MVG)的身影,通常指高度为附面层厚度的 0.1~0.5 倍的涡流发生器。它们在不同的研究中拥有不同的名字,如 Sub - merged VGs,Micro - VGs,Low - profile VGs 和 Micro - vanes 等。研究显示:微型涡流发生器可以有效控制附面层分离,并且产生的流动阻力较小。

表 F2 - 1　有关涡流发生器控制叶栅/压气机附面层分离的研究总结

研究学者	VG 几何形状	安装位置	VG 高度	作用对象	马赫数	研究手段	发表年份
Hergt	叶片形（前缘后掠）	叶片吸力面	0.5ϕ	轴流压气机叶栅	0.7	实验＋数值仿真	2006
Hergt	叶片形	叶片前缘端壁	$(0.25/0.5/0.75/1)\phi$	轴流压气机叶栅	0.66	实验	2008
Hergt	叶片形	叶片前缘端壁/叶片吸力面	0.25ϕ	轴流压气机叶栅	0.66	实验	2010
Hergt	楔形	叶片前缘端壁	$(0.25/0.5/0.75)\phi$	轴流压气机叶栅	0.66	实验	2010
Diaa	楔形	叶片前缘端壁	$(0.1/0.15/0.2/0.25/0.3/0.4/0.5)\phi$	轴流压气机叶栅	0.66	数值仿真	2014
Avinash	叶片形	叶片前缘机匣	$(0.25/0.5/1)\phi$	单级轴流压气机	>1	数值仿真	2015
Diaa	楔形/鱼骨	叶片前缘端壁	0.4ϕ	轴流压气机叶栅	0.66	数值仿真	2015

续 表

研究学者	VG 几何形状	安装位置	VG 高度	作用对象	马赫数	研究手段	发表年份
Fatma	叶片形	叶片前缘端壁	$(0.25/0.5)\phi$	轴流压气机叶栅	—	实验	2017
Shan Ma	叶片形	叶片前缘端壁	0.2ϕ	轴流压气机叶栅	<0.3	数值仿真	2017

附录三　缝式机匣处理的一些研究结果

图 F3-1 给出了常规缝式机匣处理结构示意图。

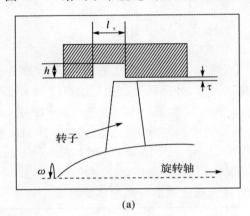 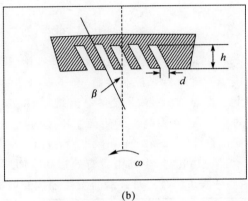

(a)　　　　　　　　　　　　　(b)

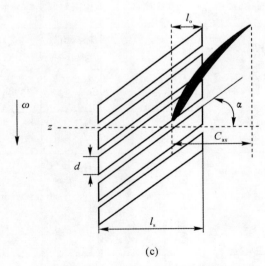

(c)

图 F3-1　缝式机匣处理结构示意图

(a)缝式机匣处理侧视图；　(b)缝式机匣处理前视图；　(c)缝式机匣处理俯视图

l_s—缝的轴向长度；l_o—缝的轴向叠合长度；h—缝深；d—缝宽；τ—叶尖间隙；ω—转速；

C_{ax}—转子叶顶轴向弦长；α—缝与轴向的夹角；β—缝与径向的夹角。

　　在缝式机匣处理结构形式探索上，有学者设计了一种"折线斜缝式"机匣处理（见图 F3 - 2）新型结构，它的主要结构特征是依照进口方向确定前段缝的走向，在进口无预旋的条件下其类似于原来的叶片角向缝，整个缝齿再像原来的径向倾斜缝一样沿径向倾斜一个角度。后续在单级轴流压气机实验台上的实验评定结果表明：折线斜缝式机匣处理不仅可以扩大压气机的稳定工作范围，而且可以兼顾效率，使效率不降低或略有提高。在结构参数适当时，机匣处理可使孤立转子的综合稳定裕度改进高达 63.7%，峰值效率最多提高 1.5%，失稳边界效率最多提高 1.3%；折线斜缝式机匣处理的轴向叠合量对裕度和效率两个关键性技术指标有重要影响。从工程应用的角度讲，叠合量小于 50% 较为合适，可兼顾效率和裕度两个指标；背腔容积对裕度及效率的影响要小得多，在背腔容积成几倍地加大后，扩稳效果变化并不明显，低转速下效率还有所下降，因此背腔容积不宜过大。

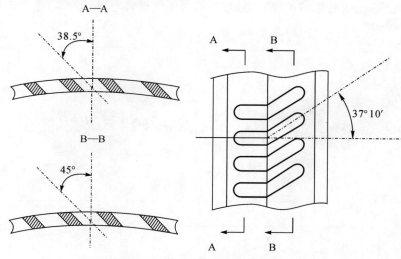

图 F3 - 2　折线斜缝式机匣处理

　　结合径向倾斜缝和叶片角向缝的结构特点，圆弧斜槽机匣处理结构的设计方法逐渐出现（见图 F3 - 3），在单级跨音速风扇进行试验测试后表明：圆弧斜槽机匣处理能使风扇的综合综合稳定裕度提高 20% 以上，同时使得风扇的峰值效率提高 1%～2%。

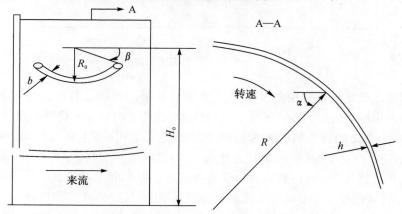

图 F3 - 3　圆弧斜槽机匣处理

b—缝宽；R_0—圆弧半径；β—圆弧轴向夹角；H_0—栅距；R—半径（机匣内径）；α—经向夹角；h—缝深

为了设计出效率损失较低的机匣处理结构,不少研究探索了圆弧形机匣处理的扩稳效果和作用机制,着重探究了圆弧形轴向缝机匣处理叠合量的影响。其设计了三种半圆弧形状的缝式机匣处理结构,如图 F3-4 所示,3 种机匣处理的径向倾斜角均为 60°。另外一种机匣处理为自适应流动机匣处理,即在前部喷气,后部引气,并在机匣处理中布置了 2 个隔板。数值计算结果表明:在设计转速下所有机匣处理均有效地扩大了压气机的稳定范围,机匣处理和转子叶顶的轴向重合量为 50% 的比 25% 的扩稳效果好很多,缝式机匣处理前伸(25%叠合量)能够在获得足够扩稳裕度的同时降低效率损失。此外,该研究中的自适应流动机匣处理结构尽管有较大的扩稳能力,但对该压气机总压比及效率的损害程度也很大。与此相对的,很多研究人员跟进此项研究,对缝式机匣处理轴向叠合量进行研究,虽然结果略有差异,但均表明随着轴向叠合量的增大,机匣处理的扩稳能力增强,但对压气机效率降低较多;叠合量变小,能够一定程度上减小效率损失。

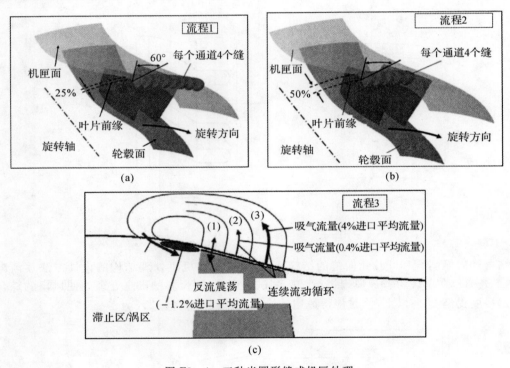

图 F3-4　三种半圆形缝式机匣处理

在半圆形缝式机匣的不断探索过程中,有学者研究了四种缝式机匣处理对单级轴流跨声速压气机性能的影响,该压气机有 16 个转子叶片,其设计了四种缝式机匣处理结构,沿着整个圆周方向均布 64 个处理缝。第一种为标准半圆弧缝式结构,其主要参数为:径向倾斜角为 45°,缝的轴向长度与转子叶顶轴向弦长之比为 1.0,机匣处理和转子叶顶的轴向叠合量与转子叶顶轴向弦长之比为 0.33(前置),缝片厚与缝宽之比为 1;第二种缝式结构仅把缝片厚与缝宽之比降到 0.8;第三种缝式结构在第二种结构的基础上,仅把处理缝的底面基准线由直线改为弧线形状;第四种结构的轴向长度为第一种的 80%,轴向叠合量与转子叶顶轴向弦长之比为 0.286,径向倾斜角为 54°,其他参数与第一种的一样。如图 F3-5 所示为四种机匣处理结构的示意图。数值结果表明：在设计转速下，四种结构的机匣处理在扩大压气机稳定工作范围的同时也提高了效率。同样地，在 80% 设计转速下，第一种结构的机匣处理对效率损害程度是最低的。同时还在设计转速下对带第一种机匣处理结构的压气机进行了试验，试验结果表明：该形式机匣处理的扩稳能力强，能同时提高中小流量下的压气机总压比及效率，压气机总性能曲线如图 F3-6 所示。

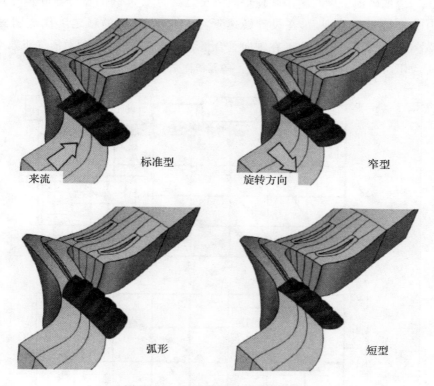

图 F3-5　四种机匣处理结构简图

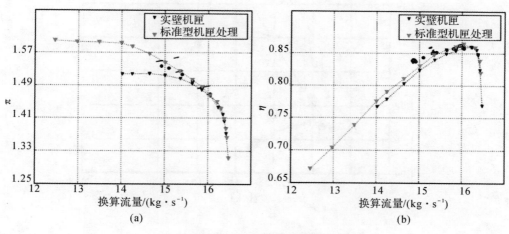

图 F3-6　压气机总性能

缝式机匣处理与背腔耦合作用的理念提出之后,为了探究背腔对机匣处理性能的影响,有学者研究了带驻室的轴向倾斜缝对单级亚声速压气机性能(设计压比为 1.187)的影响,机匣处理的主要参数为:缝的开放面积约 65%,轴向及径向倾斜角分别为 15° 和 45°,机匣处理和转子叶顶的轴向叠合量与转子叶顶轴向弦长之比为 0.38(前置),缝深及驻室深度与转子叶高之比约为 0.085,缝的轴向长度与转子叶顶轴向弦长之比为 1.0,缝的宽度与叶顶叶片的最大厚度之比约为 1.31。机匣处理后,在设计转速下,该单级压气机的稳定工作范围提高了将近 50%,最大效率仅降低 1.4% 左右。在轴向叠合量为 38% 时,机匣处理对压气机效率的损害程度是最小的,如图 F3-7 所示为五个转速下有无机匣处理的压气机总性能曲线。

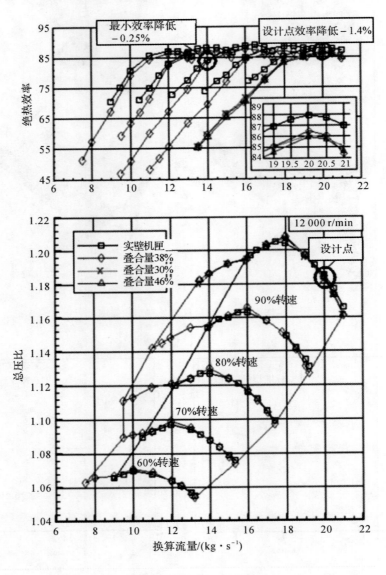

图 F3-7 不同转速下压气机总性能曲线

相比于缝式机匣处理轴向叠合量的研究,其他机匣处理结构参数如开度比、缝深、缝数、缝倾斜角的研究尚未有一致的结论。随着计算机性能的提高及试验测量水平的发展,研究人员逐渐借助非定常数值方法及先进试验测量方法研究机匣处理的扩稳效果和作用机理。

为了探索提升裕度且兼顾效率的机匣处理结构,有学者研究了带背腔低开度(33%)折线缝式机匣处理在不同叶尖叠合量情形下对跨声压气机性能的影响(机匣处理结构及背腔结构见图 F3-8 及图 F3-9),以确定最优的轴向叠合量大小(裕度改进最大,效率损失最小)及背腔对性能的影响。结果表明:在所有轴向叠合量情形下,机匣处理均可提高压气机的稳定工作裕度,当叠合量为 20%~40%时,机匣处理能够同时兼顾最大裕度及峰值效率提升,通过对叶顶参数的分析发现机匣处理作用下叶顶流动参数如转子出口绝对气流角、转子进口轴向及切向马赫数等均发生明显变化;在低轴向叠合量情况下,随着背腔加深,扩稳裕度有所提升,在40%轴向叠合量下全深背腔能够获得 29.16%的最大综合稳定裕度提升。此外,运用热线探针(转子上游叶尖区)测量近失速条件下转子进口轴向和切向速度波动,结果表明:折线缝机匣处理能够很好地抑制转子进口的速度波动。

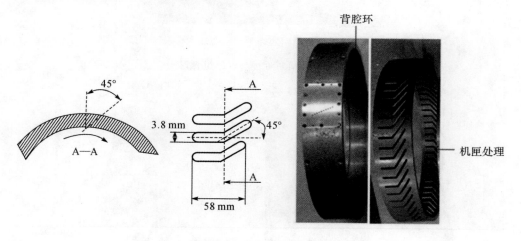

图 F3-8 机匣处理结构图

为了研究轴向缝机匣处理对激波脱体的影响和评估处理缝腔体内的流动状态,不少研究在跨声压气机上进行了大量的热线及壁面静压试验,转子叶尖轴向方向安装 18 个 Kulite 传感器来捕获机匣处理作用下叶顶压力场的动态变化,且通过数值计算结果,将 55P11 一维热线安置于缝腔体内来研究机匣处理腔体内流动变化(测量装置分布见图 F3-10)。结果表明:机匣处理能够提高压气机工作范围的主要原因在于去除实壁情况下压气机叶顶堵塞,并将机匣处理的扩稳归结于低能流体去除和减少前缘激波脱体的共同作用。研究发现,机匣处理的应用减小了脱体激波距离前缘的距离,而缝内循环流速度随着节流过程先不断增加(压比增加),更深节流到机匣处理近失速点,循环流速度减小。除此之外,某些学者借助 PIV 测量技术,观察折线缝机匣处理作用下压气机叶顶流场的直观瞬态变化,也为理解机匣处理的作用机理提供了有益的帮助。

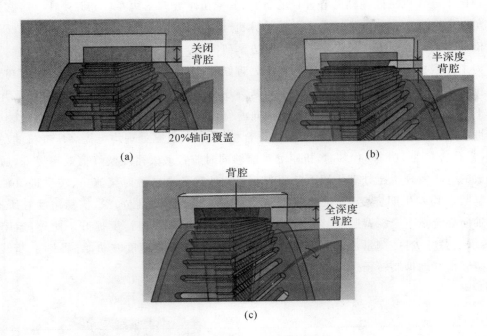

图 F3 - 9　机匣处理与背腔组合形式

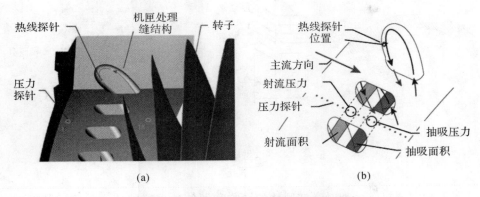

图 F3 - 10　壁面压力测量及热线探针位置图

　　机匣处理的扩稳裕度与效率损失的负相关性自机匣处理发现之初就得到一致认定,即为求获取期望的裕度改进必然牺牲更多的效率,即同时兼顾裕度和效率的最优机匣处理结构并不存在,但随着人们对压气机内流场及机匣处理设计的不断加深,能够提升压气机效率的机匣处理结构形式逐渐涌现。随着现代航空发动机对高负荷、高效率、高机动性等需求的不断提高,严重降低压气机效率的缝式机匣处理变得越来越不可接受。与此同时,机匣处理的设计理念及评估手段也逐步由单一的追求裕度提升过渡到如何最大程度减少甚至提高压气机的工作效率。基于此,研究人员逐渐开展机匣处理几何参数(包括叠合量、开度比、深度、开缝数目等)对压气机效率影响的探究。

　　研究结果表明:折线缝式机匣处理能够在明显拓宽压气机稳定工作裕度的同时最小化甚

至略微提高压气机的绝热效率,当叠合量为 33.3％时折线缝式机匣处理获得最大的综合稳定裕度改进,而当叠合量减小至 16.6％时,缝式机匣处理能够获得微小的峰值效率提升。如图 F3-11 所示为机匣处理作用下压气机总性能变化对比,为了量化分析裕度改进与效率改进,如图 F3-12 所示为不同叠合量下综合稳定裕度与效率变化的直观对比。

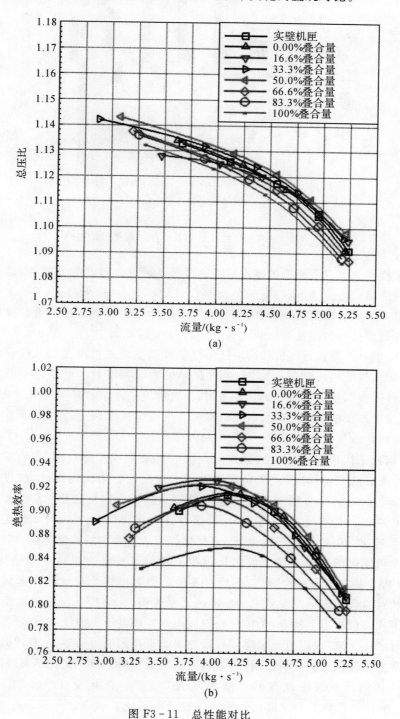

图 F3-11　总性能对比

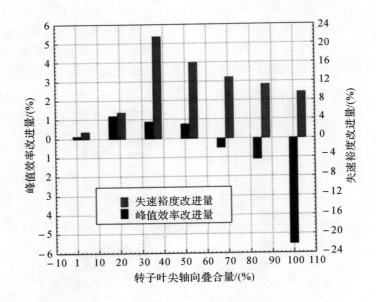

图 F3-12　裕度改进与效率改进量化对比

有学者实验研究也表明了折线缝式机匣处理提升压气机效率的可能性,通过组合背腔及调整机匣处理的轴向叠合量,他们发现在80％设计转速下占据20％轴向叠合量的折线缝式机匣处理能够带来明显的峰值效率提升,并且加装背腔能够使得20％轴向叠合量的机匣处理兼具高效扩稳与效率提升的双重效果。

此外,在分别对亚声速压气机和跨声速压气机开展了缝式机匣处理几何参数(缝宽、缝深和缝数等)对压气机效率影响的研究中,缝式机匣处理扩稳增效的结果也不断涌现。结果表明:亚声速条件下泄漏损失是主要的损失来源,而跨声速条件下泄漏损失和激波损失占主要部分,减少缝数或者减少缝深能够减少机匣处理带来的效率损失,并且设计的前窄后宽型机匣处理能够提升亚声速压气机峰值效率。

近年来,借助于优化算法研究机匣处理几何寻优逐渐成为热点问题,有学者采取 Bezier 曲面生成机匣处理腔壁,对缝式机匣处理开展了大规模的数值优化设计,参数优化定义如图 F3-13 所示。设计过程中分别对机匣处理与通道间进行非定常与定常 RANS 计算,借助等转速特性线上的三个工作点(分别为100％转速设计点作为优化点1、90％转速设计点作为优化点2 和90％转速近失速点作为优化点3),间接评价机匣处理的扩稳性能,如图 F3-14 所示为性能优化点和优化结果分布情况。优化过程共评估了 300 个机匣处理结构形式,并根据 Pareto Front 理论得出 8 种结构形式,之后对 8 种结构下机匣处理与通道流场的数值分析揭示出结构参数对综合稳定裕度及效率的影响。结果表明:能够提升压气机稳定工作裕度的机匣处理结构形式应包含以下特点:①机匣处理应该前置超过转子前缘,以保证实壁近失速点时机匣处理跨过脱体激波,使得机匣处理前后部能感受更高的压力梯度;②机匣处理轴向倾斜角应为转子安装角的反向;③机匣处理径向倾斜应与转子转向一致。优化结果表明:机匣处理的作用区域及几何形式对机匣处理的扩稳能力至关重要。优化设计结果较为理想,借助对 Pareto Front 的分析得到了不少机匣处理型线设计的结论。该方法的缺陷主要在于,间接综合稳定裕度的评价并没有联系流动机理,难以保证适用于不同压气机的有效性,此外算法的可靠性也有待验证。

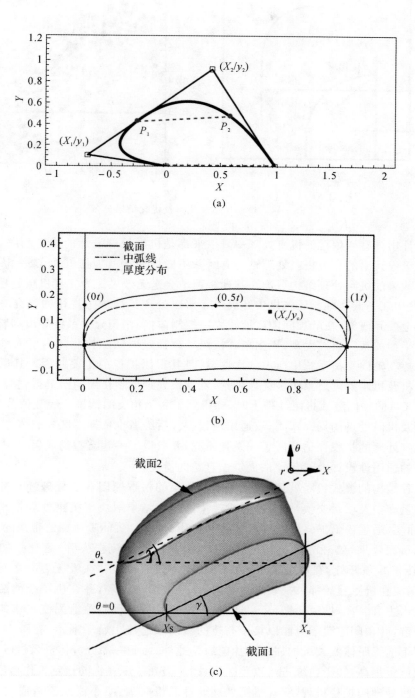

图 F3-13　机匣处理优化参数定义
(a)侧截面优化参数定义;　(b)横截面优化参数定义;　(c)整体效果

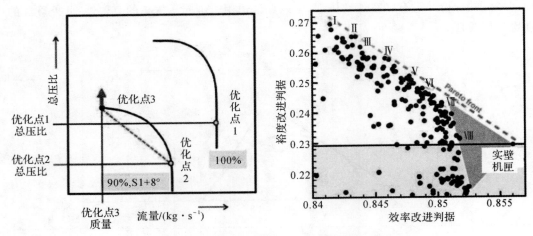

图 F3 – 14　性能参数优化点及优化结果分布

如何设计出具有通用性的机匣处理一直以来都是机匣处理设计的难点问题,基于某一压气机转子或级设计出的有效机匣处理结构有时并不能应用于其他压气机,某一特定转速下取得较好扩稳效果的机匣处理结构可能在其他转速下会毫无效果。为完善机匣处理的应用及通适性问题,最初在一低速轴流压气机中开展关于机匣处理扩稳统一规律的研究。首先在周向槽机匣处理上展开研究,在叶顶间隙区域建立一控制体,利用积分关系推导出端壁黏性与轴向压力之间的平衡关系。研究发现,周向槽式机匣处理通过向间隙控制体内引入轴动量通量消弱了机匣摩擦在轴向平衡系统中所占的比例,这是其得以扩稳的主要原因。其后在三个不同的轴流压气机及机匣处理对象中验证该理论,发现该理论虽然在周向槽上得到验证,但应用于CBUAA压气机的轴向缝式机匣处理上时,却得到了完全相反的结果。经数值分析发现,该理论因无法顾及机匣处理的局部作用,故通用性较差。后继者也依据端区控制体方法,对周向槽及轴向缝机匣处理的扩稳评估开展了一系列研究,并取得了一些有益的成果,这些成果均对缝式机匣处理的通用性设计及量化评估提供了有益的借鉴。

无论何种结构的缝式机匣处理,其取得扩稳效果的根本原因在于处理缝与叶片通道主流之间存在动量交换及质量交换,而对压气机效率的影响结果取决于机匣处理带来的正面效果(对端壁附面层/通道内低能气团的抽吸或吹除作用、抑制叶尖间隙泄漏流带来的流动损失等)与其带来的负面效果(处理缝形成的回流损失、引起的二次流损失等)之比。如图F3 – 15所示,通过在转子叶顶开缝,在叶片吸/压力面形成“沟通的桥梁”,在吸压力面之间压差的作用下,叶顶泄漏流在机匣缝后部被抽吸进入缝内,在缝内形成循环,并在机匣缝前端(转子前缘)再次喷射注入主流。在“抽吸—循环—再喷射”的作用下,叶顶间隙泄漏流造成的低速堵塞区得到极大缓解,叶顶间隙泄漏流能以集中高速的流动状态流出转子通道,在跨声速条件下,机匣处理作用下前缘脱体激波更加靠近叶片前缘。此外,由于一部分流体进入机匣处理缝内,靠近叶顶区域流量提高,转子前缘进气攻角减小,因此提高了压气机的稳定工作裕度。

鉴于机匣处理的扩稳机理,缝式机匣处理设计的策略为:减小泄漏流造成的低能堵塞区;减小叶顶进气攻角,防止压气机叶顶发生气动过载。总结文献资料中的设计经验,对轴向缝式机匣处理(几何参数示意简图见图F3 – 1)给出以下初步几何参数:

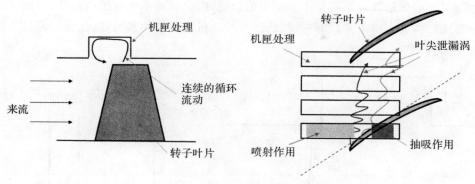

图 3-15 机匣处理扩稳示意图

（1）缝深 h，与叶尖间隙 τ 处于同一量级，可取 $h=(5\tau \sim 10\tau)$，单位 mm。有效缝深为 $\bar{h}=h/\cos\beta$。

（2）缝法向与转子径向夹角 β，且应朝向转子转向，反向无效，取 $30° \leqslant \beta \leqslant 60°$；缝与转子轴向夹角 α，计算经验表明：α 应与叶片安装角 θ 相近，可取 $30° \leqslant \alpha \leqslant 45°$，不过作用效果不如 β。

（3）缝的深宽比 $\bar{h}/\bar{d}$，其中 $\bar{d}$ 为有效缝宽。根据经验，此无量纲值与机匣作用效果有直接关系。在确定缝深 h 情况下，该无量纲值决定了机匣处理流通体积，取经验范围 $2.2 \leqslant \bar{h}/\bar{d} \leqslant 3$。

（4）缝开度占比 $k=50\%$ 或 66.7%；缝宽 d，有效缝宽 $\bar{d}=\delta_s\cos\beta$，单位 mm。缝齿宽 t_s，$k=50\%$，$d=t_s$；$k=66.7\%$，$d=2t_s$，单位 mm。缝数 Z，$Z=\pi D/(d+t_s)$，其中 D 为转子直径，结果近似整数化。

（5）缝轴向覆盖长度 ι 与缝轴向长度 L，单位 mm。这两个参数，为体现参数与转子设计几何的相关性，可通过转子叶尖弦长轴向投影 b_k 进行无量纲化：覆盖比 $\bar{\iota}=\iota/b_k$，轴向长度比 $\bar{L}=L/b_k$。其中，$b_k=b\cos\theta$，b 为转子叶尖气动弦长。根据数值模拟经验，覆盖比 $\bar{\iota}$ 可取 $25\% \sim 75\%$，也有设计者考虑覆盖整个转子叶顶，但同时效率损失加大。缝轴向长度比可取经验范围 $0.5 \sim 1.2$。

经过以上步骤，轴向缝机匣处理的几何参数基本确定，但针对不同压气机或同一压气机不同工作转速下，效果可能并不是最佳的，因此需要后续的实验及计算来适度调整。

附录四 凹槽导叶式机匣处理的一些研究结果

凹槽导叶式机匣处理可以被看作是在转子叶片叶顶附近机匣上设置的一个环形周向槽。图 F4-1 和图 F4-2 分别给出了凹槽导叶式机匣处理的总体结构示意图和内部细节图。如图 F4-2 所示，在槽的内部，装有一定数目的导流叶片，从而对凹槽通道内部的流动进行梳理。此外，在凹槽与主流通道之间，有一机匣环结构与导叶连接在一起。机匣环一方面将凹槽内部的气流与主流通道内部的气流隔开，另一方面则把凹槽开口划分为上游和下游两个开口。由于扩稳效果显著，该型机匣处理在低速轴流压气机上得到了广泛的应用。但值得注意的是，在实际工程应用中，凹槽与转子叶片的相对位置、凹槽的高度、出口尺寸、入口尺寸以及导叶的偏转角度等参数对凹槽的最终效果有着十分重要的影响,因此针对不同的扩稳对象,凹槽导叶式机匣处理的具体结构会有所差异,如何选择凹槽导叶式机匣处理的参数,这是设计人员关心的核心问题。

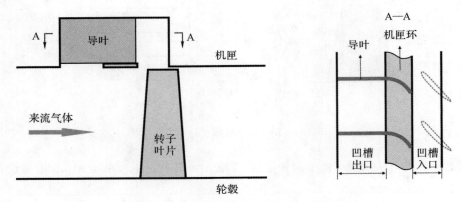

图 F4-1　凹槽导叶式机匣处理示意图

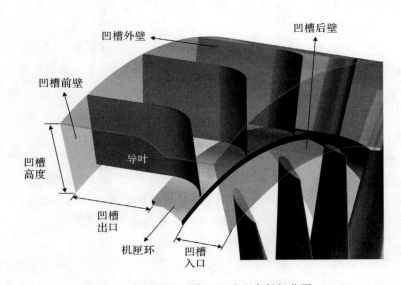

图 F4-2　凹槽导叶式机匣处理内部细节图

　　图 F4-3 给出了典型低速轴流压气机的性能曲线。在轴流压气机中,随着工作流量的减小,转子叶片下游的压力上升,主流通道内的逆压梯度也相应升高。如图 F4-4(a)所示,对于无机匣处理的压气机而言,当通道内部的逆压梯度达到临界值时,气体黏性的作用,使机匣附近的边界层发生分离,叶顶的做功能力急剧下降,通道内部的流动不再满足径向平衡方程的要求。此时,气体所受到的离心力无法被径向的压力梯度平衡,使得气流沿着转子叶片尾缘向叶尖迁移,气流堆积在叶顶区域形成了低能流体团,从而降低了叶尖附近的流通能力。这些低能流体在逆压梯度的作用下在高叶展处产生回流,最终使得压气机进入不稳定的工作状态,并导致了其性能的下降。

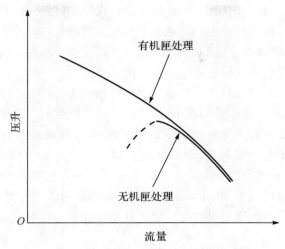

图 F4-3　机匣处理前后特性曲线对比

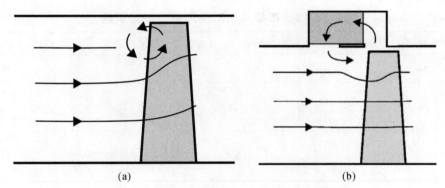

图 F4-4　机匣处理前后通道内部流动情况对比

(a)无机匣处理；　(b)有机匣处理

　　如图 F4-3 中的特性曲线所示,压气机在经过机匣处理后能稳定工作在更小流量工况。这是因为加入机匣处理结构后,叶顶的流通状况得到明显的改善。如图 F4-4(b)所示,在压力梯度和离心力的驱动下,原本堆积于叶顶附近的低能流体阻塞气团从凹槽下游开口处进入凹槽,在经过导叶的梳理之后从凹槽上游开口返回主流通道中,形成流动的局部循环。这种流动控制结构使得原本存在于叶顶附近的流动阻塞得到了充分的缓解,并最终扩大了压气机的稳定工作范围。

　　凹槽导叶式机匣处理的引入一般会对压气机特性有着较大的影响。针对某些低速轴流压气机而言,在没有进行机匣处理时,其压比特性曲线上会出现一个依赖于叶片的安装角的"驼峰"(压比随着工作流量的减小呈现出先增后减再增加的趋势):当叶片安装角小于一定值时,特性线上展示出了一个明显的"驼峰"结构,当叶片安装角大于一定值时,特性线上的"驼峰"消失。而当加入凹槽导叶式机匣处理结构以后,无论叶片安装角如何变化,压比特性线上的驼峰不再出现,即压气机的压升随着工作流量的减小不再下降。此外,压比特性线上"驼峰"的存在还与机匣处理的结构尺寸有着紧密的联系。其中凹槽导叶式机匣处理的入口尺寸对压气机特性影响明显。当凹槽入口较小时,压比特性线上会出现"驼峰"且伴随着压气机效率下降,而当凹槽出口大于一定值时,"驼峰"消失。这是由于只有当凹槽开口尺寸大于一定值时,才能保证凹槽对转子叶顶的低能流体有充足的抽吸作用,当开口尺寸过小时,凹槽对转子叶片叶顶低能流体的抽吸不足,从而导致压气机进入不稳定工况。

就"驼峰"产生的机理而言,低速压气机(风机)特性线上出现的"驼峰"与其内部的流动变化有着紧密的联系。随着工作流量的减小,压气机内转子叶片的气流来流攻角逐渐增大,当压升达到一定值(驼峰顶点)时,如果继续减小工作流量,则叶片的攻角会继续增大,叶片表面气体发生分离,且随着转子叶片的旋转,分离区的扰动气流以滞后于转子叶片的角速度发生旋转。这种旋转分离气流在离心力和压差的作用下在转子叶片机匣部分回流,使得压气机内的流通断面部分阻塞,导致压力急剧下降,从而形成了驼峰左侧的压力凹陷区。而加入凹槽导叶式机匣处理(空气分流器)后,能使得产生的旋转分离气流被及时引出,最终扩大了压气机的稳定工作范围。

凹槽的尺寸对压气机的裕度具有明显的影响。表 F4-1 给出了四组具体凹槽入口尺寸及其示意图,图 F4-5 则给出了不同结构的压气机的特性曲线。

表 F4-1 凹槽入口对压气机性能的影响

结　构	示意图	无量纲开口尺寸/(%)	裕度改进量/(%)	峰值效率改变量/(%)
SC(实壁机匣)	来流　转子叶片	—	0	0
CT1	来流　转子叶片	2.47	1.27	−0.82
CT2	来流　转子叶片	15.63	8.01	−1.38
CT3	来流　转子叶片	28.77	12.30	−2.20
CT4	来流　转子叶片	41.93	32.40	−4.10

结合图表可以看到,相比于实壁机匣压气机,经过机匣处理后的压气机裕度皆有所增大,且随着轴向叠合量的增大,压气机的裕度增大,与此同时效率减小。这是由于在转子叶片上游,不同结构风扇的主流通道内的轴向速度不同:轴向速度总体上在实壁机匣条件下最小,且随着轴向叠合量的增大而增大。而在转子叶片下游,不同结构的轴向速度沿整个叶展的分布基本一致,即机匣处理的引入对转子叶片下游的流动分布几乎没有影响。可以推测,机匣处理的抽吸作用使得凹槽与主流通道间形成局部循环,气体进入凹槽入口,经过导叶的梳理后从凹槽出口流入主流通道。随着轴向叠合量的增大,局部循环流量增大,汇入主流通道的流量更多,来流攻角整体降低,使得凹槽之下的叶顶低能区进一步被激活。此外,凹槽与主流通道之间的交互流动影响着压气机的性能,根据表 F4-2 和图 F4-6 所示,将交互流动分成了四类。研究表明:抽吸流和喷射流越大,机匣处理的扩稳效果越明显,但与此同时凹槽内的流动结构

越趋复杂,从而带来了更大的损失,并最终导致了压气机效率的下降。

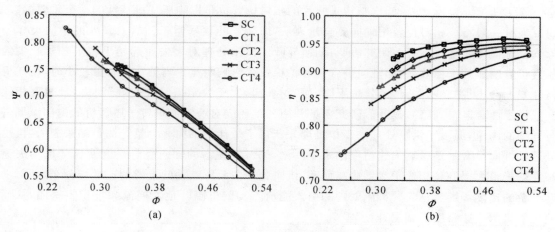

图 F4-5　特性线对比

(a)压升特性;　(b)效率特性

Ψ—压升系数;　Φ—流量系数;　η—效率

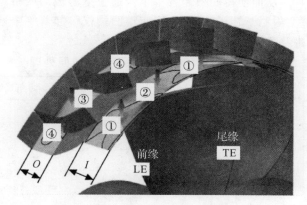

图 F4-6　流动结构示意图

表 F4-2　流动分类

类　型	标　号	流动方向	位　置
抽吸流	①	径向向外	凹槽入口
缓冲流	②	径向向内	凹槽入口
喷射流	③	径向向内	凹槽出口
抑制流	④	径向向外	凹槽出口

除了增大凹槽入口外,增大凹槽出口的尺寸亦能扩大压气机的稳定裕度。增大凹槽入口与出口尺寸本质上是增大了凹槽的容量。大的凹槽容量使得凹槽具有更大的潜力来抽吸转子叶顶附近的低能流体,从而使得更多的流体能通过凹槽,最终扩大了压气机的稳定工作范围。与此同时,增大凹槽入口会导致效率的下降,而增大凹槽出口却对效率影响较小。因此在工程

实际应用中,增大凹槽导叶式机匣处理的出口尺寸不失为是一种可以借鉴的方法。

除了凹槽入口尺寸外,凹槽与转子叶片的相对位置也是影响压气机特性的一个重要参数。研究人员一般将该相对位置用轴向叠合量表示,即转子叶顶暴露于凹槽入口处的轴向尺寸与叶尖总轴向尺寸之比。有关研究表明:凹槽导叶式机匣处理对于失速起始于转子叶片叶尖的压气机有明显的扩稳效果,而轴向叠合量对扩稳效果影响明显。当轴向叠合量较小时,压气机特性线上会出现"驼峰"并伴随效率下降,而当叠合量大于一定值时,"驼峰"消失,且效率相比实壁机匣而言能得到略微提升。研究人员利用三维热线对一轴流单转子压气机的内部流场进行详细的测量,揭示了机匣处理的工作机理并获得了最佳的轴向叠合量。测量结果表明:机匣处理的轴向叠合量是影响失速裕度的重要因素,66.7%左右的轴向叠合量能使压气机的失速裕度获得最大提升。相比于实壁机匣而言,机匣处理主要影响动叶上游的速度场分布,而对动叶下游的速度场影响不大。机匣处理的引入能消除实壁机匣叶顶处逆流和堆积阻塞团,从而使压气机的失速裕度得到提升。

针对于凹槽后壁有关切角尺寸方面的研究,表 F4-3 给出了三种不同的切角大小。数值模拟结果显示,随着切角尺寸的增大,压气机的裕度先降后增,而与此同时效率相比于实壁机匣皆有所下降。图 F4-7 给出了周向平均的速度分布。大的切角结构使得转子叶顶附近的阻塞气流能流入凹槽的内部,从而使得凹槽起着一个沟通上下游流动的桥梁作用。而小的切角使得凹槽内部的流动主要限制于转子叶顶附近,使得凹槽仅仅起着一个增大转子叶片间隙的作用,从而导致流动更进一步恶化,裕度也相应下降。

表 F4-3 不同切角的凹槽导叶式机匣处理

结　构	示意图	切角尺寸	
		l_r/mm	l_a/mm
CT-1	导叶	59	59
CT-2	导叶	118	59
CT-3	导叶	177	59

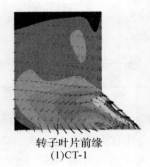
转子叶片前缘
(1)CT-1

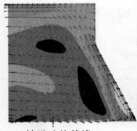
转子叶片前缘
(2)CT-2

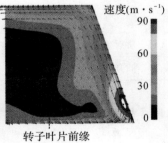
转子叶片前缘
(3)CT-3

速度(m·s⁻¹)
90
60
30
0

图 F4-7　凹槽内部周向平均流动

　　此外,凹槽导叶式机匣处理的轴向叠合量还影响着多级压气机的性能。相关研究给出了针对一低速轴流压气机的详细实验结果。图 F4-8 展示了凹槽导叶式机匣处理与转子叶片的相对位置示意图,其中不同的相对位置对应着不同的轴向叠合量大小。结果表明:相比于实壁机匣而言,32%～36%的轴向叠合量能获得最大压气机裕度改善,48%～53%的轴向叠合量能使效率提升最多,而 58%～64%的轴向叠合量能使压升提升最大。与此同时,机匣处理的引入还会改变压气机的失速种类,在大多数情况下,压气机在机匣处理的作用下由突变失速变为渐进失速。

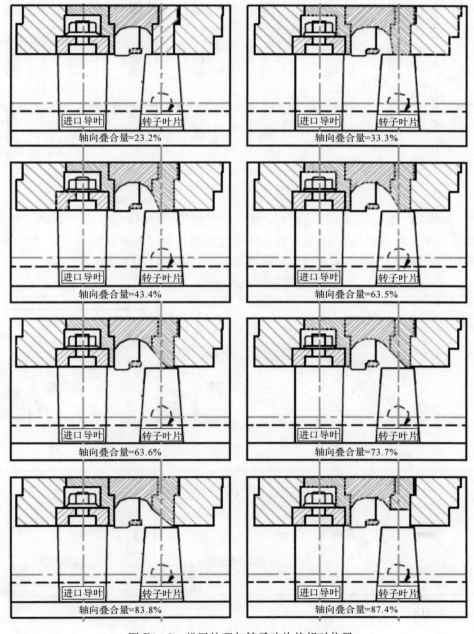

图 F4-8　机匣处理与转子叶片的相对位置

除了传统的单一机匣处理,双机匣处理亦能对压气机扩稳能力有着明显的影响。如图 F4-9所示,无论使用单机匣处理还是双机匣处理都能使压气机特性线上的"驼峰"消失,且单机匣处理轴向叠合量为-30%时扩稳效果最好。此外,在压气机稳定工况下,机匣处理对主流的影响很小,而在近失速点时,机匣处理对主流的作用效果明显。凹槽内导叶压力面流动分离使得损失增加,因此可以从优化槽内导叶来提升整体效率。

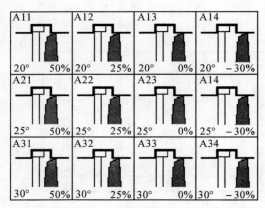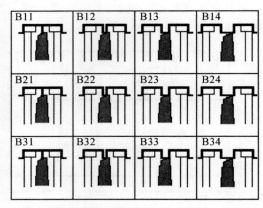

图 F4-9 凹槽导叶机匣处理与转子叶片相对位置

(a)单机匣处理; (b)双机匣处理图

此外,如图 F4-10 所示,相关研究对凹槽高度进行了详细的探索。当凹槽的高度较大时,凹槽内部的流动更加通畅,从而有更多的流体流过凹槽。研究人员总结出了压气机的裕度与流过凹槽内部的流量成正比,流过凹槽的流量越大,压气机的裕度也相应越大。

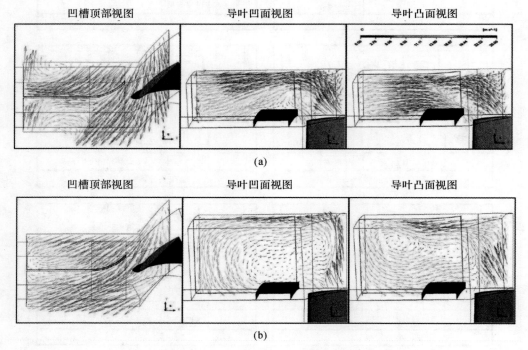

图 F4-10 不同凹槽高度槽内流动对比

(a)小高度; (b)大高度

　　凹槽内部导叶偏转方向对压气机性能有着显著的影响(见图 F4-11)。当导叶偏转方向和转子叶片弦向方向越接近,压气机获得的裕度就越大(见图 F4-12)。对三维流场的分析发现,这是由于流动阻塞导致了压气机的失速,而机匣处理的加入改善了叶顶流场,并引入了主流和凹槽内部流动的沟通。凹槽导叶入口角度影响着凹槽内部的流动方式,并最终决定了通过凹槽与主流通道交界面的流量。凹槽内部存在着一个由出口向入口的流动趋势,从而使凹槽起着沟通上下流动的桥梁作用(见图 F4-13)。随着工作流量的减小,从主流通道流入凹槽的净流量增大,同时凹槽内的流动死区(dead zone)增大,从而导致凹槽的实际体积减小,最终凹槽无法容纳更多的流体流入凹槽,低能流体在转子叶片堆积,引发压气机失速的发生。而导叶的方向对凹槽的实际容纳量起着决定性的作用,因而最终决定了压气机的工作裕度。

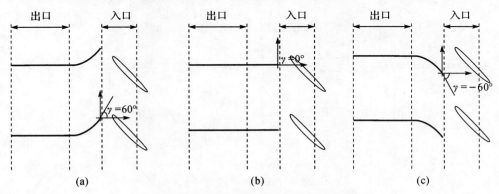

图 F4-11 不同凹槽导叶偏转方向

(a)结构 1; (b)结构 2; (c)结构 3

图 F4-12 特性对比

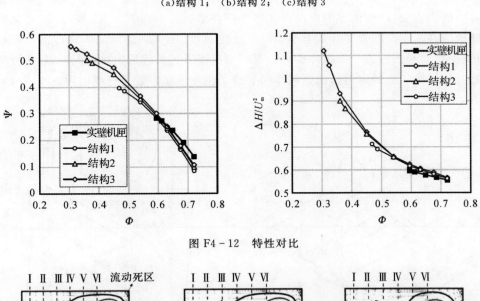

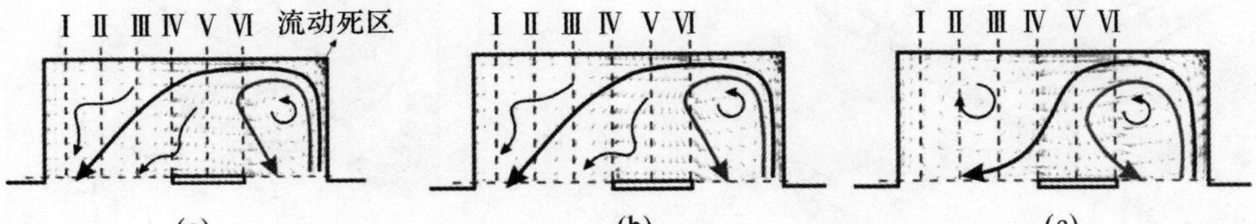

图 F4-13 凹槽内部的流动示意图

(a)结构 1; (b)结构 2; (c)结构 3

　　此外,凹槽导叶式机匣处理还可以运用于轴流对转压气机上。如图 F4-14 所示,相关研究将凹槽导叶式机匣处理安装于两排对转叶片之间的机匣壁面上。研究人员发现,机匣处理使得后排转子叶尖附近的附面层被抽吸入凹槽,在压力的驱动下喷射入前排转子叶顶,形成自主抽吸循环,从而提升了压气机的性能。此外,他们还测量了机匣处理自主抽吸的流量大小,结果表明:凹槽内的抽吸流量占主流流量的 13%～18%,且这个量级的流量是使凹槽导叶式机匣处理发挥扩稳能力的必要条件之一。

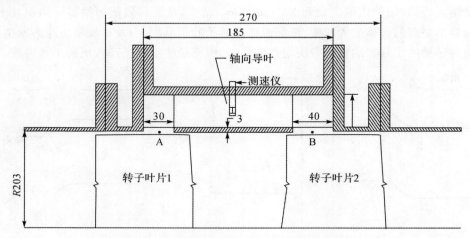

图 F4-14　凹槽导叶式机匣处理应用于对转压气机

　　随着数值模拟和计算机技术的发展,计算流体力学方法也逐渐应用到了压气机的流场分析中。有关研究表明:凹槽内部的流动存在多个拓扑结构。如图 F4-15 所示,流动从凹槽入口进入凹槽后并未完全顺着导叶从上游出口汇入主流,其中有一部分流体从凹槽入口返回了叶顶,对整个流动起到的是一个缓冲作用。当实壁机匣压气机接近失速工况时,转子叶尖分离与轮毂处叶片尾缘气流径向迁移的共同作用导致了机匣壁面附近的分离出现。

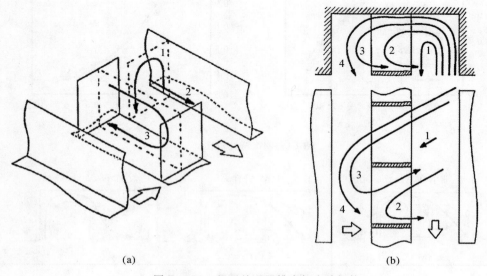

(a)　　　　　　　　　(b)

图 F4-15　机匣处理凹槽内部流动拓扑
(a)三维结构；　(b)二维结构

如图 F4-16 所示给出了压气机内部的流场细节：在大流量工况时，转子叶片尾缘卷起了一个涡结构并延伸至距机匣壁面 1/3 展向的位置，形成了低速反流区，而在近失速工况时，该涡结构持续向机匣壁面延伸，转子叶尖分离与轮毂处叶片尾缘气流径向迁移的共同作用导致了机匣壁面附近的分离出现，并最终使得低能流体在机匣附近积累，最后导致了明显的流动分离，从而引发了压气机的失速。而加入了凹槽导叶之后，机匣壁面附近区域的低能流体吸入凹槽，并在上游处汇入通道中，改善了流场从而最终扩大了稳定裕度。此外，凹槽内部导叶的有无亦影响着机匣处理的作用效果。研究结果表明：槽内带导叶的机匣处理相比于槽内无导叶的机匣处理而言扩稳效果更好，但两者的效率相比于实壁机匣而言皆无明显损失。此外，根据数值模拟定常与非定常的结果对比，凹槽导叶式机匣处理引发的流场非定常性很小，因此可以推测，对于低速压气机而言，定常数值方法能满足凹槽导叶式机匣处理对压气机性能影响的预测。

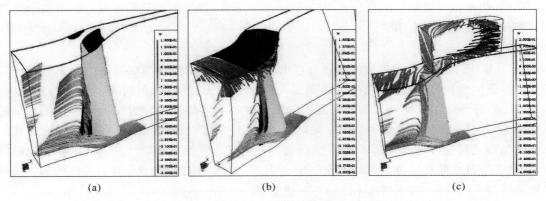

(a)　　　　　　　　(b)　　　　　　　　(c)

图 F4-16　流线及回流区分布
(a)大流量工况；　(b)近失速工况；　(c)经过机匣处理后

常规的凹槽导叶式机匣处理中的导叶一般沿着压气机轴向进行弯曲，从而使得导叶末端与轴向存在一定的夹角来引导气流。除了上述轴向导叶外，还有一种名为凹槽径向导叶（radial vanes）的机匣处理亦得到了科研人员的探索。如图 F4-17 所示，该机匣处理凹槽中的导叶沿径向弯曲。同轴向弯曲的机匣处理一样，该型凹槽上下游开口大小与扩稳程度亦存在着明显的关系。

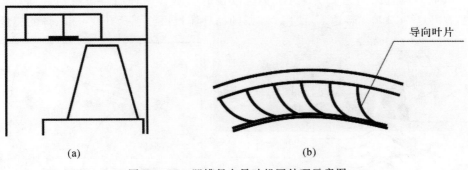

(a)　　　　　　　　　　　　　　　(b)

图 F4-17　凹槽径向导叶机匣处理示意图
(a)子午平面视图；　(b)轴向截面视图

最后还有一点值得注意的是,凹槽导叶机匣处理在特定情况下除了对均匀工况下工作的压气机有扩稳效果外,还对进气畸变条件下的压气机亦有扩稳作用。相关实验表明:该型机匣处理能使由于进气畸变带来的压力损失得到恢复,且其相比于传统的机匣处理而言,抗畸变效果更加显著。

附录五　自循环机匣处理的一些研究结果

1. 自循环机匣处理研究进展

早在上个世纪 60 年代,研究人员通过实验手段提出了自循环机匣处理的概念,但该技术没有得到足够的重视,他们的后续研究主要集中在缝式和槽式机匣处理上。随着对发动机能耗的重视以及主动控制技术的发展,叶顶喷气技术逐渐受到了重视。叶顶喷气从压气机后面级引气时,由于压气机前后温差较大,容易引起喷气部位机匣的变形,同时较长的管路会增加压气机的重量。因此,在单转子或单级后面引气成为一种可选择的方案,这种方案也称为自循环机匣处理。

1990 年,研究者为了研究缝式机匣处理的扩稳机理,对抽吸和喷气的影响分别进行了实验研究。研究发现,单独抽吸和喷气均能提高压气机的失速裕度,但均不及缝式机匣处理。2002 年,相关研究者在 NASA 前期研究的基础上对全环形的自循环机匣处理进行了详细的数值研究,并分析了喷气位置和抽吸位置对压气机失速裕度的影响。在他的研究中,没有建立真实的物理结构进行气流的循环,而是通过流量平衡来建立抽吸和喷气之间的联系。他同时指出,自循环机匣处理应设计成离散分布的,并且将抽吸口和喷嘴沿周向进行一定的偏置来避免喷射流进入抽吸口,防止气流不断循环引起的温度过高的问题。

然而,离散分布的自循环机匣处理给数值计算带来了很大的困难。为解决这一问题,2003 年,有研究者发展了一种混合面的处理方法来模拟离散分布的自循环机匣处理,混合面上既包含流体边界又包括固体边界。他们发现,自循环机匣处理可以削弱或破坏叶顶泄漏涡,在提高压气机失速裕度的同时略微降低了压气机设计点的效率,但提高了小流量工况点的效率。

前面的研究主要在单转子上进行流动循环,由于转子后的气流带有很大的旋绕,使得气流不容易进入自循环机匣处理内。为了避免这一问题,相关研究人员在 Rotor 35 一级上进行了自循环机匣处理的实验研究,自循环机匣处理的几何结构由图 F5-1 给出。实验使用了 6 个循环回路,其周向覆盖比例为 21%,由于实验设备的限制各循环回路没有沿周向均匀分布。研究发现,在 70% 和 100% 转速下,使用 0.9% 的循环流量可分别提升 6% 和 2% 的流量裕度。

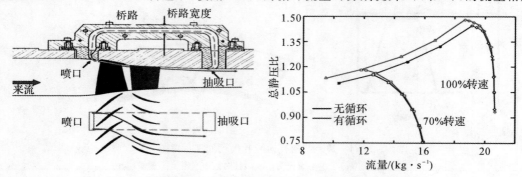

图 F5-1　NASA 研究人员的自循环机匣处理结构及其对压气机性能的影响

　　NASA 的研究人员在关注自循环机匣处理对压气机性能影响的同时,也注意到可用其降低压气机的噪声。2006—2007 年,研究人员在一低速风扇上应用全环形自循环机匣处理(由于循环回路中放置导流叶片,所以称之为 Vaned Passage Casing Treatment)来降低风扇的噪声,并对喷气和抽吸位置的影响进行了实验研究。研究发现,在进气畸变条件下(模拟飞机起飞时的进气条件),自循环机匣处理可较大提高压气机的失速裕度。然而,自循环机匣处理使压气机的效率降低了 2.4%,因而他们认为在巡航状态下应关闭自循环机匣机理。在噪声方面,自循环机匣处理对噪音的影响较小,某些结构可略微降低风扇的整体噪音。虽然该项研究没有对噪声起到较好的控制效果,但为自循环机匣处理未来的发展提供了一个新的设计指标。

　　与叶顶喷气类似,降低循环流量仍然是自循环机匣处理设计的一个主题。2011 年,研究者以带导叶的低声速压气机级为研究对象,将自循环机匣处理发展到自调节机匣处理。自调节的目的是降低设计工况点的循环流量,并且使近失速工况点的循环流量最大化。他们对抽吸位置、抽吸孔形状、抽吸角度、喷气角度和循环回路数目的影响进行了实验研究,并得到了性能最优的自循环机匣处理结构。该结构在压气机为模态失速时产生 2% 的裕度提升,但压气机效率降低了 0.4%;当调整转子安装角使其发生突尖失速时,压气机失速裕度提升 6%。

　　2014 年,研究者人员在前期缝式机匣处理研究的基础上,对不同叶顶间隙下的自循环机匣处理的作用效果进行了数值研究。与此同时也在一跨声速压气机上对自循环机匣处理进行了数值模拟,分析了自循环机匣处理对压气机性能和失速裕度的影响机理。

　　国内对自循环机匣处理研究的时间相对较晚。2009—2013 年,相关研究者在前期对传统机匣处理研究的基础上,在一高亚声速压气机上对自循环机匣处理进行了单通道和全通道非定常数值研究。研究发现,自循环机匣处理在提升压气机失速裕度的同时可略微提高压气机的效率。他们指出,自循环机匣处理可改善压气机转子叶顶的进气条件,抑制叶顶泄漏涡的发展和破碎以及前缘溢流现象的发生,降低叶顶堵塞,起到推迟压气机失速发生的作用。

　　2012 年,研究人员在一低声速压气机上对自循环机匣处理进行了实验研究,并比较了不同引气方式的影响。研究发现,自循环机匣处理在提升压气机失速裕度的同时可略微提高压气机的效率,自循环机匣处理对叶顶泄漏涡轨迹的改变是压气机失速裕度提高的主要原因。随后,他们在一跨声速压气机上进行基于自循环机匣处理的叶顶喷气研究。实验研究表明:自循环机匣处理能够有效提升跨声速压气机的失稳裕度,可取得 8%~15% 的扩稳效果,而且能够略微提高压气机峰值点的效率。他们认为,与叶顶喷气类似,自循环机匣处理的扩稳机理仍然是影响叶顶泄漏流的非定常性。

　　从以上论述可见,自循环机匣处理作为一种相对较新的扩稳技术近些年来受到了广泛的关注。相比于传统的机匣处理,自循环机匣处理具有提升压气机失速裕度的同时不降低压气机效率的优势。与叶顶喷气相比,自循环机匣处理结构更为简单,单转子或单级循环不会造成机匣区温度过高的问题。对于具有高推重比、高效率、高稳定性要求的航空发动机而言,自循环机匣处理是一项极具应用前景的扩稳技术。

　　2.自循环机匣处理结构优化简介

　　为对自循环机匣处理进行快速有效的参数化研究分析,相关研究者在对国内外学者的研究结果和设计经验总结提炼的基础上,自行编程设计了一套关于自循环机匣处理参数设计的程序。下面将作一简要介绍:自循环机匣处理一般由喷嘴、抽吸口和连接两者的桥路三部分组成。图 F5-2 给出了自循环机匣处理的参数化结构。对于该结构的设计,需要充分考虑各组成部分的功能。喷嘴的主要作用与叶顶喷气的喷嘴是一致的,即提供高速喷射的气流。因此,自循环机匣处理中喷嘴的设计沿用 Coanda 喷嘴结构,这是由于该结构喷射的气流具有高速贴壁的特点。抽吸口的主要作用是为喷嘴提供足够的喷气流量和喷气动力,降低抽吸口内的流动损失是其主要设计指标。桥路作为连接喷嘴和抽吸口的纽带,需要在降低流动损失的同时,考虑其真实应用中的几何约束,如发动机中其他管路占据了桥路的空间等。下面将主要讨论抽吸口的设计与优化以及桥路的可行性设计方案。

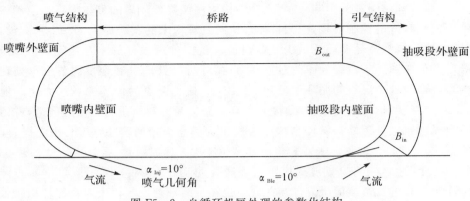

图 F5-2　自循环机匣处理的参数化结构

对于抽吸口而言,其主要设计指标是降低由抽吸造成的流动损失,同时为喷嘴提供足够的喷气流量和喷气压力。对于抽吸口主要研究了两个方面,一个是抽吸口的型线设计,另一个是抽吸几何角 α_{Ble} 的影响。

对于抽吸口的型线,其内壁面继承了喷气段内壁面的型线设计,即利用 Coanda 效应进行抽吸,保证流动附壁。对于抽吸段外壁面的设计,需要考虑在气流经过弯道时容易分离的特性。在设计中,通过对气流进行一定程度的压缩,来降低气流由轴向向后转为径向再转为轴向向前时在流道壁面上的分离。抽吸段外壁面的型线由下式控制:

$$B_{out}/B_{in}=c$$

式中,B_{out} 为抽吸口出口宽度;B_{in} 为抽吸口进口宽度;c 为常数。

通过调节 c 的值可对抽吸口外壁面的几何型线进行控制。图 F5-3 给出了 c 对抽吸口效率及抽吸流量的影响。抽吸口效率定义为抽吸口出口与进口的总压之比。从图中可以看出,当 $c=0.8$ 时,抽吸效率及抽吸流量均达到最大值,此时抽吸口的气动性能最好。

图 F5-4 给出了不同抽吸几何角下抽吸口流道内的绝对马赫数分布。当抽吸几何角小于 45°时,抽吸口流道中的气流紧贴壁面没有发生流动分离;当抽吸几何角达到 90°时,抽吸口的内壁面出现明显的流动分离。

表 F5-1 给出了抽吸几何角对抽吸口气动性能的影响。从抽吸效率来看,抽吸几何角小于 45°时抽吸效率相差不大。当抽吸几何角达到 90°时,抽吸效率明显降低。从抽吸流量和抽吸口出口总压来看,随着抽吸几何角的增加,抽吸流量和抽吸口出口总压均减少。从抽吸口的结构特性来看,在抽吸进口宽度 B_{in} 相同时,抽吸几何角越小,在机匣上开缝的轴向长度越长,对机匣强度越不利。综合上述分析,程序中抽吸几何角默认给定为 10°。

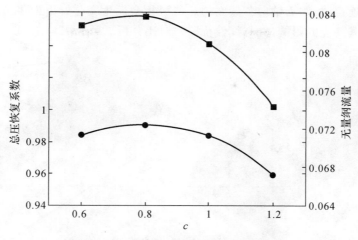

图 F5-3　c 对抽吸口效率和抽吸流量的影响

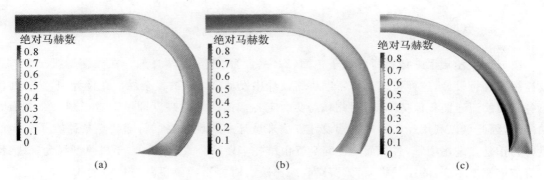

图 F5-4　抽吸口流道中的马赫数分布

(a)$\alpha_{Ble}=10°$；　(b)$\alpha_{Ble}=45°$；　(c)$\alpha_{Ble}=90°$

表 5-1　抽吸几何角对抽吸口气动性能的影响

$\alpha_{Ble}/(°)$	10	45	90
抽吸效率	0.952	0.957	0.938
无量纲抽吸流量	311.8	289.1	253.9
无量纲抽吸出口总压	1.546 6	1.454 2	1.353 4

　　对于自循环机匣处理的设计,除了探索喷气和抽吸的设计规律外,连接喷嘴和抽吸口的桥路是另外一个需要关注的问题。对于单级压比很高的压气机,单级所产生的压升就可以满足叶顶喷气的压力需求,这种情况下的桥路一般较短,结构相对简单。对于单级压比不是很高的压气机,引气位置可能需要在下一级或后面几级,这时起连接作用的桥路就会变得较长。由于发动机其他部件的干涉,桥路的设计就会变得更加复杂。

　　针对上述两种情况,设计了两种桥路,分别称为线性桥路和非线性桥路,如图 F5-5 所示。线性桥路是将喷嘴和抽吸口沿轴向进行线性连接,结构简单;但由于喷嘴的周向覆盖比例一般较大,桥路也相应较宽,占用的几何空间较大。非线性桥路是抽吸口的周向尺寸减小后,将抽吸口和喷嘴进行连接,桥路沿轴向各截面的几何形状会发生变化。下面将主要探索非线性桥路的设计参数对其性能的影响,并与线性桥路作对比分析。

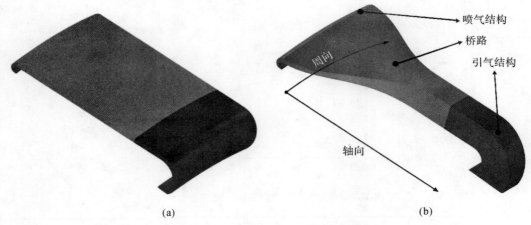

图 F5-5　桥路的两种设计方案
(a)线性桥路;　(b)非线性桥路

图 F5-6 给出了非线性桥路在子午面(ZR 平面)的投影。本文选择在收缩型机匣上对非线性桥路进行设计,这样可以充分考虑桥路设计中发动机结构的复杂性。在设计中,非线性桥路各截面的流通面积保持不变,因此只需要确定各截面的径向高度即可。考虑到桥路是沿着轴向的,因此可以利用经典的尾喷管设计方法来设计非线性桥路。将非线性桥路在子午面的投影看作是二维尾喷管,各截面的径向高度由维托辛斯基公式确定。对于机匣型线为直线(压气机流道宽度不变)的压气机而言,桥路收缩比较大时容易导致桥路与机匣的干涉,因而添加了另外一个几何限定因子 F:

$$r_0/2 = FR_3$$

式中,R_3 为喷嘴总高;r_0 为抽吸口流道宽度。

当 $F<1$ 时,桥路与直线型机匣不会发生几何干涉。

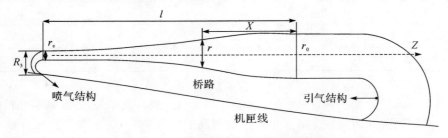

图 F5-6　非线性桥路在子午面的投影

针对图 F5-6 中的桥路设计,l/r_0 的值决定了桥路和喷嘴连接处几何的变化程度。固定 r_0 和 r_e 的值,几何限定因子 F 取 0.5,改变 l/r_0 的值研究其对桥路气动性能的影响。l/r_0 取三个水平,分别为 1,3 和 6,由此产生的几何结构由图 F5-7 给出。

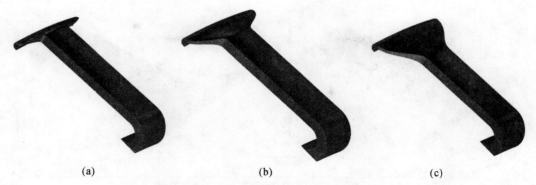

图 F5 - 7　l/r_0 值对桥路几何结构的影响

(a)$l/r_0 = 1$；　(b)$l/r_0 = 3$；　(c)$l/r_0 = 6$

　　对于桥路性能的计算，需要连同喷嘴和抽吸口一起对整个循环回路的气动性能进行评估。采用以下三个指标对桥路的气动性能进行评估：桥路效率（喷嘴出口总压/抽吸口进口总压），无量纲循环流量和喷嘴出口平均马赫数。l/r_0 对桥路气动性能的影响规律由表 F5 - 2 给出。桥路效率、循环流量和喷嘴出口平均马赫数随着 l/r_0 的增加先增加后减小。当 $l/r_0 = 3$ 时，桥路的性能最优。

表 F5 - 2　l/r_0 对桥路性能的影响

l/r_0	1	3	6
桥路效率	76.35%	82.95%	73.84%
无量纲循环流量	0.019 1	0.027 0	0.021 1
喷嘴出口平均马赫数	0.75	0.85	0.76

　　图 F5 - 8 给出了不同 l/r_0 值下桥路内的马赫数分布和流线分布。从图中可以看出，当 l/r_0 较小时，桥路内存在一个明显的旋涡，流动较为混乱，气流从桥路进入喷嘴时突然扩张，带来较大的流动损失。随着 l/r_0 的增加，桥路内的流动趋于均匀。然而，当 l/r_0 增加至 6 时，从抽吸口到桥路的连接部分出现回流；同时由于气流流动的湿面积增加，由此而带来的摩擦损失增加，导致桥路效率下降。由此可见，当 $l/r_0 = 3$ 时，桥路可以获得较好的气动性能。

　　几何限定因子是防止桥路和直线型机匣发生几何干涉而设定的。针对图 F5 - 6 中的几何参数，固定 r_0，将 l/r_0 设定为 3，改变几何限定因子 F 的值计算不同桥路几何的气动性能。F 分别取 0.2，0.5 和 0.9，其几何结构由图 F5 - 9 给出。

　　表 F5 - 3 给出了线性桥路和不同几何限定因子下的非线性桥路的气动性能。从表中可以看出，与非线性桥路相比，线性桥路的效率是最高的，但循环流量和喷嘴出口马赫数处于中等偏下水平。对于非线性桥路而言，随着 F 值的增加，桥路效率逐渐降低，循环流量先增加后降低，喷嘴出口马赫数变化不大。

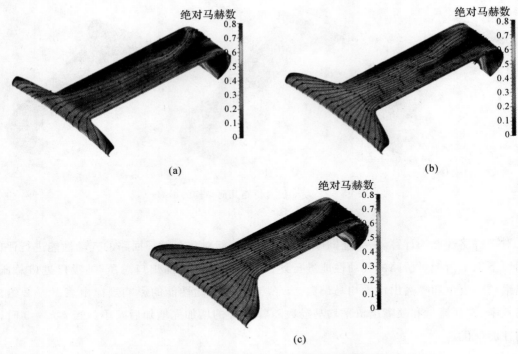

图 F5-8　不同 l/r_0 值下桥路内的马赫数分布和流线分布

(a)$l/r_0=1$；　(b)$l/r_0=3$；　(c)$l/r_0=6$

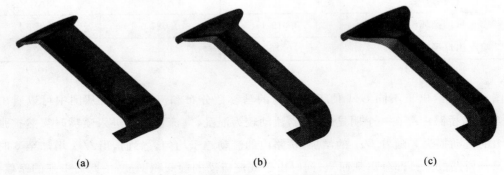

图 F5-9　不同几何限定因子 F 值下桥路的几何结构

(a)$F=0.2$；　(b)$F=0.5$；　(c)$F=0.9$

表 F5-3　几何限定因子 F 对桥路性能的影响

	线性桥路	非线性桥路		
		$F=0.2$	$F=0.5$	$F=0.9$
桥路效率	90.82%	83.90%	82.95%	77.20%
无量纲循环流量	0.023 1	0.023 4	0.027 0	0.023 1
喷嘴出口平均马赫数	0.84	0.85	0.85	0.83

3.自循环机匣处理参数化程序简要介绍

基于相关研究对喷嘴和自循环机匣处理的优化设计结果,利用了 MATLAB 中的 GUI 图形设计模块编写造型软件 INJDE,实现喷嘴和自循环机匣处理的自动造型与优化。该软件主要包括四个模块:性能计算、喷嘴型线设计、桥路设计和抽吸口设计。

性能计算模块(见图 F5 – 10)可以通过给定喷嘴几何参数、喷气参数以及机匣信息计算喷气量和喷气速度,为叶顶喷气的设计提供参考。

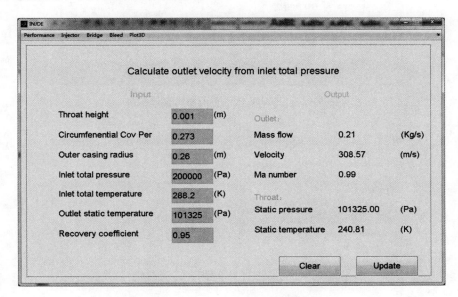

图 F5 – 10　INJDE 软件中的性能计算模块

喷嘴型线设计模块(见图 F5 – 11)通过"Load"命令输入机匣型线,给定喷嘴几何角(Pitch angle)以及喷气位置(Location_Z)等参数生成喷嘴几何。同时可以通过调节专家参数实现对喷嘴几何的进一步控制调节。图 F5 – 11 中给出在不同 Inj_c 值时喷嘴的外壁面型线。

桥路设计模块(见图 F5 – 12)通过输入喷嘴的个数(Injector Num)以及轴向延伸范围(Z extension),并选定桥路为线性或者非线性形式,自动生成具有最优性能的桥路几何结构。

抽吸口设计模块(见图 F5 – 13)通过输入周向偏转角(Cirinclined ang,用于抽吸口的周向倾斜)、抽吸位置(Z1 location)和抽吸几何角(Takeoff angle1),选择抽吸口内壁面和外壁面的控制规律,生成抽吸口的几何结构。

INJDE 设计软件结合对喷嘴和自循环机匣处理的优化结果,将喷嘴和自循环机匣处理的设计过程自动化。为后续压气机中喷嘴和自循环机匣处理的设计提供了便利,极大简化了设计过程,缩短了设计周期。

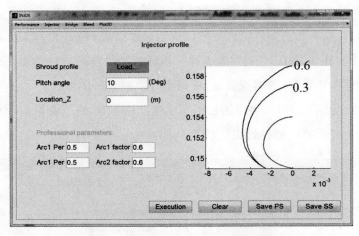

图 5 - 11　INJDE 软件中的喷嘴设计模块

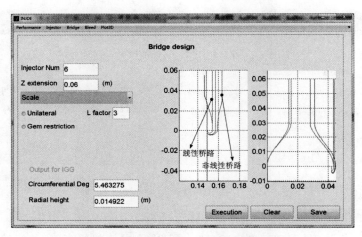

图 F5 - 12　INJDE 软件中的桥路设计模块

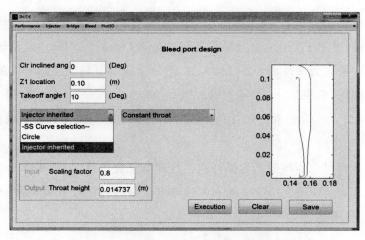

图 5 - 13　INJDE 软件中的抽吸口设计模块

附录六　离心压气机机匣处理的一些研究结果

一、进口环槽机匣处理

在某高速离心压气机上设计的环状槽机匣处理结构如图 F6-1 所示,试验研究中发现环槽机匣处理能提高小流量工况下的转子叶尖流场品质,有无机匣处理结构的压气机性能曲线如图 F6-2 所示。该研究还指出:环槽通过抽吸间隙泄漏流和叶尖附近的逆流,稳定了转子叶顶流场,最终可使压气机在更小的流量下稳定运转(见图 F6-3)。

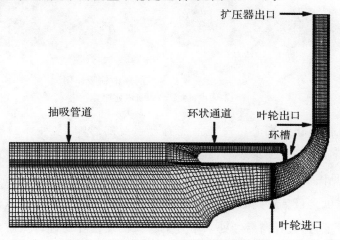

图 F6-1　压气机叶轮进口环状槽机匣处理结构图

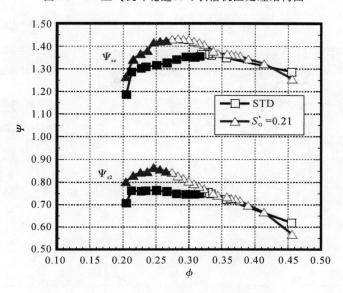

图 F6-2　试验测得压气机性能

ψ—压力系数;ψ_{se}—扩压器出口静压系数;ψ_{s1}—叶轮出口静压系数;

ϕ—流量系数;STD—实壁机匣;S_G^*—无量纲槽中心位置

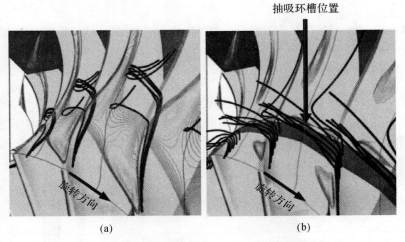

图 F6-3 流量系数 0.3 时的环槽抽吸作用图
(a)实壁机匣；(2)机匣处理

　　环槽结构的几何变化对离心压气机性能有着重要的影响,多种环槽机匣处理结构如图 F6-4、图 F6-5 所示。研究结果表明:在小流量工况下,通过优化环槽位置和宽度明显地减小了来流正攻角(见图 F6-6)。该研究还指出:为了得到基于槽间压差的最佳再循环流量,背部环槽的位置和宽度是最重要的因素,且在最佳宽度 4 mm 下的环槽应该位于诱导区叶尖喉部附近。在大流量下,通过在槽后缘处采用刀尖圆弧状及在叶轮进口上游放置前环槽可使叶轮性能得到改善。

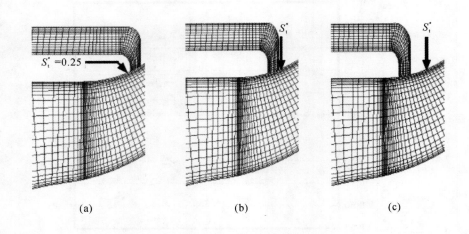

图 F6-4 不同位置处的环槽网格
(a)$S_G^* = 0.31$；(b)$S_G^* = 0.21$；(c)$S_G^* = 0.13$
S_t^*—无量纲叶顶喉部位置；S_G^*—无量纲槽中心位置

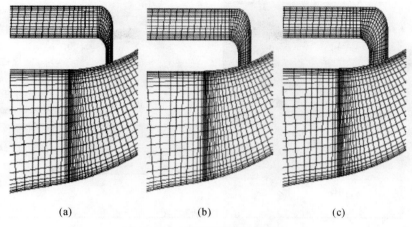

图 F6 - 5　不同宽度的环槽网格

(a)b_R＝2 mm；　(b)b_R＝4 mm；　(c)b_R＝6 mm

b_R—后部槽宽

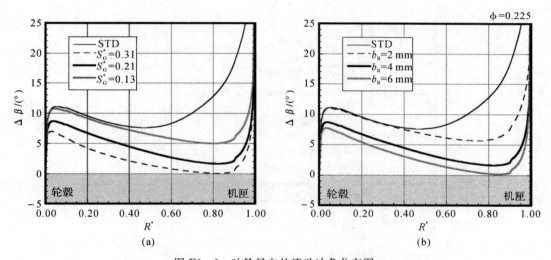

图 F6 - 6　叶轮径向的流动冲角分布图

(a)开槽位置的影响；　(b)开槽宽度的影响

$\Delta\beta$—攻角；R^*—沿着叶片前缘的无量纲半径；

STD—实壁机匣；b_R—后部槽宽；ϕ—流量系数；S_G^*—无量纲槽中心位置

　　三维湍流模拟的结果表明：为了得到更高的压比和更大的回流量，来流预旋应该被抑制。所以为了改变再循环流的旋转强度，可在环槽流道里周向安装导叶并且安装角逐步改变（见图 F6 - 7）。这就可以通过抑制预旋强度得到小流量下更好的叶轮性能（见图 F6 - 8）。该研究还表明：增加再循环流量可使攻角减小。

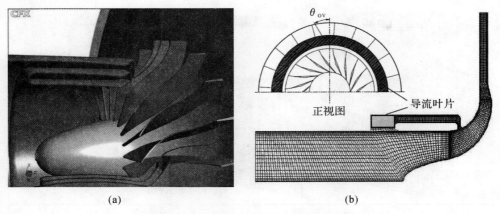

(a) (b)

图 F6-7 带导叶的环槽机匣处理示意图

(a)三维示意图； (b)网格示意图

θ_{GV}—导流叶片安装角

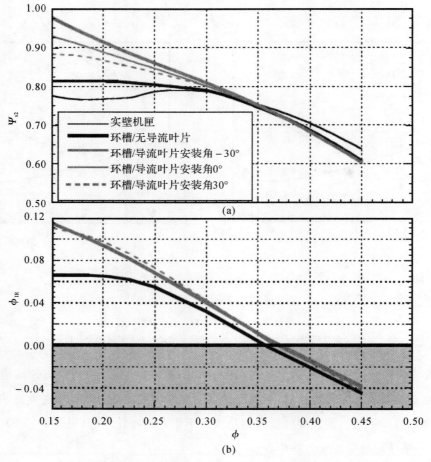

(a)

(b)

图 F6-8 叶轮性能图(a)和再循环流量随流量变化图(b)

ψ_{s2}—叶轮出口静压系数；ϕ_{IR}—进口循环流量系数；ϕ—流量系数

二、J 槽机匣处理

相关研究表明:平行于压力梯变的浅槽(J 槽)能够抑制无叶、叶片扩压器里的旋转失速。

1. 无叶扩压器时的研究

进行试验的装置、叶轮及 J 槽结构如图 F6-9 所示,试验时槽尺寸如下:槽宽 10 mm,槽深 1 mm 或 3 mm,槽数是从 4 到 32 变化的,处理槽长度为 474.5 mm。且对处理槽长度为 50 mm,60 mm,70 mm 和 125 mm 的槽也进行了试验。结果发现随着槽数增加,壁面压力振动的振幅明显减小且推迟了旋转失速。直到槽数为 32 时,整个流动范围里的失速完全被抑制住。因此,能够完全抑制整个流动范围里的旋转失速的 J 槽参数是:槽数 32,宽 10 mm,深 3 mm 的上壁面槽和槽数 32,宽 10 mm,深 1 mm 的双壁面槽。J 槽的引入不可避免地降低了效率,因为它减小了扩压器里气流的切向速度。但切向速度的减小也减少了扩压器里的摩擦损失,这就改善了扩压器的性能。

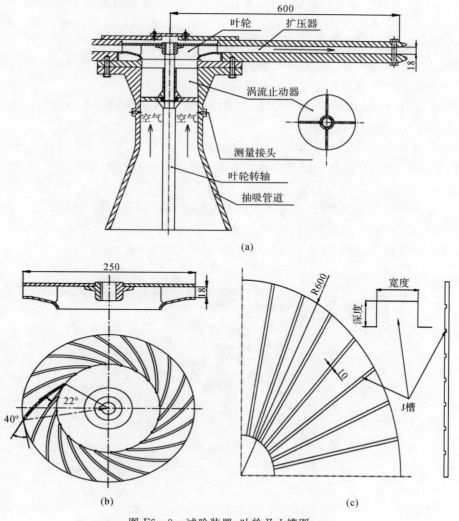

图 F6-9　试验装置、叶轮及 J 槽图

(a)试验装置图;　(b)叶轮形状图;　(c)J 槽形状示意图

研究结果表明:由于主流和槽流体的混合使扩压器进口的切向速度明显地减少,同时槽里的逆流使径向速度明显地增加。即使像 1 mm 的浅槽对于增加壁面附近的气流角也是有意义的。因此,两个壁面上的浅槽和一个壁面上的深槽有同样的效果。对于无叶扩压器得到以下结论:

(1)尽管径向浅槽很简单,但明显增加了气流角。槽数 32,宽 10 mm,深 3 mm 的上壁面槽能够改善失速裕度。

(2)径向槽在整个流动范围内均减小了切向速度,由此产生额外的动能损失。为使损失降到最小并改善失速裕度,需要选择最佳的槽尺寸。

(3)由于壁面附近感应的逆流很难扩展到扩压器出口,所以在大型的无叶扩压器里旋转失速会随着气流角的变化而出现许多不同类型。相反,在小型扩压器里旋转失速的流动类型几乎不随气流角的改变而变。

2. 叶片扩压器时的研究

对于叶片扩压器,J 槽是径向的,且从扩压器的进口伸展到叶片里面的壁面,试验装置及扩压器如图 F6-10 所示。试验对比分析了不同槽宽、槽深、槽数及处理槽长度对扩稳效果的影响,得到的结论如下所示:

(1)当槽数是两倍时,失速裕度增大显著,如图 F6-11(a)所示。槽数的增加提高了槽容积,因此槽里流体可吸收更多的角动量来控制失速。

(2)当槽深从 1 mm 增大至 3 mm 时,失速裕度增大明显,如图 F6-11(b)所示,但槽深的增大使整个流动区域的总压降低。

(3)当槽宽从 7 mm 增大至 10 mm 时,失速裕度增大明显,如图 F6-11(c)所示。宽度的增大提高了槽容积,因此槽里流动可吸收更多的角动量来控制失速,同时这也降低了整个流动区域的总压。

(4)当处理槽的长度增大时,失速裕度也相应增大,如图 F6-11(d)所示。

此外,对于叶片扩压器的研究还可以得到以下结论:

(1)在实际使用中,没有完全失速的区域用浅槽和宽槽很有效。

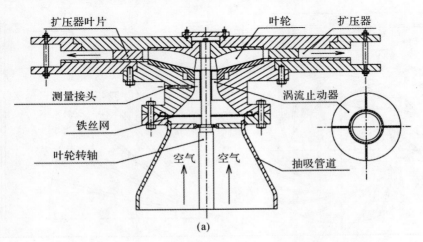

(a)

图 F6-10　试验装置、扩压器及 J 槽图

(a)试验装置图;

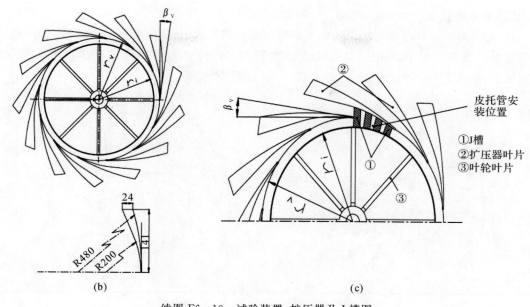

续图 F6-10　试验装置、扩压器及 J 槽图
(b)扩压器和导叶示意图；　(c)J 槽结构示意图

（2）随着叶片安装角的减小，压升系数和压力脉动都相应增大。

（3）叶片安装位置对失速裕度的影响很大。对于固定的叶片安装角，随着径向位置的降低，失速裕度和压力脉动都相应减小，但失速频率仍然保持不变。

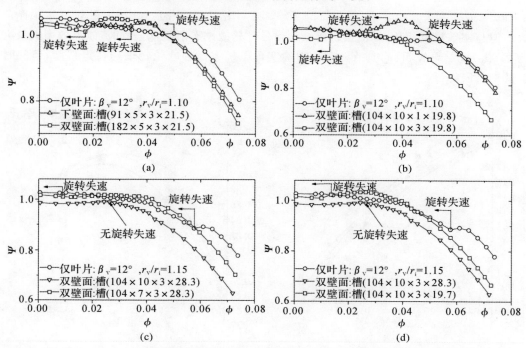

图 F6-11　J 槽参数对抑制旋转失速效果图（槽的数据：槽数×槽宽×槽深×槽长）
(a)槽数效果图；　(b)槽深效果图；　(c)槽宽效果图；　(d)槽长效果图

三、周向槽机匣处理

在 NASA 低速离心压气机 LSCC 上的数值研究结果表明:周向槽机匣处理可取得一定的扩稳效果。图 F6-12 为采用周向槽机匣处理结构的离心叶轮结构示意图,该周向槽基本几何参数如下:槽宽 3 mm,槽深 5 mm,槽齿宽 1 mm,槽数 3 个。

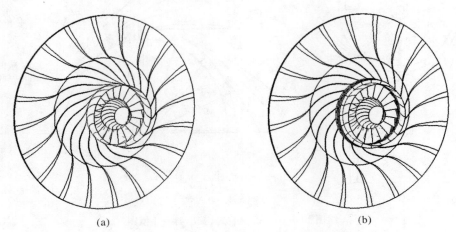

图 F6-12　LSCC 叶轮结构以及周向槽结构示意图
(a)实壁机匣的叶轮;　(b)带周向槽机匣的叶轮

图 F6-13 给出了计算所得的叶轮性能曲线图。经过周向槽机匣处理后,该离心叶轮的失速流量点向小流量方向拓展,由原先实壁机匣时的 13 kg/s 时达到失速临界点,而变为当流量为 11 kg/s 时达到失速临界点,明显提高了该离心叶轮的稳定裕度,使离心叶轮稳定工作范围增大。但与实壁机匣相比,周向槽机匣结构时的叶轮效率有所降低,相同流量点效率的最大差距为 2.8%,此结果表明:周向槽机匣处理确实可以扩大离心叶轮转子的稳定裕度,但同时该叶轮效率有所降低。

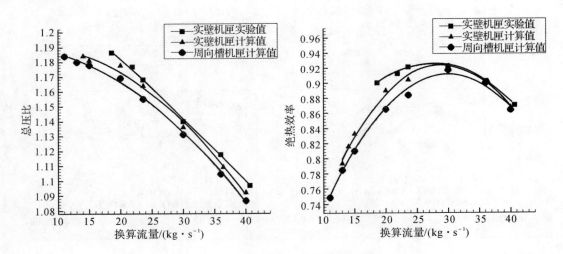

图 F6-13　计算所得性能曲线图

图 F6-14 对比了实壁机匣结构和带周向槽机匣处理的离心叶轮转子顶部流场结构。图 F6-14 中给出了几个截面上相对马赫数的分布云图、叶轮叶顶间隙泄漏流线。由图 F6-14 可看出,采用实壁机匣时,从叶顶前缘附近发出的泄漏流,它们与转子顶部来流相互作用形成间隙泄漏涡,在叶片通道后部区域的压力面侧形成较大的堵塞,另一部分从转子叶顶中后部区域泄漏出的流体,大多数流向相邻叶片叶尖,形成横断叶片通道的流动。采用周向槽机匣处理结构后,转子叶片顶部区域附近的气流能够借助离心叶轮转子通道内叶片两侧存在的压差,将转子通道内压力面附近的间隙泄漏流动和以边界层形式存在的低能堵塞团抽吸进入处理槽并沿周向槽周向输运,减小了低能堵塞团的径向强度,使叶片压力面附近的堵塞减缓;同时,进入槽内的气流在处理槽内加速后从低压区域流出处理槽,射向转子通道,有效地吹除了转子通道吸力面侧的低能堵塞团,同时使间隙泄漏涡产生的原动力消失,有效地消除了或者减弱了间隙泄漏涡导致的堵塞。从顶部区域泄漏流动流线可以看出,采用周向槽机匣处理后,使从叶顶前缘附近发出的泄漏流动明显减小,有效地抑制了间隙泄漏涡的产生与发展,并使近失速工况下的间隙泄漏流动的方向几乎接近于叶片弦长方向,推迟了相邻叶片通道前缘附近间隙泄漏流动的溢出,有效地提高了该离心叶轮的稳定裕度。

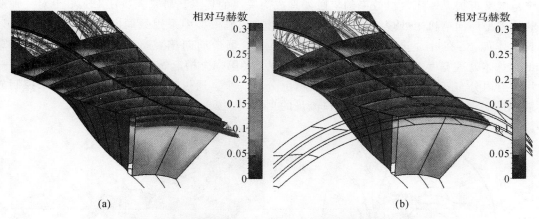

图 F6-14　周向槽机匣处理对于叶顶间隙泄漏流动的影响

(a)实壁机匣(实壁机匣近失速工况);　(b)带周向槽机匣(实壁机匣近失速工况)

图 F6-15 的对比结果进一步说明周向槽结构对于叶顶间隙泄漏流动的抽吸作用。由于在近失速流量点时,叶片通道内的气流流动已变得十分混乱,由间隙泄漏流动引起的二次流等大量非主流气流流动对于主流的影响已变得十分巨大,严重影响了叶片通道内的气流流动,造成叶片通道的堵塞。在实壁机匣结构时,叶片通道内的倒流流动造成的影响十分巨大,其影响一直蔓延到叶片进口前的一段,严重堵塞了叶片通道内气流的流动及叶片进口处气流流动,影响离心叶轮的正常工作;而采用周向槽结构机匣时,叶顶区域的气体可借助于叶片两侧固有的压力差,将转子通道内高压区域的间隙泄漏涡抽吸进入处理槽并周向运输,再将槽内的气体在叶片通道低压区域喷射流出,破坏了低压区域叶顶间隙泄漏涡的发展,使堵塞影响的范围减小至叶片进口以后,从而有效地抑制了叶顶间隙泄漏流动,达到扩稳的目的。

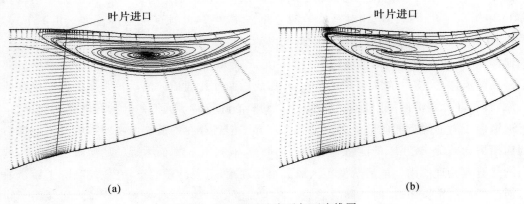

图 F6-15　相对速度子午面流线图

(a)实壁机匣；　(b)周向槽机匣结构

　　另外,虽然机匣处理对压气机动叶转子区域流场的梳理作用可提高压气机稳定工作范围,但机匣处理改善压气机稳定裕度的同时常伴随着压气机效率的降低。因此找到一种既可扩大稳定裕度又可提升原压气机效率的机匣处理成为关注的热点。研究人员在 LSCC 上对一种新型的放气型周向槽机匣处理结构进行了数值模拟,数值模拟中采用的周向槽机匣结构的设计参数具体如下:在叶片进口机匣处开三个周向槽,每个周向槽宽 3 mm,深 5 mm,槽齿宽 1 mm,总体处理宽度 11 mm,槽深与槽宽之比为 3。第一个槽起始于叶片进口前 5 mm。每一叶片通道内分布三个放气孔,每一条周向槽上分布一个。通过改变放气孔出口压力来控制放气量,使三个孔的总放气量为叶轮出口流量的 1%。如图 F6-16 所示。

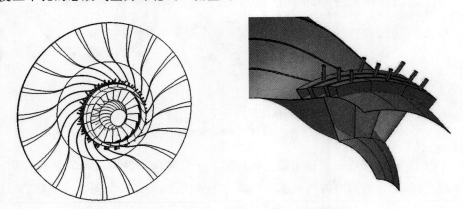

图 F6-16　放气型周向槽结构示意图

　　图 F6-17 给出了计算所得的叶轮性能曲线图,放气型的研究结果表明:增加放气处理的周向槽机匣结构的工作效率比原先实壁机匣时的效率有所提高,相同流量点的最大效率增幅约 1.5%,而且放气型周向槽机匣处理结构,也使该离心叶轮的失速流量点向小流量方向拓展,由原先实壁机匣时的 13 kg/s 时达到失速临界点,而变为当流量 11 kg/s 时达到失速临界点,明显提升叶轮失速裕度,由此可见放气型周向槽机匣处理这种机匣处理结构可同时兼顾低速离心叶轮 LSCC 稳定工作裕度与原叶轮工作效率。

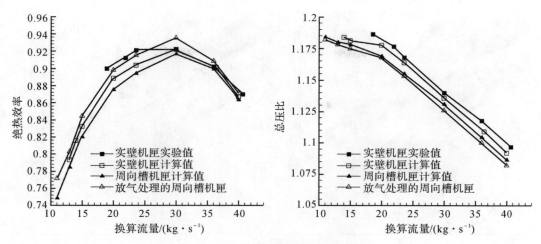

图 F6-17 计算所得的性能曲线图

图 F6-18 给出了实壁机匣和带放气型周向槽机匣处理结构的离心叶轮转子叶顶周向平均总压损失的分布图,总压损失值定义为叶片通道内任意截面与数值模拟计算进口截面的相对总压变化值。从图中可看出,在实壁机匣近失速工况下,间隙泄漏涡的范围沿流道的主流方向逐渐扩大,总压损失大于 0.04 的高损失区域逐渐沿周向占满整个叶片通道;相比较于实壁机匣,经过机匣处理后这几个横截面的高损失区域不论是范围还是强度都有了一定程度的缩小,其大部分区域的总压损失强度都低于 0.04,尤其是叶片进口前的这个横断面上的总压损失都小于 0.02,这与实壁机匣时的情况形成鲜明对比,即意味着间隙泄漏涡的强度和范围逐渐减小,使叶片顶部的气流流动更趋于主流流向,减小叶顶区域的堵塞。而在最高效率点工况下,实壁机匣的高总压损失区域范围也比放气型周向槽机匣结构的大。通过子午方向的总压损失分布图可看出,相比于实壁机匣,放气型周向槽机匣处理有效地抑制了顶部间隙泄漏涡朝转子叶片上游区域流动,将来流/间隙泄漏流交接面向转子叶片尾缘推移。对于实壁机匣来说,在近失速工况时,来流/间隙泄漏流交接面已处于转子叶片通道之外,从这里也可看出放气型周向槽机匣处理可有效地提高该离心叶轮的失速裕度,增加其稳定工作范围。

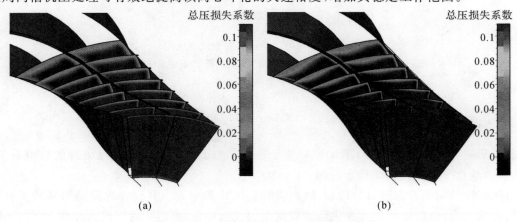

图 F6-18 叶顶总压损失变化对比图

(a)实壁机匣(最高效率工况); (b)放气型周向槽机匣(最高效率工况);

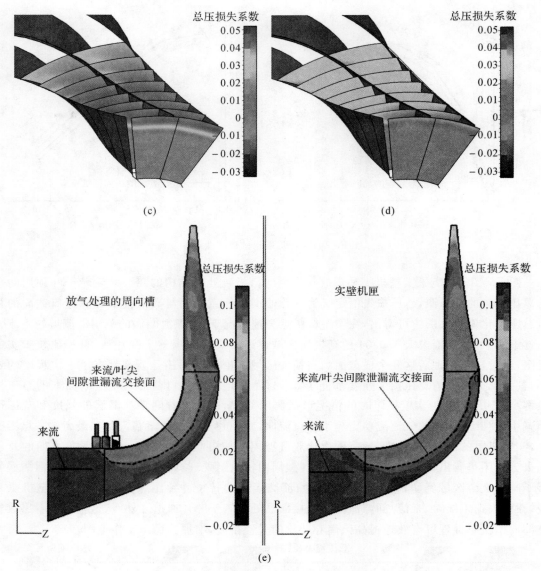

续图 F6-18 叶顶总压损失变化对比图

(c)实壁机匣(实壁机匣近失速工况); (d)放气型周向槽机匣(实壁机匣近失速工况);

(e)子午方向(实壁机匣近失速工况)

四、凹槽导流片式机匣处理

相关研究人员在高速离心 KRAIN 叶轮上开展了"凹槽导流片式"机匣处理的数值模拟,图 F6-19 给出了该叶轮的结构示意图。

对该机匣结构的容腔进行分段设计,内置导流叶片和空腔。其设计思路是引导转子叶片尖部气流的走向,以改变转子叶片尖部进口截面的气流冲角,推迟叶背气流的分离,延缓失速,减少端部的流动损失。在图 F6-20 中,L 为处理机匣容腔轴向长度,L_0 为处理机匣与转子叶片叶尖轴向叠合尺寸。由于离心叶轮与轴流叶轮的转子叶片结构不同,故采用与轴流叶轮不同的轴向叠合量的定义,定义相对叠合长度为 $L_0/L \times 100\%$。基本轴向叠合量为 40%,可调为 48%。基本处理机匣容腔深 10 mm,可调为 8 mm。

图 F6-19 KRAIN 叶轮结构示意图

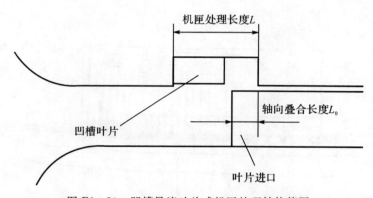

图 F6-20 凹槽导流叶片式机匣处理结构简图

图 F6-21 给出了机匣处理前后的总特性曲线图。凹槽导流片式机匣结构的效率较之实壁机匣时有所下降,同时采用凹槽导流片式机匣结构时的总压比较之实壁机匣时也有所降低。然而采用凹槽导流片式机匣处理后,该离心叶轮的稳定工作范围由原先的流量 3.5 kg/s 进入失速工况变为机匣处理后的流量 3.05 kg/s 时进入失速工况。为了方便比较,采用两种裕度改进量的定义。将只考虑流量的流量裕度改进量 $\Delta\Phi_1$ 定义为 $\Delta\Phi_1 = (1 - \Phi_{rs2}/\Phi_{rs1}) \times 100\%$,其中 Φ_{rs2} 和 Φ_{rs1} 分别对应着凹槽导叶机匣处理结构和实壁机匣结构的失速流量系数。将压比与流量综合考虑,定义综合裕度改进量 $\Delta\Phi_2$ 为:$\Delta\Phi_2 = (\Phi_{rs1}/\Phi_{rs2} \times \pi^*_{rs2}/\pi^*_{rs1} - 1) \times 100\%$,其中 π^*_{rs2} 和 π^*_{rs1} 分别代表凹槽导流片机匣处理结构和实壁机匣结构的失速点压升系数。通过计算结果的比较分析可得出如下结果:经过机匣处理后,该离心叶轮的流量裕度改进量为 12.8%,其综合裕度改进量为 17.4%。由此可知,凹槽导流片式机匣结构是一种可明显改进原有离心叶轮稳定工作范围的机匣处理结构。

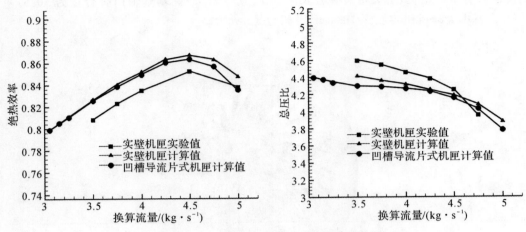

图 F6-21　机匣处理前后总特性曲线比较图

图 F6-22 的对比结果表明：采用机匣处理后，流经转子叶片的气流在离心力的作用下，进入机匣处理的处理槽内的第一段空腔内，然后依靠处理槽内压力梯度和导流叶片的作用，倒流回处理槽的第二段导流叶片腔，再从第二段导流叶片腔重新流入主流区，改变了转子叶片叶顶区域气流的轴向速度，并减小了冲角。

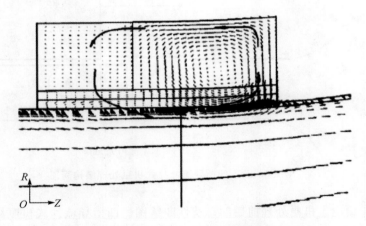

图 F6-22　凹槽导流片式机匣处理内部流动速度矢量图

图 F6-23 的对比结果表明：凹槽导流片式机匣处理有效地削弱了压气机转子叶顶区域间隙泄漏涡的影响，并且较好地梳理了叶顶间隙气流泄漏流动，使气流沿叶片通道主流流动方向流动，有效减小叶片通道内的堵塞，减小了主流与低能堵塞团之间的掺混损失，避免了离心压气机过早地进入失速状态。

凹槽导流片式机匣处理的扩稳机理可归纳为：通过使离心叶轮转子叶尖的一部分气流沿处理机匣倒流回转子前部流场，加大了转子进口处叶片尖部的气流流量，使得气流以较小的冲角流过转子叶尖通道，并且借助叶轮对处理槽的冲压作用以及叶片通道内存在的法向压力梯度的影响,使失速分离减轻,延迟了该离心叶轮失速的发生。但转子叶顶区域流场改善所得到的加功量提升不足以弥补由于机匣处理的采用而造成的加功量损失,因此原叶轮效率下降。

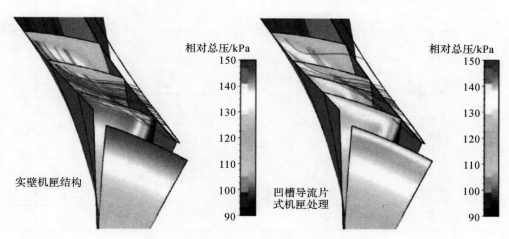

图 F6-23　叶顶泄漏流动线及总压分布图

不同参数的凹槽导流片式机匣处理结构对压气机性能有着不同的影响。表 F6-1 中序号 1 是基本的凹槽导流片式处理机匣,机匣槽深 10 mm,轴向叠合量 40%;序号 2 是改动后的处理机匣,机匣槽深 10 mm,轴向叠合量 48%;序号 3 是另一种改动后的处理机匣,机匣槽深 8 mm,轴向叠合量 40%。结果表明:轴向叠合量的增大,对于压气机裕度的改善有利,而不利于压气机的效率提升;处理槽深度的减少,会使压气机稳定裕度有所改善,但峰值点总压比与失速点总压比都有所降低。

表 F6-1　不同参数凹槽导流叶片式机匣处理计算结果

序　号	流量/(kg·s⁻¹)		总压比		流量裕度改进量 $\Delta\Phi_1$/(%)	综合裕度改进量 $\Delta\Phi_2$/(%)	效率	
	峰值点	失速点	峰值点	失速点			峰值点	失速点
1	4.5	3.05	4.153 1	4.394 9	12.8	17.4	0.863 0	0.798 9
2	4.5	3.05	4.154 2	4.402 3	12.8	17.64	0.859 0	0.795 0
3	4.5	3.05	4.149 4	4.371 8	12.8	20.9	0.862 5	0.797 6

五、梯状间隙机匣处理

在高速离心 KRAIN 叶轮上开展的数值研究表明:六种梯状间隙机匣处理结构都可提高叶轮的气动稳定性。六种梯状间隙机匣处理结构示意图及具体几何数据分别在图 F6-24、表 6-2 中给出,图 6-24 中转子叶片尖部间隙的径向变化主要由特征尺寸 Y_1,Y_2 决定,而轴向变化由特征尺寸 X_1,X_2,X_3 决定。

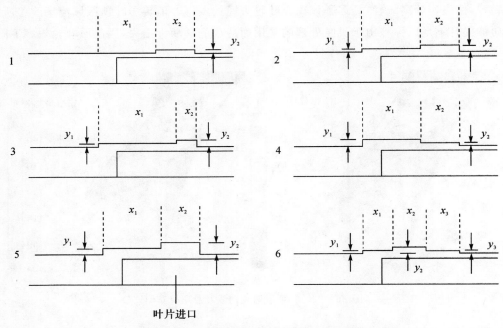

图 F6-24　六种不同的梯状间隙结构示意图

表 F6-2　梯状间隙机匣处理方案的几何数据　　　　　　　　　单位:mm

参　数	方　案					
	1	2	3	4	5	6
x_1	20	20	25	20	20	10
x_2	10	10	5	10	10	10
x_3						10
y_1	0	0.2	0.2	0.4	0.4	0.2
y_2	0.2	0.4	0.4	0.2	0.8	0.4
y_3						0.2

　　所有的计算结果见表 F6-3。通过对方案 1,2,5 的比较可见随着梯状间隙结构径向尺寸的加大,近失速点效率会随之逐渐下降,而稳定裕度值和近失速点压比则有所提高。通过方案 2 和 3 的比较可见,梯状间隙结构大径向间隙区域的轴向尺寸变小,会使近失速点效率、压比以及稳定裕度值都略有增大。方案 4 增大了叶片进口处的间隙大小,由计算结果可见压气机增压比、效率和稳定裕度值较之方案 2 时都有所下降。并主要对比分析梯状间隙结构方案 2 与实壁机匣结构的总性能比较图。通过图 F6-25 可看到数值模拟结果与实验结果符合的很好。采用梯状间隙机匣结构后绝热效率略有降低,总压比则变化不大。梯状间隙结构的引入使得压气机的特性线向左延伸,稳定裕度改进了 6.682%。

表 F6 - 3　六种梯状间隙机匣结构和实壁机匣结构的叶轮近失速点特性计算结果比较

序　号	流量/(kg·s⁻¹)	效　率	总压比	失速裕度/(%)
1	3.303	0.814 7	4.321 6	6.646
2	3.301	0.814 5	4.323 1	6.682
3	3.304	0.814 6	4.324 8	6.724
4	3.301	0.814 2	4.318 1	6.56
5	3.297	0.811 8	4.342 4	7.158
6	3.306	0.814 4	4.320 1	6.61
实壁机匣	3.502	0.826 5	4.297 9	

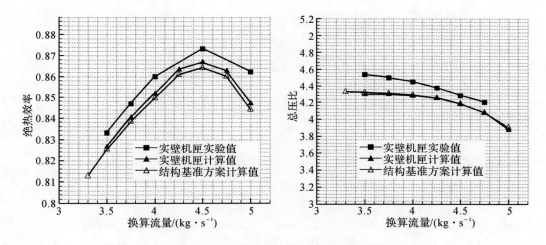

图 F6 - 25　梯状间隙结构基准方案 2 与实壁工况性能比较图

图 F6 - 26 为近失速流量状况下离心叶轮叶顶区域间隙泄漏流线及相对总压示意图。从图中可看出通过梯状间隙机匣处理,叶片顶部流场的间隙泄漏流线的强度有所降低,流动范围有所减少,这说明一部分间隙泄漏流线被梯状间隙机匣抽吸入处理槽内,有效地削弱了叶轮转子叶顶区域间隙泄漏涡的影响,并且较好地梳理了叶顶间隙气流泄漏流动,使气流沿叶片通道主流流动方向流动,有效减小叶片通道内的堵塞,避免了该离心叶轮过早地进入失速状态。由于梯状间隙处理槽的槽深相对叶片转子径向尺寸来说还很小,所以对转子叶顶区域流场的影响也就很小,从图中可以看到机匣处理前后转子叶顶区域的相对总压变化不大。

同时,该研究的数值结果也表明:压气机叶顶间隙大小对其性能和稳定性有很大影响,在某特定的径向间隙尺寸以内的小叶尖间隙条件下,改变梯状间隙处理机匣的轴向宽度比改变梯状间隙处理机匣的径向尺寸对压气机性能和稳定性的影响明显;当叶尖径向间隙增大到超过这一特定值时,压气机增压比、效率和稳定工作裕度均有明显的下降。

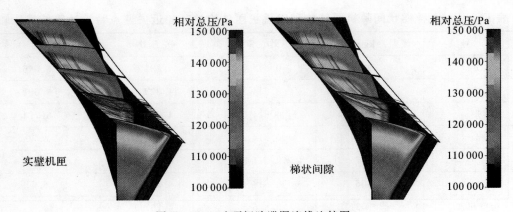

图 F6 - 26 叶顶间隙泄漏流线比较图

参 考 文 献

[1] 姜培正.叶片机[M].西安:西安交通大学出版社,1991.

[2] 徐忠.离心压气机原理[M].北京:机械工业出版社,1988.

[3] 彭泽琰,刘刚.航空燃气轮机原理:上册[M].北京:国防工业出版社,2000.

[4] 西安交通大学透平压气机教研室.离心压气机原理[M].北京:机械工业出版社,1980.

[5] 斯捷金.喷气发动机原理[M].张惠民,鲁启新,译.北京:国防工业出版社,1958.

[6] 朱方元.航空轴流叶片机气动设计[M].北京:国防工业出版社,1984.

[7] 约翰逊.轴流压气机气动设计[M].秦鹏,译.北京:国防工业出版社,1975.

[8] 王如根,高坤华.航空发动机新技术[M].北京:航空工业出版社,2003.

[9] DORFNER C, HERGT A, NICKE E, et al. Advanced nonaxisymmetric endwall contouring for axial compressors by generating an aerodynamic separator—part I:principal cascade design and compressor application[J]. Journal of Turbomachinery, 2011,133(2):1 - 6.

[10] SCHOBEIRI M T, LU K. Endwall contouring using continuous diffusion:a new method and its application to a three - stage high pressure turbine[J]. Journal of Turbomachinery, 2014,136(1):1 - 6.

[11] AHMED M D, MOHAMMED F E - D, MAHMOUD A A, et al. Effect of a new vortex generator on the performance of an axial compressor cascade at design and off - design conditions,November 13 - 19,2015[C]. Houston, USA:ASME,2015.

[12] MA S,CHU W L,ZHANG H G,et al. Impact of vortex produced by a novel curve - micro vortex generator on secondary flow in compressor cascade,June 26 - 30,2017[C]. Charlotte, USA:ASME,2017.

[13] ALONE D B, KUMAR S S, THIMMAIAH S M, et al. Stability management of high speed axial flow compressor stage through axial extensions of bend skewed casing treatment[J]. Propulsion and Power Research, 2016, 5(3):236 - 249.

[14] GHILA A M, TOURLIDAKIS A. Unsteady simulations of recess casing treatment in axial flow fans, MAY 8 - 11,2006[C]. Barcelona, Spain:ASME,2006.

[15] WANG W, CHU W L, ZHANG H G. Experimental study of self -recirculating casing treatment in a subsonic axial compressor[J]. Proc IMechE, Part A:J Power and Energy,2016,230(8):805 - 818.

[16] ISHIDA M,SURANA T, UEKI H, et al. Suppression of unstable flow at small flow rates in a centrifugal blower by controlling tip leakage flow and reverse flow[J]. Journal of Turbomachinery, 2005, 127(1):76 - 83.